唐娜斯 陈 悦 编著

大学物理学

（上册）

清華大学出版社
北 京

内容简介

本书涵盖了大学物理课程所有的核心内容，知识框架完整，表述清晰。编写过程中结合普通高校应用型人才培养模式的特点，增加了物理知识的工程应用介绍。根据《理工科类大学物理课程教学基本要求》，简化了部分B类内容，加强了对A类内容、公式和概念的理解和实际应用的介绍，并挑选了难度适中的例题和习题，让学生在学习和课后自学时更容易理解和掌握。全书共分为上、下两册，上册包括力学、振动与波动、热学，下册包括电磁学、波动光学、狭义相对论基础和量子物理基础。

本书可作为普通高等学校非物理类普通工科专业的大学物理教材。

图书在版编目(CIP)数据

大学物理学．上册/唐娜斯，陈悦编著．—北京：清华大学出版社，2024.9(2026.1重印)
ISBN 978-7-302-62416-5

Ⅰ．①大… Ⅱ．①唐… ②陈… Ⅲ．①物理学－高等学校－教材 Ⅳ．①O4

中国国家版本馆CIP数据核字(2023)第016228号

责任编辑：佟丽霞
封面设计：常雪影
责任校对：赵丽敏
责任印制：刘 菲

出版发行：清华大学出版社
网 址：https://www.tup.com.cn，https://www.wqxuetang.com
地 址：北京清华大学学研大厦A座 **邮 编**：100084
社 总 机：010-83470000 **邮 购**：010-62786544
投稿与读者服务：010-62776969，c-service@tup.tsinghua.edu.cn
质量反馈：010-62772015，zhiliang@tup.tsinghua.edu.cn
印 装 者：三河市科茂嘉荣印务有限公司
经 销：全国新华书店
开 本：185mm×260mm **印 张**：11.25 **字 数**：271千字
版 次：2024年9月第1版 **印 次**：2026年1月第3次印刷
定 价：38.00元

产品编号：095409-01

前言

FOREWORD

物理学是研究物质运动最一般规律和物质基本结构的学科。物理学的发展极大地推动了近代工业和科学技术的创新革命，并同时促进了人类社会文明的进步。作为自然科学的带头学科，物理学研究大至宇宙，小至基本粒子等一切物质最基本的运动形式和规律。近年来，随着教学改革的不断深入，大学物理课程还是一门帮助学生树立科学世界观、增强学生综合能力的素质教育课程。

本书适合“应用型人才”培养模式的普通高校作为大学物理教学用书，具有框架完整、语言精练等特点。目前，很多高校是非研究型高校，大学物理的教学主要是为学生进一步学习专业知识打基础，学校普遍重视经典物理中力学、热学、光学、电磁学的内容，对近代物理的内容要求相对较低。在本书的编写过程中，对经典物理做了系统详细的介绍，对近代物理保留了狭义相对论和量子物理基础。“应用型人才”培养模式的高校学生数理基础相对薄弱，因此本书对经典物理的重点内容讲解透彻，必要的推导过程演算详细，同时在部分章节中增加了与物理知识相关的工程应用和生活中的物理常识。我们希望学生能够通过有趣的物理现象激起对物理学的学习兴趣，并在物理模型的系统学习中掌握科学的思维方法和逻辑思维能力。通过大学物理的学习，学生能够用简单的物理知识解释生活中看似复杂的自然现象，建立认识自然、了解自然、探索自然规律的信心。此外，我们参考借鉴了多套国内外优秀教材，选取适当的内容，增加一些科学前沿、物理学家故事介绍，部分章节引入中国近几年在相关技术领域的突破的内容，希望能达到培养学生家国情怀的目的，让学生树立国家自豪感，将来投身于祖国科学技术研究的事业中。

本书结合普通高校着重培养“应用型人才”的特点，简化《理工科类大学物理课程教学基本要求》的部分 B 类内容，加强对 A 类内容、公式和概念的理解和实际应用。挑选了难度适中的例题和习题，让学生在学习时更容易理解和掌握。全书的教学内容可以根据本校的教学实际进行调整，适用于 120 课时以下的课程教学，书中带 * 章节为选修内容。

全书分上、下两册，上册由唐娜斯统稿，下册由高礼静统稿。上册第 1～3 章，以及第 7 章内容由陈悦编写；第 4～6 章，以及第 8 章内容由唐娜斯编写。下册第 9～14 章内容由高礼静编写；第 15 章内容由张红卫编写。

致同学们的话：

当你们作为初学者，第一次拿起这本《大学物理学》，初看时也许会觉得很熟悉，力学、热学、光学和电磁学部分的内容在高中接触过，但是仔细一看书上的公式和习题会觉得很茫然，不理解也不会做。这是因为中学学习的是物理中最简单、最基础的内容，用的都是最简单的加减乘除,而大学物理将接触其本质和更加普适的形式,要使用全新的数学工具——微积分和矢量。所以有些同学经过两个学期的学习会出现两种极端情况：高中物理学得好的,可能大学物理学得并不好；而高中物理学得不好的,大学物理却学得很好。

高中物理和大学物理不仅仅方法和数学工具有很大的不同,内容上也有很大区别。例如：在力学方面,中学学的是最简单的一维直线运动,大学物理将扩展到二维、三维曲线运动,无需再像中学那样去背诵那些让人"烦恼的"公式,我们只需要利用最基本的牛顿运动定律动力学矢量式就能推导出直线运动和曲线运动情况下的所有表达式。在电磁学方面,中学介绍的大多是均匀电场和磁场,而大学物理将详细介绍包含均匀场在内的电磁现象。在光学方面,和中学物理利用几何光学研究透镜成像的方法不同,大学物理将重点介绍波动光学的知识,并用来解释生活中常见的光的波动现象。总之,希望同学们不要停留在以前学习物理的方法,而是要以一个初学者的心态去面对物理,这样你会发现一个全新的、不一样的物理的美。

"判天地之美,析万物之理!"大学物理是自然科学的基础学科,在理工类专业课的学习前,都会要求学好大学物理。基础课和专业课的关系就如走和跑的关系,不会走怎么能跑?除此之外,物理学也是一门普适教育的课程,可以增强大学生的知识面,同时可以让学生树立正确的、科学的价值观和世界观。即使进入社会,从日常生活到高新技术领域,你们会发现前面学习的这些科学知识原来无处不在。

通过大学物理的教学,我们希望能提高同学们各方面的能力,包括：(1)获取知识和应用知识能力——大学物理比高中物理学习内容多,信息量大,与数学结合紧密,需要学生学会独立阅读书本内容,自学参考书和文献知识,紧密结合高等数学中的微积分和矢量代数,提高自学能力和应用能力。(2)科学思维能力——能够运用物理学的理论和观点,通过分析综合、演绎归纳、科学抽象、类比联想等方法正确地分析、研究和计算遇到的一些物理问题；能根据单位(量纲)分析、数量级估算、极端情况和特例讨论等进行定性思考或半定量估算,并判断结果的合理性。(3)解决问题能力——对一些较为简单的实际问题,能够根据问题的性质以及实际需要抓住主要因素,进行合理的简化,通过建立相应的物理模型,并用物理语言进行描述,运用所学的物理理论和研究方法加以解决。

希望同学们在学习过程中注意以下素质的培养：(1)科学素质——追求真理的理想和献身科学的精神,树立现代科学的自然观、宇宙观和辩证唯物主义世界观,使自己具有科学的成败观和探索科学疑难问题的信心与勇气,培养严谨求实的科学态度和坚韧不拔的科学品格。(2)创新精神——激发求知热情、探索精神和创新欲望,善于思考,勇于实践,敢于向旧观念挑战。(3)应用精神——通过理论知识的教学和实验课的学习,能将学到的理论知识应用到实际的生产、生活中。

限于编者的学术水平,书中难免存在不妥之处,我们希望老师和同学们在使用过程中多提宝贵意见,以便再版时加以完善。

编　者

2023 年 9 月

目录

CONTENTS

第1章

质点运动学

世界是物质的，一切物体都在永不停息地运动着，这便是运动的绝对性。古希腊哲学家赫拉克利特(Heraclitus，约公元前540—公元前483年)有一句名言："人不能两次踏进同一条河流"。这句话形象地表述了运动的绝对性：宇宙中不存在绝对静止和不变的事物，万事万物都在不停地运动、变化着。

后来，赫拉克利特的弟子克拉底鲁(Cratylus，约公元前5世纪)又提出："人一次也不能踏进同一条河流"。意即我们刚踏入的那一瞬间，河流已经变成新的了。赫拉克利特并没有否定相对静止状态的存在，而克拉底鲁认为事物没有片刻静止稳定，永远处于变化之中，这其实已经陷入了相对主义的诡辩论。

运动与静止之间的正确辩证关系为：运动是普遍的、永恒的、无条件的，而静止是暂时的、有条件的，两者相互依存、辩证统一。我们在肯定运动的绝对性时，也要承认相对静止状态的存在。理解运动与静止之间的关系，可以帮助我们更好地认识世界，对各种科学研究和实际工作都有指导意义。

物体运动的形式多种多样，最普遍、最基本的一种运动是一个物体相对于另一个物体空间位置或一个物体的某一部分相对于另一部分位置随时间发生变化的运动，这种运动形式称为**机械运动**。研究机械运动规律及其应用的学科称为**力学**。本书将从运动学、动力学两部分详细介绍力学内容。静力学部分在一些工程类力学中有详细介绍，本书不做讨论。

运动学从纯几何的角度描述物体位置随时间的变化规律，不涉及物体本身的物理性质，以及施加在物体上的作用力，即只研究物体如何运动，而暂不研究物体为何运动。运动学以研究质点和刚体这两个简化模型的运动为基础，并进一步研究变形体(如弹性体、流体等)的运动，它是其他力学分支的基础，也是工程技术必需的理论知识。

1.1 质点运动的描述

世界上一切物质都处于永恒的运动状态之中，宇宙间的任何物体都在永不停息地运动着。运动和物质是不可分割的，运动是物质存在的形式。在各种运动形式中，机械运动是最简单、最基本的运动。

中学物理已经介绍过质点模型及其运动，但是接触的基本上是一维直线运动，或简单的二维平面运动，不具有普遍性，并且只用物理量的大小来描述。大学物理研究的是更广泛、更多样的空间运动，并且是用矢量来描述运动的；同时，用微积分方法来计算变速运动学的问题。

描述物体的运动分为几个基本步骤：首先是选择模型，本章继续采用质点模型；其次是选择合适的参考系(也称参照系)；再次是在参考系上建立坐标系，以直角坐标系和自然坐标系为主；最后是找出描述运动的各物理量之间的关系。

1.1.1 参考系 坐标系 质点

1. 参考系

运动的绝对性：运动是绝对的，宇宙中任何物体都处于永不停息的运动之中，大到星球，小到物质内的原子和分子，宇宙中并没有真正静止的物体。

运动的相对性：如图 1-1 所示，一辆汽车在公路上奔驰，坐在汽车里的人坐着不动，觉得自己在车里是静止的，而地面上的人看到汽车里的人在跟随汽车运动。为什么地面上的人认为汽车里的人在运动，而汽车里的人认为自己是静止的？因为汽车里的人选择汽车作为参照物，所以觉得自己是静止的，而地面上的人选择地面作为参照物，看到汽车里的人是随汽车在运动的。因此，同一物体相对不同的参照对象有不同的运动状态，对运动的描述与所选择的参照物有关。

研究物体的运动时，必须选取另一个假定静止不动的物体作为参照对象，相对它来描述被研究物体是运动还是静止，以及运动的方向、快慢等。这个用来作为参照对象的物体叫做参考系。同一物体的运动因为选择的参考系不同，会有不同的运动形式。参考系可以任意选取，但应以观察方便和描述运动尽可能简单为原则，如研究地面上的物体运动时一般选择地球作为参考系。比较不同的运动时，应该选择同一个参考系。

2. 坐标系

为了说明质点的位置、运动的快慢和方向等，必须建立坐标系。在参考系中，为确定空间一点的位置，按规定方法选取平面上或空间中的有次序的一组数据，就叫做坐标。在某一问题中规定坐标的方法就是该问题所用的坐标系。

坐标系的种类很多，常用的坐标系有：直角坐标系、极坐标系(图 1-2)、柱面坐标系、球面坐标系(图 1-3)和自然坐标系等。其中，大家最熟悉的是直角坐标系(图 1-4)，或称为正交坐标系。

图 1-1 运动的相对性

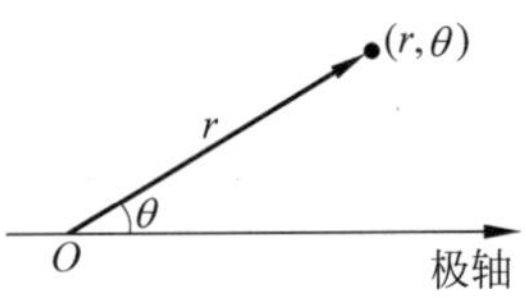

图 1-2 极坐标系

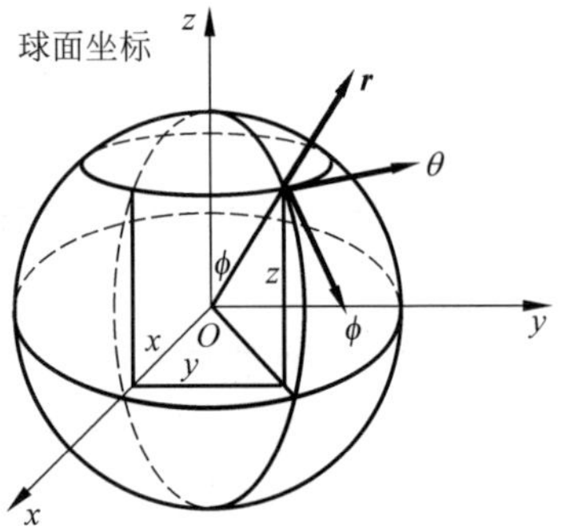

图 1-3 球面坐标系

直角坐标系：直角坐标系为右手系，我们定义三个沿坐标轴方向的**单位矢量（大小为 1 的矢量）分别为 $\boldsymbol{i}$（x 轴方向）、$\boldsymbol{j}$（y 轴方向）、$\boldsymbol{k}$（z 轴方向）**，则任意矢量 $\boldsymbol{A}$ 在直角坐标系中可以表示为

$$\boldsymbol{A}=A_x\boldsymbol{i}+A_y\boldsymbol{j}+A_z\boldsymbol{k}$$

其中，A_x，A_y，A_z **分别为 $\boldsymbol{A}$ 在三个坐标轴上的投影，称为坐标分量**，如图 1-4 所示。

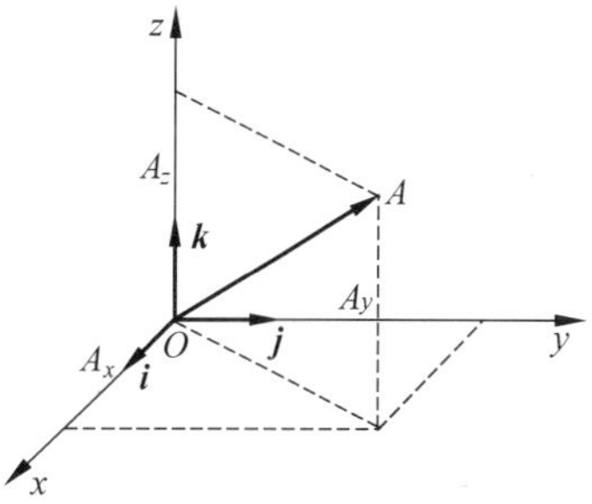

图 1-4 直角坐标系

三个单位矢量满足如下关系：

标积：$\boldsymbol{i}\cdot\boldsymbol{i}=\boldsymbol{j}\cdot\boldsymbol{j}=\boldsymbol{k}\cdot\boldsymbol{k}=1$，

$\boldsymbol{i}\cdot\boldsymbol{j}=\boldsymbol{j}\cdot\boldsymbol{k}=\boldsymbol{k}\cdot\boldsymbol{i}=0$

矢积：$\boldsymbol{i}\times\boldsymbol{i}=\boldsymbol{j}\times\boldsymbol{j}=\boldsymbol{k}\times\boldsymbol{k}=0$，

$$\begin{cases}\boldsymbol{i}\times\boldsymbol{j}=-\boldsymbol{j}\times\boldsymbol{i}=\boldsymbol{k}\\ \boldsymbol{j}\times\boldsymbol{k}=-\boldsymbol{k}\times\boldsymbol{j}=\boldsymbol{i}\\ \boldsymbol{k}\times\boldsymbol{i}=-\boldsymbol{i}\times\boldsymbol{k}=\boldsymbol{j}\end{cases}$$

矢量的大小用 $|\boldsymbol{A}|$ 或 A 表示，也称为矢量的模，即

$$|\boldsymbol{A}|=\sqrt{A_x^2+A_y^2+A_z^2}$$

参考系和坐标系是任意选择的，视处理问题方便而定，其中直角坐标系可以用于描述一维、二维和三维运动，球面坐标系和柱面坐标系一般用于描述三维运动，自然坐标系和极坐标系只能用于描述二维（平面曲线）运动。

需要说明的是，**矢量在印刷时专门用粗体字母表示，以和标量相区分**。例如在 $\boldsymbol{A}=A_x\boldsymbol{i}+A_y\boldsymbol{j}+A_z\boldsymbol{k}$ 中，粗体的 $\boldsymbol{A}$，$\boldsymbol{i}$，$\boldsymbol{j}$，$\boldsymbol{k}$ 表示矢量，非粗体的 A_x，A_y，A_z 表示标量。而我们在手写矢量时，习惯约定的标准格式是在表示矢量的字母上方加一箭头，即 $\vec{A}=A_x\vec{i}+A_y\vec{j}+A_z\vec{k}$。

3. 质点

自然界的一切实物都有一定的大小和形状，一般情况下，在描述物体的运动状态时，如果物体的大小和形状对所研究的问题影响不大，可以忽略，或者说物体上各部分具有相同的运动规律，那么就可以把物体当作一个质点。忽略物体的大小和形状，只考虑质量这个属性，把实际物体抽象为一个具有质量的点，这样的理想模型称为**质点**（mass point，particle）。

物体能否视为质点是相对的、有条件的。如果一个物体作平动，则其中所有质量元的运动状态完全相同，取任意点都可代表整个物体的运动情况，所以作平动的物体可看作质点。对于有转动的物体，就不能再用质点模型，具体情况在第 4 章中讨论。

1.1.2 位置矢量 位移 运动方程和轨迹方程

1. 位置矢量

定义：**由坐标原点到质点所在位置的矢量称为位置矢量，简称位矢或径矢**。如图 1-5 所示，在直角坐标系中，质点 P 的位矢 $\boldsymbol{r}$ 可表示为

$$\boldsymbol{r}=x\boldsymbol{i}+y\boldsymbol{j}+z\boldsymbol{k} \tag{1-1}$$

其中，x，y，z 为位矢 $\boldsymbol{r}$ 的坐标分量，单位为 m，同时坐标分量也是质点 P 的三个直角坐标。

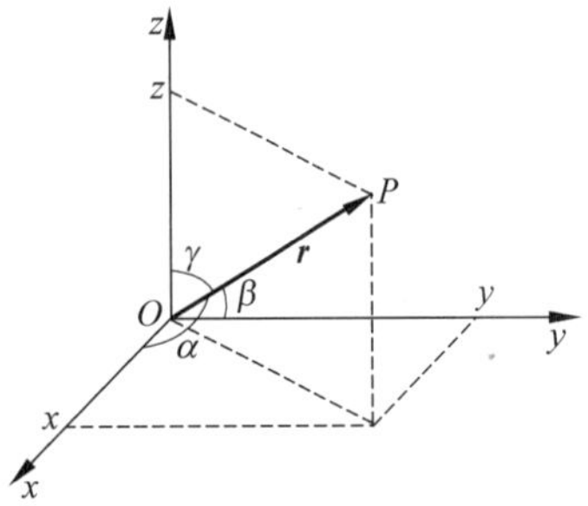

图 1-5　位置矢量

位矢的大小为

$$r=|\boldsymbol{r}|=\sqrt{x^2+y^2+z^2} \tag{1-2}$$

方向可由方向余弦确定，即

$$\cos\alpha=\frac{x}{r},\quad \cos\beta=\frac{y}{r},\quad \cos\gamma=\frac{z}{r} \tag{1-3}$$

如果质点的运动是平面运动(如高中物理研究过的抛体运动和圆周运动)，那么用 x，y 两个坐标就能确定其位置，即位矢和位矢的大小分别为

$$\boldsymbol{r}=x\boldsymbol{i}+y\boldsymbol{j},\quad r=|\boldsymbol{r}|=\sqrt{x^2+y^2} \tag{1-4}$$

如果质点沿直线运动，则位矢和位矢的大小分别为

$$\boldsymbol{r}=x\boldsymbol{i},\quad r=|\boldsymbol{r}|=x \tag{1-5}$$

此时只有一个 x 分量，所以**直线运动物体的位置可以不用位矢，而用标量 x 表示，以 x 值的正负表示方向**。

2. 运动方程

运动质点的位置在不断变化，用数学语言描述就是位置是时间的函数。**表示质点位置坐标与时间之间关系的函数式，称为运动方程**。

运动方程在直角坐标系的矢量形式为

$$\boldsymbol{r}=\boldsymbol{r}(t)=x(t)\boldsymbol{i}+y(t)\boldsymbol{j}+z(t)\boldsymbol{k} \tag{1-6}$$

在直角坐标系中的分量形式为

$$\begin{cases}x=x(t)\\y=y(t)\\z=z(t)\end{cases} \tag{1-7}$$

例如质点作忽略空气阻力的平抛运动，取抛出点为坐标原点，如图 1-6 所示，则运动方程的分量形式为$\begin{cases}x=v_0t\\y=-\frac{1}{2}gt^2\end{cases}$，矢量形式为 $\boldsymbol{r}=v_0t\boldsymbol{i}-\frac{1}{2}gt^2\boldsymbol{j}$。

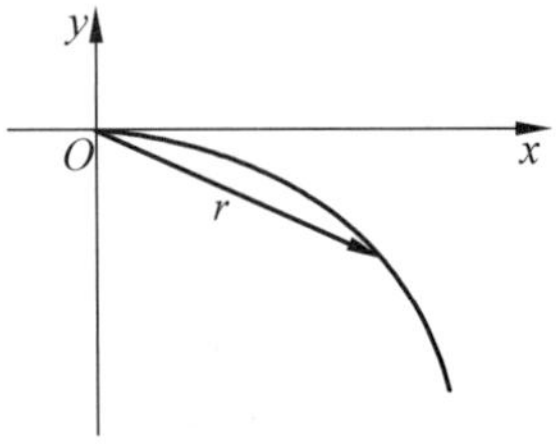

图 1-6　抛体运动

3. 轨迹方程(轨道方程)

轨迹方程是对质点运动轨迹的代数描述。从运动方程在直角坐标系中的分量形式即式(1-7)中消去参数 t，可得到轨迹方程，如平抛运动的轨迹方程为 $y=-\frac{1}{2}g\left(\frac{x}{v_0}\right)^2$，其函数图像就是运动的**轨迹**(抛物线)。

4. 位移

如图 1-7 所示，设在 t 和 $t+\Delta t$ 时刻，质点的位矢分别为 $\boldsymbol{r}_A$ 和 $\boldsymbol{r}_B$，则 Δt 时间间隔内，质点的位矢变化量

$$\Delta\boldsymbol{r}=\boldsymbol{r}_B-\boldsymbol{r}_A=\boldsymbol{r}(t+\Delta t)-\boldsymbol{r}(t) \tag{1-8}$$

称为质点在该时间间隔内的**位移**。

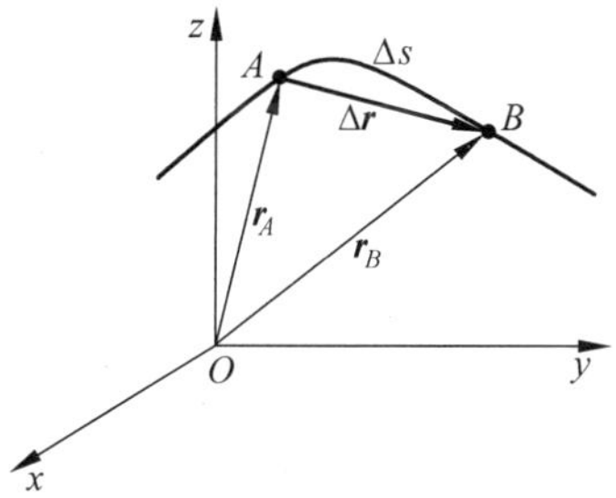

图 1-7　位移和路程

在直角坐标系中，位移为

$$\Delta \boldsymbol{r} = (x_2 - x_1)\boldsymbol{i} + (y_2 - y_1)\boldsymbol{j} + (z_2 - z_1)\boldsymbol{k} = \Delta x\boldsymbol{i} + \Delta y\boldsymbol{j} + \Delta z\boldsymbol{k}$$

位移的大小为

$$|\Delta \boldsymbol{r}| = \sqrt{\Delta x^2 + \Delta y^2 + \Delta z^2}$$

与位移容易混淆的一个物理量是路程。路程定义为：Δt 时间间隔内，质点在空间经过的轨迹长度，称为质点在该时间间隔内通过的路程，用 Δs 表示。位移与路程的区别是：**$\Delta \boldsymbol{r}$ 是矢量，Δs 是标量**。一般情况下，除非质点作方向不变的直线运动，否则其路程和位移的大小不相等，即 $|\Delta \boldsymbol{r}| \neq \Delta s$。但是当时间间隔 $\Delta t \to 0$ 时的极限情况下，路程与位移的大小趋于相等，即 $|\mathrm{d}\boldsymbol{r}| = \mathrm{d}s$。

1.1.3　速度

为了描述物体运动的快慢程度和方向，引入速度这个物理量。速度是矢量，有大小和方向。在国际单位制中，速度的单位为 m/s。

1. 平均速度

平均速度是质点位移与所经历时间间隔的比值，定义为

$$\bar{\boldsymbol{v}} = \frac{\Delta \boldsymbol{r}}{\Delta t} \tag{1-9}$$

平均速度的大小反映一段时间内物体运动的平均快慢程度，它的方向与这段时间内的位移 $\Delta \boldsymbol{r}$ 的方向相同。

在直角坐标系中，平均速度表示为

$$\bar{\boldsymbol{v}} = \frac{\Delta \boldsymbol{r}}{\Delta t} = \frac{\Delta x}{\Delta t}\boldsymbol{i} + \frac{\Delta y}{\Delta t}\boldsymbol{j} + \frac{\Delta z}{\Delta t}\boldsymbol{k}$$

关于平均速度，要注意的是：在变速直线运动中，平均速度的大小与选定的时间或位移有关，不同时间段内或不同位移上的平均速度一般不同，必须指明求出的平均速度是对应哪段时间内或哪段位移上的平均速度。平均速度的方向与质点在一段时间 Δt 内的位移方向相同，与运动方向不一定相同。平均速度并不是瞬时速度的平均值，而是质点位移与所经历时间的比值。

2. 瞬时速度

平均速度只粗略地描述了质点在一段时间内的运动情况，为了精确描述质点在每一时

刻的运动,引入瞬时速度的概念。当时间间隔 Δt 越来越小,平均速度就越来越接近瞬时速度；当 $\Delta t\to 0$ 时,有

$$\boldsymbol{v}=\lim_{\Delta t\to 0}\bar{\boldsymbol{v}}=\lim_{\Delta t\to 0}\frac{\Delta \boldsymbol{r}}{\Delta t}=\frac{\mathrm{d}\boldsymbol{r}}{\mathrm{d}t}$$

因此瞬时速度的定义式为

$$\boldsymbol{v}=\frac{\mathrm{d}\boldsymbol{r}}{\mathrm{d}t} \tag{1-10}$$

一般把瞬时速度直接简称为速度,**质点的速度等于其位矢对时间的一阶导数**,也可以这样理解：瞬时速度和平均速度一样,还是等于位移和时间间隔的比值,但此时位移和时间间隔都为无穷小量(微分),它们比值的极限就是质点的位矢对时间的变化率,**某一时刻的瞬时速度等于此时位矢对时间的变化率**。

在直角坐标系中,速度为

$$\boldsymbol{v}=\frac{\mathrm{d}\boldsymbol{r}}{\mathrm{d}t}=\frac{\mathrm{d}x}{\mathrm{d}t}\boldsymbol{i}+\frac{\mathrm{d}y}{\mathrm{d}t}\boldsymbol{j}+\frac{\mathrm{d}z}{\mathrm{d}t}\boldsymbol{k}=v_x\boldsymbol{i}+v_y\boldsymbol{j}+v_z\boldsymbol{k} \tag{1-11}$$

其中,$v_x=\frac{\mathrm{d}x}{\mathrm{d}t}$,$v_y=\frac{\mathrm{d}y}{\mathrm{d}t}$,$v_z=\frac{\mathrm{d}z}{\mathrm{d}t}$分别为速度矢量 $\boldsymbol{v}$ 在 x,y,z 轴上的分量。瞬时速度的大小为

$$|\boldsymbol{v}|=\left|\frac{\mathrm{d}\boldsymbol{r}}{\mathrm{d}t}\right|=\sqrt{\left(\frac{\mathrm{d}x}{\mathrm{d}t}\right)^2+\left(\frac{\mathrm{d}y}{\mathrm{d}t}\right)^2+\left(\frac{\mathrm{d}z}{\mathrm{d}t}\right)^2}=\sqrt{v_x^2+v_y^2+v_z^2} \tag{1-12}$$

3. 平均速率与瞬时速率

路程与所经历时间的比值称为平均速率。设 $t\sim t+\Delta t$ 时间内,质点的路程为 Δs,则该段时间内的平均速率为 $\bar{v}=\frac{\Delta s}{\Delta t}$(如图 1-7 所示)。

为了描述运动细节,引进瞬时速率(简称速率)：

$$v=\lim_{\Delta t\to 0}\bar{v}=\lim_{\Delta t\to 0}\frac{\Delta s}{\Delta t}=\frac{\mathrm{d}s}{\mathrm{d}t} \tag{1-13}$$

瞬时速率是路程对时间的一阶导数,是路程对时间的变化率。在国际单位制中,速率的单位为 m/s。当 $\Delta t\to 0$ 时,$|\mathrm{d}\boldsymbol{r}|=\mathrm{d}s$,可推知

$$v=\frac{\mathrm{d}s}{\mathrm{d}t}=\frac{|\mathrm{d}\boldsymbol{r}|}{\mathrm{d}t}=\left|\frac{\mathrm{d}\boldsymbol{r}}{\mathrm{d}t}\right|=|\boldsymbol{v}| \tag{1-14}$$

式(1-14)说明,**瞬时速率等于瞬时速度的大小。当然,平均速率一般不等于平均速度的大小**。

注意：速度是矢量,与位移相联系；速率是标量,与路程相联系。使用时要理解它们的区别,不要混淆。

1.1.4 加速度

为了描述质点速度变化的快慢和方向,我们引入加速度的概念。在国际单位制中,加速度的单位为 $\mathrm{m/s^2}$。

1. 平均加速度

定义

$$\bar{\boldsymbol{a}}=\frac{\Delta \boldsymbol{v}}{\Delta t}=\frac{\boldsymbol{v}_2-\boldsymbol{v}_1}{\Delta t}$$

为 $t \sim t+\Delta t$ 时间间隔内质点的平均加速度，其中 $\Delta \boldsymbol{v}=\boldsymbol{v}_2-\boldsymbol{v}_1$ 为 $t \sim t+\Delta t$ 时间间隔内速度矢量的增量，如图 1-8 所示。

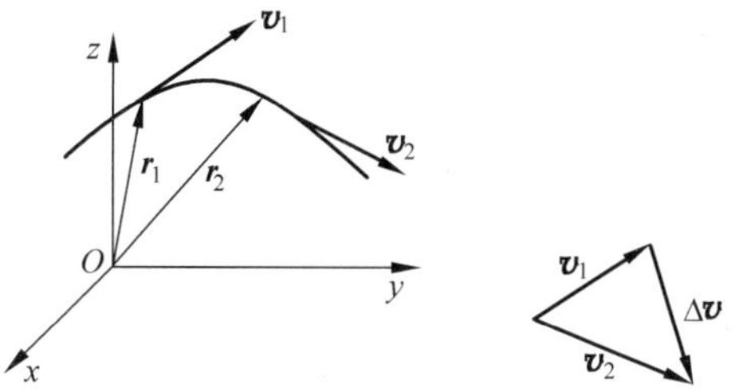

(a) (b)

图 1-8 速度矢量的变化量

2. 瞬时加速度(加速度)

为了准确描述质点运动速度变化的情况，引入瞬时加速度的概念。瞬时加速度简称为加速度，是当时间间隔 $\Delta t \to 0$ 时平均加速度的极限，即

$$\boldsymbol{a}=\lim_{\Delta t \to 0}\bar{\boldsymbol{a}}=\lim_{\Delta t \to 0}\frac{\Delta \boldsymbol{v}}{\Delta t}=\frac{\mathrm{d}\boldsymbol{v}}{\mathrm{d}t}$$

所以有

$$\boldsymbol{a}=\frac{\mathrm{d}\boldsymbol{v}}{\mathrm{d}t}=\frac{\mathrm{d}^2\boldsymbol{r}}{\mathrm{d}t^2} \tag{1-15}$$

加速度等于速度对时间的一阶导数或位矢对时间的二阶导数。

在直角坐标系中，有

$$\boldsymbol{a}=\frac{\mathrm{d}v_x}{\mathrm{d}t}\boldsymbol{i}+\frac{\mathrm{d}v_y}{\mathrm{d}t}\boldsymbol{j}+\frac{\mathrm{d}v_z}{\mathrm{d}t}\boldsymbol{k}=\frac{\mathrm{d}^2 x}{\mathrm{d}t^2}\boldsymbol{i}+\frac{\mathrm{d}^2 y}{\mathrm{d}t^2}\boldsymbol{j}+\frac{\mathrm{d}^2 z}{\mathrm{d}t^2}\boldsymbol{k} \tag{1-16}$$

其中，$a_x=\frac{\mathrm{d}v_x}{\mathrm{d}t}=\frac{\mathrm{d}^2 x}{\mathrm{d}t^2}$，$a_y=\frac{\mathrm{d}v_y}{\mathrm{d}t}=\frac{\mathrm{d}^2 y}{\mathrm{d}t^2}$，$a_z=\frac{\mathrm{d}v_z}{\mathrm{d}t}=\frac{\mathrm{d}^2 z}{\mathrm{d}t^2}$分别称为 $\boldsymbol{a}$ 在 x，y，z 轴上的分量。加速度 $\boldsymbol{a}$ 的大小为

$$|\boldsymbol{a}|=\sqrt{a_x^2+a_y^2+a_z^2}=\sqrt{\left(\frac{\mathrm{d}v_x}{\mathrm{d}t}\right)^2+\left(\frac{\mathrm{d}v_y}{\mathrm{d}t}\right)^2+\left(\frac{\mathrm{d}v_z}{\mathrm{d}t}\right)^2}=\sqrt{\left(\frac{\mathrm{d}^2 x}{\mathrm{d}t^2}\right)^2+\left(\frac{\mathrm{d}^2 y}{\mathrm{d}t^2}\right)^2+\left(\frac{\mathrm{d}^2 z}{\mathrm{d}t^2}\right)^2}$$

注意**加速度指向速度变化的方向，而非速度的方向**。除了直线运动外，一般曲线运动的 $\boldsymbol{a}$ 与 $\boldsymbol{v}$ 的方向是不同的(如斜抛运动)。

3. 位置矢量、位移、速度和加速度在一维直线运动时的表述

质点做一维直线运动时只有一个 x 分量，如图 1-9 所示。因为直线运动只能沿着两个方向，即 x 轴正方向或 x 轴负方向，所以通过其值的正负就能判断位移、速度和加速度的方向，故**一维运动可用标量式代替矢量式**。

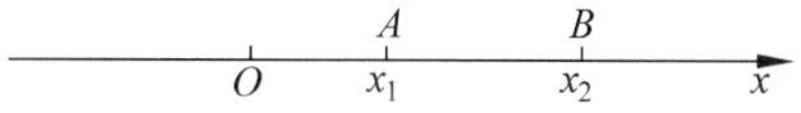

图 1-9 一维直线运动

直线运动时位移的矢量形式为

$$\Delta \boldsymbol{r}=x_2\boldsymbol{i}-x_1\boldsymbol{i}=\Delta x\boldsymbol{i}$$

可用标量形式表示为

$$\Delta x = x_2 - x_1 \tag{1-17}$$

速度的矢量形式为$\boldsymbol{v}=\dfrac{dx}{dt}\boldsymbol{i}=v_x\boldsymbol{i}$，可用标量形式表示为

$$v = \frac{dx}{dt} \tag{1-18}$$

加速度的矢量形式为$\boldsymbol{a}=\dfrac{dv_x}{dt}\boldsymbol{i}=\dfrac{d^2x}{dt^2}\boldsymbol{i}=a_x\boldsymbol{i}$，可用标量形式表示为

$$a = \frac{dv}{dt} = \frac{d^2x}{dt^2} \tag{1-19}$$

使用标量形式时，可由其数值正负判断该物理量的方向，如 Δx，v，a 为正值，表示它们指向 x 轴正方向，为负值则表示它们指向 x 轴负方向。

质点运动的描述小结：

$$\boldsymbol{v}=\frac{d\boldsymbol{r}}{dt},\quad \boldsymbol{a}=\frac{d\boldsymbol{v}}{dt}=\frac{d^2\boldsymbol{r}}{dt^2},\quad \bar{\boldsymbol{v}}=\frac{\Delta\boldsymbol{r}}{\Delta t},\quad \bar{\boldsymbol{a}}=\frac{\Delta\boldsymbol{v}}{\Delta t},\quad v=\frac{ds}{dt}$$

1.2 运动学的应用

在 1.1 节中，我们学习了描述物体运动的物理量以及它们之间的关系，现在介绍怎样用这些运动学基本公式来研究各种具体的物理问题。运动学问题一般分为两大类。

1.2.1 运动学第一类问题

已知质点的运动方程为 $\boldsymbol{r}=\boldsymbol{r}(t)$，求速度 $\boldsymbol{v}=\boldsymbol{v}(t)$ 和加速度 $\boldsymbol{a}=\boldsymbol{a}(t)$ 等。方法是应用公式 $\boldsymbol{v}=\dfrac{d\boldsymbol{r}}{dt}$，$\boldsymbol{a}=\dfrac{d\boldsymbol{v}}{dt}=\dfrac{d^2\boldsymbol{r}}{dt^2}$，把 $\boldsymbol{r}(t)$ 对时间 t 求导即可。

例 1-1 已知一质点的运动方程为 $\boldsymbol{r}=t\boldsymbol{i}+4t^2\boldsymbol{j}$ (m)，求它的轨迹方程，以及 $t=2$s 时的速度和加速度。

解 取质点为研究对象，把运动方程写为分量式 $x=t$ 和 $y=4t^2$。

两式联立消去 t，得到轨迹方程为 $y=4x^2$。

速度 $\boldsymbol{v}=\dfrac{d\boldsymbol{r}}{dt}=\boldsymbol{i}+8t\boldsymbol{j}$ (m/s)，将 $t=2$s 代入，得 $\boldsymbol{v}=\boldsymbol{i}+16\boldsymbol{j}$ (m/s)。

加速度 $\boldsymbol{a}=\dfrac{d\boldsymbol{v}}{dt}=8\boldsymbol{j}$ (m/s^2)，为不含时间的常量，说明加速度恒定不变。

注意：速度和加速度都是矢量，结果要表示为矢量形式，或求出其大小，再说明方向。

例 1-2 已知一质点的运动方程为 $x=3\cos 4t$ (m)，求它在任意时刻 t 的速度和加速度。

解 运动方程为标量形式说明质点作直线运动，此时速度、加速度都可以用标量表示：

$$v=\frac{dx}{dt}=\frac{d}{dt}(3\cos 4t)=-12\sin 4t\ (\text{m/s})$$

$$a=\frac{dv}{dt}=\frac{d}{dt}(-12\sin 4t)=-48\cos 4t\ (\text{m/s}^2)$$

这是一个简谐振动的运动方程，描述固定在弹簧上的质点的振动情况，可以看出速度和加速度都是时间 t 的周期函数，反映了质点振动具有周期性。

1.2.2　运动学第二类问题

已知质点的加速度 $\boldsymbol{a}$，以及初始时刻 $t=0$ 时的初速度 $\boldsymbol{v}_0$ 和初位矢 $\boldsymbol{r}_0$，求它在之后任意时刻的速度 $\boldsymbol{v}(t)$ 和位矢 $\boldsymbol{r}(t)$。依据的公式还是 $\boldsymbol{v}=\frac{\mathrm{d}\boldsymbol{r}}{\mathrm{d}t}$，$\boldsymbol{a}=\frac{\mathrm{d}\boldsymbol{v}}{\mathrm{d}t}=\frac{\mathrm{d}^2\boldsymbol{r}}{\mathrm{d}t^2}$，但运算过程反过来，把求导改为积分。如已知加速度随时间的变化关系 $\boldsymbol{a}(t)$，将 $\boldsymbol{a}(t)=\frac{\mathrm{d}\boldsymbol{v}}{\mathrm{d}t}$ 两边同乘以 $\mathrm{d}t$ 后分离变量，得 $\mathrm{d}\boldsymbol{v}=\boldsymbol{a}(t)\mathrm{d}t$，再把这个微分关系式两边同时求定积分，即

$$\int_{v_0}^{v}\mathrm{d}\boldsymbol{v}=\int_0^t\boldsymbol{a}(t)\mathrm{d}t$$

可得

$$\boldsymbol{v}=\boldsymbol{v}_0+\int_0^t\boldsymbol{a}(t)\mathrm{d}t \tag{1-20}$$

在直角坐标系中有分量式 $v_x=v_{0x}+\int_0^t a_x(t)\mathrm{d}t$，$v_y=v_{0y}+\int_0^t a_y(t)\mathrm{d}t$，$v_z=v_{0z}+\int_0^t a_z(t)\mathrm{d}t$

如质点作直线运动，则 $v=v_0+\int_0^t a(t)\mathrm{d}t$。

求出 $\boldsymbol{v}(t)$ 后，可继续积分，由 $\boldsymbol{v}(t)=\frac{\mathrm{d}\boldsymbol{r}}{\mathrm{d}t}$ 分离变量后得 $\mathrm{d}\boldsymbol{r}=\boldsymbol{v}(t)\mathrm{d}t$，两边求定积分 $\int_{r_0}^{r}\mathrm{d}\boldsymbol{r}=\int_0^t\boldsymbol{v}(t)\mathrm{d}t$，得

$$\boldsymbol{r}=\boldsymbol{r}_0+\int_0^t\boldsymbol{v}(t)\mathrm{d}t \tag{1-21}$$

如质点作直线运动，则 $x=x_0+\int_0^t v(t)\mathrm{d}t$。

例 1-3　一质点沿 x 轴运动，已知加速度为 $a=4t(\mathrm{m/s^2})$，初始条件为：当 $t=0$ 时，$v_0=0$，$x_0=10\mathrm{m}$。求它的运动方程。

解　取质点为研究对象，先求速度。由加速度定义有

$$a=\frac{\mathrm{d}v}{\mathrm{d}t}=4t$$

得 $\mathrm{d}v=4t\,\mathrm{d}t$，积分，并运用初始条件，有

$$\int_0^v\mathrm{d}v=\int_0^t 4t\,\mathrm{d}t$$

得 $v=2t^2(\mathrm{m/s})$。再求运动方程，由速度定义有

$$v=\frac{\mathrm{d}x}{\mathrm{d}t}=2t^2$$

得 $\mathrm{d}x=2t^2\mathrm{d}t$，即

$$\int_{10}^{x}\mathrm{d}x=\int_0^t 2t^2\mathrm{d}t$$

故

$$x=\frac{2}{3}t^3+10(\mathrm{m})$$

注意：(1)积分下限是初始条件，它不一定为 0，比如对 $\mathrm{d}x=2t^2\mathrm{d}t$ 积分时，等号左边的下限是 10；(2)质点的加速度随时间变化，它的运动并不是我们熟悉的匀加速直线运动，不能运用匀加速运动的公式，如 $v=v_0+at$，$x=x_0+v_0t+\frac{1}{2}at^2$ 等求解。

有时，已知的条件不是加速度与时间 t，而是加速度与速度 $\boldsymbol{v}$ 的关系，即 $\boldsymbol{a}=\boldsymbol{a}(\boldsymbol{v})$，此时可以把 $\boldsymbol{a}(\boldsymbol{v})=\frac{\mathrm{d}\boldsymbol{v}}{\mathrm{d}t}$在等号两边同除以 $\boldsymbol{a}(\boldsymbol{v})$后分离变量，得到 $\mathrm{d}t=\frac{\mathrm{d}\boldsymbol{v}}{\boldsymbol{a}(\boldsymbol{v})}$，两边再同时求定积分 $\int_0^t\mathrm{d}t=\int_{v_0}^{v}\frac{\mathrm{d}\boldsymbol{v}}{\boldsymbol{a}(\boldsymbol{v})}$，得 $t-0=\int_{v_0}^{v}\frac{\mathrm{d}\boldsymbol{v}}{\boldsymbol{a}(\boldsymbol{v})}$，只需算出积分$\int_{v_0}^{v}\frac{\mathrm{d}\boldsymbol{v}}{\boldsymbol{a}(\boldsymbol{v})}$ 的结果，整理后就可得到任意时刻的速度 $\boldsymbol{v}(t)$。

质点作一维直线运动时，矢量式可用标量式代替：$t-0=\int_{v_0}^{v}\frac{\mathrm{d}v}{a(v)}$，再求出积分结果。

例 1-4　一质点以初速度 v_0 作直线运动，所受阻力与其速度的三次方成正比，则加速度也与速度的三次方成正比，且与运动方向相反，可表示为 $a=-kv^3$（k 为一正常量），求质点速度和位置随时间的变化规律及速度随位置的变化规律。

解　取质点运动的直线为 x 轴，$t=0$ 时刻质点所在位置为坐标原点。由题意有 $a=-kv^3$，即

$$\frac{\mathrm{d}v}{\mathrm{d}t}=-kv^3$$

分离变量得

$$\frac{\mathrm{d}v}{v^3}=-k\,\mathrm{d}t$$

由初始条件：$t=0$ 时，$v=v_0$，对上式等号两边同时求定积分，有

$$\int_{v_0}^{v}\frac{\mathrm{d}v}{v^3}=\int_0^t-k\,\mathrm{d}t$$

因此所求质点速度与时间的关系为

$$v(t)=v_0\left(\frac{1}{1+2kv_0^2t}\right)^{\frac{1}{2}}$$

然后继续积分可求得位置 $x(t)$。因为 $v=\frac{\mathrm{d}x}{\mathrm{d}t}$，所以有

$$\mathrm{d}x=v_0\left(\frac{1}{1+2kv_0^2t}\right)^{\frac{1}{2}}\mathrm{d}t$$

由初始条件：$t=0$ 时，$x=0$，对上式等号两边同时求定积分，有

$$\int_0^x\mathrm{d}x=\int_0^t v_0\left(\frac{1}{1+2kv_0^2t}\right)^{\frac{1}{2}}\mathrm{d}t$$

因此所求质点位置与时间的关系为

$$x(t)=\frac{1}{kv_0}(\sqrt{1+2kv_0^2t}-1)$$

将求出的 $v(t)$ 和 $x(t)$ 两式联立消去时间 t，可得速度随位置的变化规律。

求速率随位置的变化规律的另一种方法是通过变量代换，即

$$a=\frac{\mathrm{d}v}{\mathrm{d}t}=\frac{\mathrm{d}v}{\mathrm{d}x}\frac{\mathrm{d}x}{\mathrm{d}t}=v\frac{\mathrm{d}v}{\mathrm{d}x}$$

得 $v\frac{\mathrm{d}v}{\mathrm{d}x}=-kv^3$，再分离变量得 $\frac{\mathrm{d}v}{v^2}=-k\mathrm{d}x$，对上式等号两边同时求定积分，有

$$\int_{v_0}^{v}\frac{\mathrm{d}v}{v^2}=\int_0^x-k\mathrm{d}x$$

最后求出质点速度与位置的关系为

$$v(x)=\frac{v_0}{1+kv_0x}$$

变量代换方法还可以用于一维情况 a 为 x 的函数时(即 $a=a(x)$)求速度随位置的变化规律。

说明：与物体运动速度有关的阻力一般为空气的阻力或水(流体)的阻力。现实中通常的情况是水的阻力与速度成正比，空气的阻力与速度的平方成正比，只有当速度非常大时，阻力才与速度的三次方成正比。当然，决定阻力大小的其他因素还很多，且很复杂，此例所述只是简化后的理想情况。

例 1-5 一质点沿 x 轴正方向作直线运动，已知 $t=0$ 时，$v_0=0$，$x_0=0$，并且任意时刻加速度均满足 $a=1+2x$。求速度和位移的函数关系 $v(x)$。

解 根据题意，所求结果不包含时间，需对加速度的定义式作如下变量代换：

$$a=\frac{\mathrm{d}v}{\mathrm{d}t}=\frac{\mathrm{d}v}{\mathrm{d}x}\frac{\mathrm{d}x}{\mathrm{d}t}=v\frac{\mathrm{d}v}{\mathrm{d}x}$$

代入题中条件可得

$$v\frac{\mathrm{d}v}{\mathrm{d}x}=1+2x$$

分离变量后对上式等号两边同时求定积分，有

$$\int_0^x(1+2x)\mathrm{d}x=\int_0^v v\mathrm{d}v$$

即

$$x^2+x=\frac{1}{2}v^2,\quad v=\sqrt{2x^2+2x}$$

1.3 圆周运动

圆周运动指物体的运动轨迹是一个圆。因为圆周运动的特殊性，研究时一般不是把它在直角坐标系中分解，而是取自然坐标系，沿圆周上某一点的切线和法线方向分解。本节先讨论圆周运动，再推广到一般曲线运动。

1.3.1 自然坐标系

如图 1-10 所示，设 t 时刻质点位于 A 点，$\boldsymbol{e}_t$，$\boldsymbol{e}_n$ 分别为 A 点切向及法向的单位矢量(与

直角坐标系的单位矢量 $\boldsymbol{i}$, $\boldsymbol{j}$, $\boldsymbol{k}$ 不同,它们的方向在运动过程中是随时会变化的)。以 A 为原点,以切向 $\boldsymbol{e}_t$ 和法向 $\boldsymbol{e}_n$ 为坐标轴,由此构成的坐标系称为自然坐标系(自然坐标系一般用来研究二维的平面曲线运动)。

说明:切向的定义为曲线上 A 点沿轨道切线指向前进方向,法向的定义为平面内垂直于切向并指向轨道凹侧的方向。

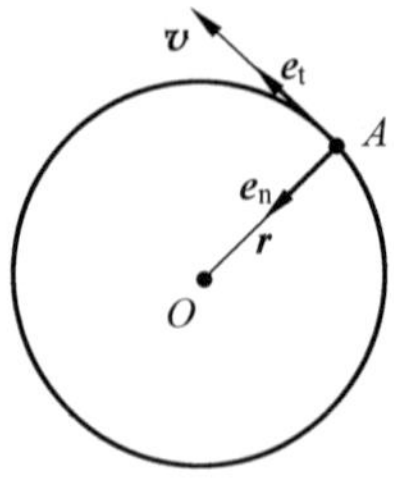

图 1-10　自然坐标系

1.3.2　圆周运动的切向加速度及法向加速度

1. 切向加速度

如图 1-11(a)所示,质点做半径为 r 的圆周运动,速度沿切线方向,且只有切向分量,所以可表示为

$$\boldsymbol{v} = v\boldsymbol{e}_t \tag{1-22}$$

其中,$v = |\boldsymbol{v}|$ 为瞬时速率。

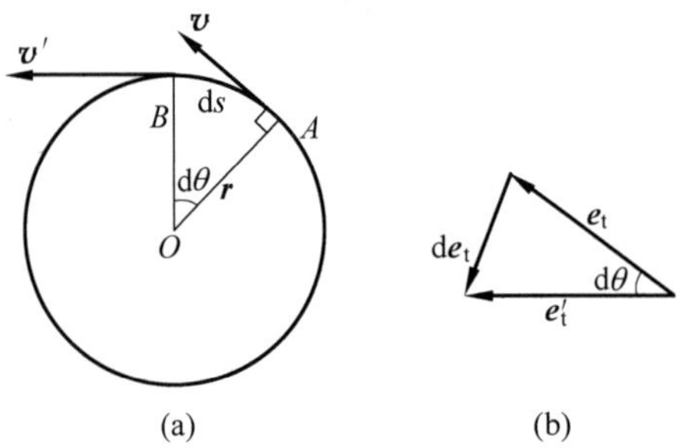

图 1-11　加速度的推导

将速度对 t 求导,得加速度为

$$\boldsymbol{a} = \frac{\mathrm{d}(v\boldsymbol{e}_t)}{\mathrm{d}t} = \frac{\mathrm{d}v}{\mathrm{d}t}\boldsymbol{e}_t + v\frac{\mathrm{d}\boldsymbol{e}_t}{\mathrm{d}t} \tag{1-23}$$

式(1-23)中有两项,对应加速度的两个分量。第 1 项是由质点运动速率变化引起的,方向沿切向 $\boldsymbol{e}_t$,是加速度矢量的切向分量,即

$$\boldsymbol{a}_t = \frac{\mathrm{d}v}{\mathrm{d}t}\boldsymbol{e}_t = a_t\boldsymbol{e}_t \tag{1-24}$$

其大小为 $a_t = \dfrac{\mathrm{d}v}{\mathrm{d}t}$。**所以加速度的切向分量(切向加速度)等于速率对时间的一阶导数**。

2. 法向加速度

式(1-23)中,第 2 项是由质点运动方向改变引起的。要求出此项结果,必须计算出切向单位矢量 $\boldsymbol{e}_t$ 对时间 t 的导数$\dfrac{\mathrm{d}\boldsymbol{e}_t}{\mathrm{d}t}$。如图 1-11 所示,质点由 A 点运动到 B 点,因为 $\boldsymbol{e}_t \perp OA$,$\boldsymbol{e}'_t \perp OB$,所以 $\boldsymbol{e}_t$,$\boldsymbol{e}'_t$的夹角为 $\mathrm{d}\theta$,而

$$\mathrm{d}\boldsymbol{e}_t = \boldsymbol{e}'_t - \boldsymbol{e}_t$$

当 $\mathrm{d}\theta \to 0$ 时,有 $|\mathrm{d}\boldsymbol{e}_t| = |\boldsymbol{e}_t|\mathrm{d}\theta = \mathrm{d}\theta$。且因为 $\mathrm{d}\boldsymbol{e}_t \perp \boldsymbol{e}_t$,所以 $\mathrm{d}\boldsymbol{e}_t$ 由 A 点指向圆心,即法向单

位矢量 $\boldsymbol{e}_n$ 的方向，因此有

$$d\boldsymbol{e}_t = d\theta \boldsymbol{e}_n$$

可得式(1-23)中的第 2 项为

$$v\frac{d\boldsymbol{e}_t}{dt} = v\frac{d\theta}{dt}\boldsymbol{e}_n = \frac{v}{r}\frac{ds}{dt}\boldsymbol{e}_n = \frac{v^2}{r}\boldsymbol{e}_n$$

该项的方向沿半径指向圆心，即加速度的法向分量，记为

$$\boldsymbol{a}_n = \frac{v^2}{r}\boldsymbol{e}_n \tag{1-25}$$

其大小为 $a_n = \frac{v^2}{r}$。所以**加速度的法向分量（法向加速度）等于速率的平方除以半径**。

3. 总加速度

总加速度即加速度为

$$\boldsymbol{a} = \boldsymbol{a}_t + \boldsymbol{a}_n = a_t\boldsymbol{e}_t + a_n\boldsymbol{e}_n = \frac{dv}{dt}\boldsymbol{e}_t + \frac{v^2}{r}\boldsymbol{e}_n \tag{1-26}$$

总加速度的大小为

$$a = \sqrt{a_t^2 + a_n^2} = \sqrt{\left(\frac{dv}{dt}\right)^2 + \left(\frac{v^2}{r}\right)^2}$$

总加速度的方向：$\boldsymbol{a}$ 与 $\boldsymbol{e}_t$ 的夹角 θ（图 1-12）满足如下关系：

$$\tan\theta = \frac{a_n}{a_t}$$

可见**总加速度的方向一般不指向圆心，只有在质点速率不变（匀速圆周运动）的情况下，切向加速度 $\boldsymbol{a}_t = 0$，总加速度的方向才指向圆心**。

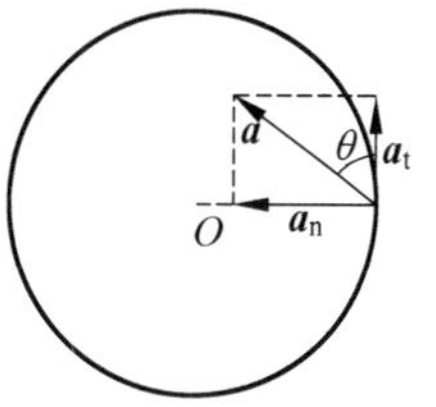

图 1-12　加速度的方向

***4. 一般曲线运动**

圆周运动的切向加速度和法向加速度公式也适用于一般曲线运动，只要用曲率半径 ρ 作为变量替换圆周运动半径 r。

讨论：(1) 当 $a_n = \frac{v^2}{\rho} = 0(\rho \to \infty)$ 时，质点作直线运动。此时

$$a_t = \frac{dv}{dt}\begin{cases} > 0, & \text{加速直线运动}(a_t > 0) \\ < 0, & \text{减速直线运动}(a_t < 0) \\ = 0, & \text{匀速直线运动}(a_t = 0) \end{cases}$$

(2) 当 $a_n = \frac{v^2}{\rho} \neq 0$ 时，质点作曲线运动。此时

$$a_t = \frac{dv}{dt}\begin{cases} > 0, & \text{加速曲线运动}(a_t > 0) \\ < 0, & \text{减速曲线运动}(a_t < 0) \\ = 0, & \text{匀速曲线运动}(a_t = 0) \end{cases}$$

(3) 当 $a_n = \frac{v^2}{\rho} =$ 常量时，质点作圆周运动。

1.3.3 圆周运动的角量描述

因为作圆周运动的质点运动范围限定在圆轨道上，只能绕圆周旋转，所以用它转过的角度 θ 就可确定质点的位置，进而可用角速度和角加速度描述其运动的具体情况。

1. 角坐标

如图 1-13 所示，设 t 时刻质点在 A 点处，θ 是 OA 与 x 轴正方向的夹角，称 θ 为 t 时刻质点的角坐标。角坐标随时间变化，即 $\theta=\theta(t)$，它也是质点的运动方程。

如经过 Δt 时间，$t+\Delta t$ 时刻质点运动到 B 点处，则这段时间间隔内角坐标的增量 $\Delta\theta$ 称为角位移。

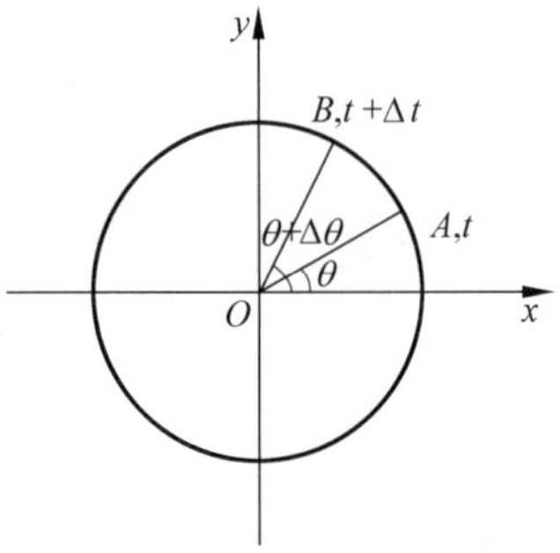

图 1-13　角坐标和角位移

2. 角速度

(1) 平均角速度

定义角位移 $\Delta\theta$ 与时间间隔 Δt 的比值

$$\bar{\omega}=\frac{\Delta\theta}{\Delta t}$$

为这段时间间隔内质点的平均角速度。平均角速度只粗略表示一段时间间隔内的运动快慢，为了准确描述运动细节，需要引入瞬时角速度。

(2) 瞬时角速度

定义

$$\omega=\lim_{\Delta t\to 0}\bar{\omega}=\lim_{\Delta t\to 0}\frac{\Delta\theta}{\Delta t}=\frac{\mathrm{d}\theta}{\mathrm{d}t}$$

为 t 时刻质点的瞬时角速度，简称为角速度，即

$$\omega=\frac{\mathrm{d}\theta}{\mathrm{d}t} \tag{1-27}$$

角速度等于角坐标对时间的一阶导数，等于角坐标对时间的变化率，反映了质点绕圆周转动的快慢。

力学中定义的角速度其实是矢量。但是质点作平面圆周运动时，角速度的方向只有两个：质点沿圆周逆时针方向转动时，角速度矢量方向垂直于运动平面向外；沿圆周顺时针方向转动时，角速度矢量垂直于运动平面向内。所以可像一维直线运动那样，把角速度看作标量处理，用正负表示它的方向。习惯上规定质点沿圆周逆时针方向转动时的角速度为正方向。

3. 角加速度

为了描述角速度变化的快慢，引入角加速度的概念。

(1) 平均角加速度

设在 $t\sim t+\Delta t$ 时间间隔内，质点角速度的增量为 $\Delta\omega$，定义

$$\bar{\beta}=\frac{\Delta\omega}{\Delta t}$$

为 $t\sim t+\Delta t$ 时间间隔内质点的平均角加速度。

（2）瞬时角加速度

定义

$$\beta=\lim_{\Delta t\to 0}\bar{\beta}=\lim_{\Delta t\to 0}\frac{\Delta\omega}{\Delta t}=\frac{d\omega}{dt}$$

为 t 时刻质点的瞬时角加速度，简称为角加速度，即

$$\beta=\frac{d\omega}{dt}=\frac{d^2\theta}{dt^2} \tag{1-28}$$

角加速度等于角速度对时间的一阶导数，或等于角坐标对时间的二阶导数。

4. 线量与角量的关系

我们把角坐标 θ、角速度 ω、角加速度 β 统称为角量，而把 $\boldsymbol{r}$，$\boldsymbol{v}$，$\boldsymbol{a}$，$\boldsymbol{a}_t$，$\boldsymbol{a}_n$ 等统称为线量。线量与角量都可以描述圆周运动，它们之间的关系如下。

（1）v 与 ω 的关系

如图 1-14 所示，$dt\to 0$ 时，$|d\boldsymbol{r}|=ds=rd\theta$，所以有 $\frac{|d\boldsymbol{r}|}{dt}=r\frac{d\theta}{dt}$，即

$$v=r\omega \tag{1-29}$$

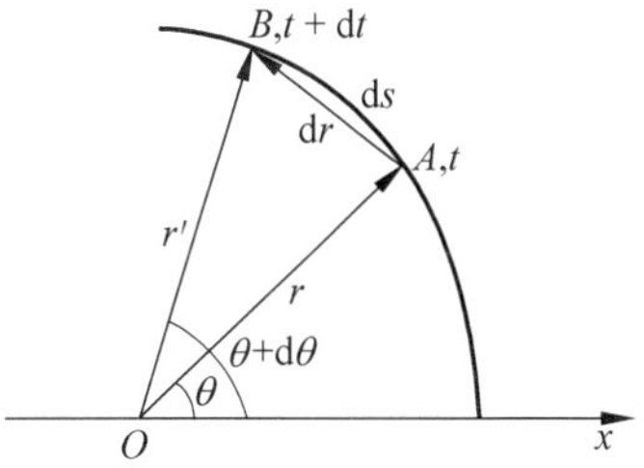

图 1-14　线量与角量的关系

（2）a_t 与 β 的关系

将式(1-29)等号两边同时对 t 求导，有 $\frac{dv}{dt}=r\frac{d\omega}{dt}$，即

$$a_t=r\beta \tag{1-30}$$

（3）a_n 与 ω 的关系

$$a_n=\frac{v^2}{r}=\frac{(r\omega)^2}{r}=r\omega^2 \tag{1-31}$$

所以加速度

$$\boldsymbol{a}=a_t\boldsymbol{e}_t+a_n\boldsymbol{e}_n=\frac{dv}{dt}\boldsymbol{e}_t+\frac{v^2}{r}\boldsymbol{e}_n=r\beta\boldsymbol{e}_t+r\omega^2\boldsymbol{e}_n$$

例 1-6　一质点沿半径为 R 的圆周按 $s=v_0t-\frac{1}{2}bt^2$ 规律运动，其中 v_0，b 都是正常量，求：(1)任意时刻质点的切向加速度和法向加速度；(2)什么时刻质点的总加速度大小等于 b？(3)当总加速度大小等于 b 时，质点沿圆周运行了多少圈？

分析：由质点在自然坐标系中的运动方程 $s=s(t)$ 求导，可求出速率 $v=\frac{ds}{dt}$，进而可求得 a_t，a_n。总加速度大小为 $a=\sqrt{a_t^2+a_n^2}$，当 $a=b$ 时，可求出此时的时间 t，将之代入 $s=s(t)$ 可得此时质点运动的路程 s，$\frac{s}{2\pi R}$ 即该质点沿圆周运行的圈数。

解　(1) 质点的速率为 $v=\frac{ds}{dt}=v_0-bt$，切向加速度为 $a_t=\frac{dv}{dt}=-b$，法向加速度为 $a_n=\frac{v^2}{R}=\frac{(v_0-bt)^2}{R}$。

(2) 质点的总加速度大小为

$$a=\sqrt{a_n^2+a_t^2}=\frac{\sqrt{R^2b^2+(v_0-bt)^4}}{R}$$

当 $a=b$ 时，可以解得

$$t=\frac{v_0}{b}$$

(3) $t=\frac{v_0}{b}$时刻质点运行的路程为

$$s=v_0t-\frac{1}{2}bt^2=v_0\frac{v_0}{b}-\frac{1}{2}b\left(\frac{v_0}{b}\right)^2=\frac{v_0^2}{2b}$$

运行的总圈数 n 为路程除以圆周长，即

$$n=\frac{s}{2\pi R}=\frac{v_0^2}{4\pi Rb}$$

注意：切向加速度的公式为 $a_t=\frac{\mathrm{d}v}{\mathrm{d}t}$，其中，$v$ 是速度的大小，所以也可写为 $a_t=\frac{\mathrm{d}|\boldsymbol{v}|}{\mathrm{d}t}$，但 $a_t\neq\left|\frac{\mathrm{d}\boldsymbol{v}}{\mathrm{d}t}\right|$。

例 1-7 在平面上运动的某质点，运动方程为 $x=R\sin\omega t+\omega Rt$，$y=R\cos\omega t+R$，其中，$\omega$，$R$ 为正常量。它的运动轨道为一摆线，即当一个半径为 R 的轮子沿 x 轴无滑动地滚动时，轮边缘一点所画出的曲线。求：(1)当 y 达到最小值时质点的速度和加速度；(2)当 y 达到最大值时质点的速度和加速度；(3)当 y 达到最大值时质点的切向加速度、法向加速度和轨道的曲率半径。

分析：对运动方程 $x=x(t)$，$y=y(t)$求导，可求解质点的速度和加速度。由直角坐标系下的速度 $v=v(t)$可求得切向加速度 $a_t=\frac{\mathrm{d}v}{\mathrm{d}t}$，法向加速度即为 $a_n=\sqrt{a^2-a_t^2}$，最后再由 $\rho=\frac{v^2}{a_n}$可求出曲率半径。

解 (1) 由运动方程可知，质点的速度、加速度分别为

$$v_x=\frac{\mathrm{d}x}{\mathrm{d}t}=R\omega\cos\omega t+\omega R,\quad v_y=\frac{\mathrm{d}y}{\mathrm{d}t}=-R\omega\sin\omega t$$

$$a_x=\frac{\mathrm{d}v_x}{\mathrm{d}t}=-R\omega^2\sin\omega t,\quad a_y=\frac{\mathrm{d}v_y}{\mathrm{d}t}=-R\omega^2\cos\omega t$$

当 y 为最小值，即 $y=R\cos\omega t+R=0$ 时，$\cos\omega t=-1$，有 $\omega t=(2k+1)\pi$(k 为整数)，$\sin\omega t=0$。所以此时

$$v_x=0,\quad v_y=0$$

$$a_x=0,\quad a_y=R\omega^2$$

即 $\boldsymbol{v}=\mathbf{0}$，$\boldsymbol{a}=R\omega^2\boldsymbol{j}$，此即相当于轮边缘一点接触滚动，而 $\boldsymbol{v}=\mathbf{0}$，说明是纯滚动。

(2) 当 y 为最大值，即 $y=R\cos\omega t+R=2R$ 时，$\cos\omega t=1$，则 $\sin\omega t=0$。所以此时

$$v_x=2\omega R,\quad v_y=0$$

$$a_x=0,\quad a_y=-R\omega^2$$

即

$$\boldsymbol{v}=2\omega R\boldsymbol{i},\quad \boldsymbol{a}=-R\omega^2\boldsymbol{j}$$

(3) 当 y 达到最大值时,由(2)结果可知

$$v=\sqrt{v_x^2+v_y^2}=2\omega R,\quad a=\sqrt{a_x^2+a_y^2}=R\omega^2$$

$$a_t=\frac{dv}{dt}=0,\quad a_n=\sqrt{a^2-a_t^2}=R\omega^2$$

曲率半径为

$$\rho=\frac{v^2}{a_n}=\frac{4\omega^2R^2}{R\omega^2}=4R$$

此即相当于轮边缘一点运动到最高点的轨迹的曲率半径,它并不等于轮子的半径 R。

说明:此题是运动学第一类问题,即已知运动方程,求速度和加速度。特别应注意的是,在直角坐标系下求出质点的速度 $\boldsymbol{v}$ 和加速度 $\boldsymbol{a}$ 后,质点在自然坐标中的切向加速度可由 $a_t=\frac{dv}{dt}$ 求出,而法向加速度可由 $a_n=\sqrt{a^2-a_t^2}=R\omega^2$ 求出。虽然质点运动的曲率半径可通过轨迹方程求得,但是由 $a_n=\frac{v^2}{\rho}$ 求曲率半径 ρ 是此类问题中通常采用的方法。

圆周运动小结:

线量:速率 $v=\frac{ds}{dt}$,加速度 $\boldsymbol{a}=a_t\boldsymbol{e}_t+a_n\boldsymbol{e}_n$,切向加速度 $a_t=\frac{dv}{dt}$,法向加速度 $a_n=\frac{v^2}{r}$。

角量:角速度 $\omega=\frac{d\theta}{dt}$,角加速度 $\beta=\frac{d\omega}{dt}=\frac{d^2\theta}{dt^2}$。

线量与角量的关系:$v=r\omega$,$a_t=r\beta$,$a_n=r\omega^2$。

1.4　相对运动

在 1.1 节中我们提到,对运动的描述具有相对性,同一个物体的运动在不同的参考系中有不同的描述方法。例如,在无风时下落的雨滴,取地面为参考系时,它的运动轨迹是竖直向下的一条直线;而取行驶中的汽车为参考系时,它的运动轨迹则斜指向车的后方。

本节讨论当用两个不同的参考系来描述同一运动时,两参考系中各物理量(如位移、速度、加速度)之间的数学变换关系。

1.4.1　位置变换

如图 1-15 所示,设参考系 S 静止,另一参考系 S' 沿 x 轴正方向以速度 $\boldsymbol{u}$ 相对于 S 运动。称质点 P 相对于静止参考系 S 的位矢 $\boldsymbol{r}$ 为绝对位矢;相对于运动参考系 S' 的位矢 $\boldsymbol{r}'$ 为相对位矢;运动参考系 S' 相对于静止参考系 S 的位矢 $\boldsymbol{r}_0$ 为牵连位矢。

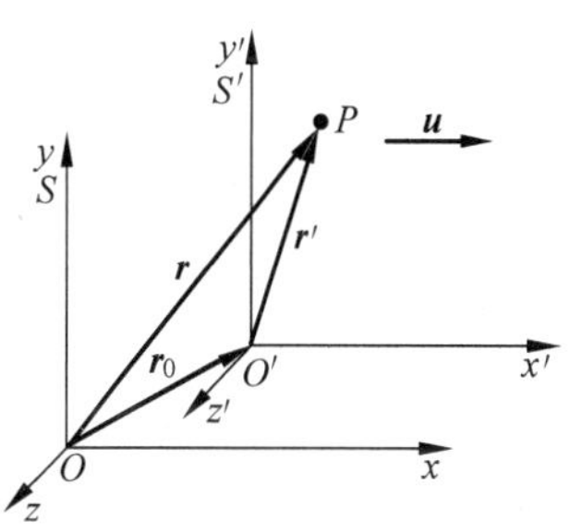

图 1-15　相对运动

则由矢量加法有以下关系式:

$$\boldsymbol{r}=\boldsymbol{r}'+\boldsymbol{r}_0 \tag{1-32}$$

质点的绝对位矢等于相对位矢与牵连位矢之和。这就

是同一运动在两个不同参考系中的位置变换关系。

1.4.2 速度变换和加速度变换

将式(1-32)等号两边同时对时间 t 求一阶导数,得

$$\frac{\mathrm{d}\boldsymbol{r}}{\mathrm{d}t}=\frac{\mathrm{d}\boldsymbol{r}'}{\mathrm{d}t}+\frac{\mathrm{d}\boldsymbol{r}_0}{\mathrm{d}t} \quad 或 \quad \boldsymbol{v}=\boldsymbol{v}'+\boldsymbol{v}_0 \tag{1-33}$$

其中,$\boldsymbol{v}$ 是质点相对于静止参考系的速度,称为绝对速度;$\boldsymbol{v}'$是质点相对于运动参考系的速度,称为相对速度;$\boldsymbol{v}_0$ 是运动参考系相对于静止参考系的速度,称为牵连速度。式(1-33)说明了同一运动在两个不同参考系中的速度变换关系。

式(1-33)给出了在两个以恒定的速度作相对运动的参考系中质点的速度变换关系,这个式子叫做**伽利略速度变换**。需要指出的是,当质点的速度接近光速时,伽利略速度变换式就不再适用了,此时应该采用狭义相对论中的洛伦兹变换。

如果再将式(1-33)继续对时间求一阶导数,可以得到两个不同参考系中的加速度变换关系,即

$$\boldsymbol{a}=\boldsymbol{a}'+\boldsymbol{a}_0 \tag{1-34}$$

质点的绝对加速度 $\boldsymbol{a}$ 等于相对加速度 $\boldsymbol{a}'$与牵连加速度 $\boldsymbol{a}_0$ 的矢量和。

在运用速度变换关系解题时,关键在于选择合适的静止参考系和运动参考系,然后确定绝对速度、相对速度、牵连速度中哪些是已知的,哪些是未知且需要求解的,最后列式。

例 1-8 某人骑自行车以速率 v 向西骑行,同时北风以相同的速率 v 向南吹来(相对于地面),则骑车人遇到的风速及风向如何?

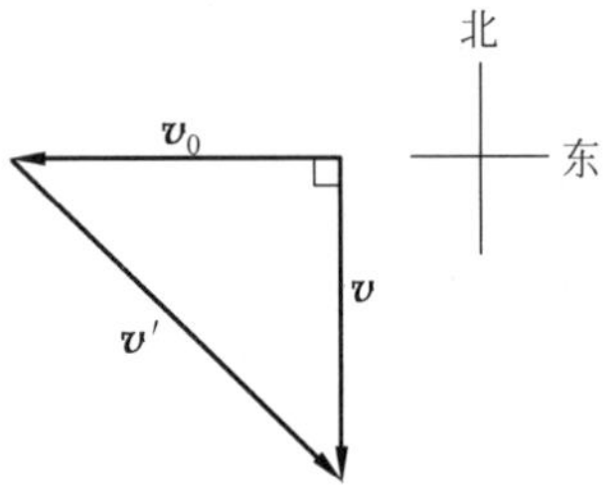

图 1-16 例 1-8 用图

解 取地面为静止参考系 S,骑车人为运动参考系 S',风为运动物体。问题即求风相对于运动参考系的速度。

如图 1-16 所示,风的绝对速度 $\boldsymbol{v}$ 的大小为 v,方向向南;牵连速度 $\boldsymbol{v}_0$ 的大小为 v,方向向西;相对速度为 $\boldsymbol{v}'=\boldsymbol{v}-\boldsymbol{v}_0$,大小和方向如图 1-16 中的箭头所示。

所以骑车人遇到的风速大小为

$$|\boldsymbol{v}'|=\sqrt{|\boldsymbol{v}|^2+|\boldsymbol{v}_0|^2}=\sqrt{2}v$$

风向,即 $\boldsymbol{v}'$的方向为指向东偏南 45°(来自西北方向)。

思 考 题

1-1 物体在一段时间 Δt 内的位移 $\Delta\boldsymbol{r}$ 的方向指向哪里?在无穷小时间间隔内的位移方向又有什么特点?

1-2 位移和路程这两个物理量有何区别?一物体作斜抛运动时:(1)从抛出到落地,它的位移大小$|\Delta\boldsymbol{r}|$和经过的路程 Δs 是否相等?(2)在 $\mathrm{d}t$ 时间内,位移大小$|\mathrm{d}\boldsymbol{r}|$和路程 $\mathrm{d}s$ 是否相等?

1-3 作圆周运动的物体的加速度方向是否一定指向圆心?

1-4 质点作圆周运动,且速率随时间均匀增大,则它的切向加速度、法向加速度和总加

速度大小是否都随时间变化？总加速度 $\boldsymbol{a}$ 与速度 $\boldsymbol{v}$ 之间的夹角是如何随时间改变的？

1-5　质点作曲线运动，$\boldsymbol{r}$ 表示位置矢量，s 表示路程，a_t 表示切向加速度，则表达式 (1) $\frac{dv}{dt}=a$，(2) $\frac{dr}{dt}=v$，(3) $\frac{ds}{dt}=v$，(4) $\left|\frac{d\boldsymbol{v}}{dt}\right|=a_t$ 中，哪些是错误的？（注意：矢量用黑体字母表示。）

1-6　如果让时间反演，即把时刻 t 换为 $-t$，则本章的运动方程，如速度、加速度方程等将会有什么变化？

习　　题

1-1　根据瞬时速度 $\boldsymbol{v}$ 的定义，在直角坐标系下，其大小 $|\boldsymbol{v}|$ 可表示为(　　)。

A. $\frac{dr}{dt}$　　　　B. $\frac{dx}{dt}+\frac{dy}{dt}+\frac{dz}{dt}$

C. $\left|\frac{dx}{dt}\boldsymbol{i}\right|+\left|\frac{dy}{dt}\boldsymbol{j}\right|+\left|\frac{dz}{dt}\boldsymbol{k}\right|$　　　　D. $\left[\left(\frac{dx}{dt}\right)^2+\left(\frac{dy}{dt}\right)^2+\left(\frac{dz}{dt}\right)^2\right]^{\frac{1}{2}}$

1-2　加速度是描述________的物理量，物体作曲线运动时的加速度总是指向________。

1-3　已知质点的运动满足方程 $t\boldsymbol{i}=\frac{1}{8}\frac{d\boldsymbol{v}}{dt}$，当 $t=0$ 时，设质点以 $\boldsymbol{v}=2\boldsymbol{j}$ (m/s) 的速度通过坐标原点，求该质点的运动方程。

1-4　以下 4 种说法中，正确的是(　　)。

A. 运动物体的加速度越大，其速度也越大

B. 圆周运动的加速度方向一定指向圆心

C. 匀速圆周运动的加速度为零

D. 一质点作匀速率圆周运动，它的动量不断改变

1-5　质点沿 x 轴运动，其加速度和位置的关系为 $a=2+6x^2$，各量采用国际单位。如质点在 $x=0$ 处的速度为 10m/s，求质点在任意坐标 x 处的速度。

1-6　一同步卫星在地球赤道平面内运动，其运动方程为 $\boldsymbol{r}=A\cos(\omega t)\boldsymbol{i}+A\sin(\omega t)\boldsymbol{j}$，其中，$A$、$\omega$ 为常量。证明该卫星作匀速率圆周运动，并求其加速度。

1-7　一石子从空中由静止下落，由于空气阻力，石子并非做自由落体运动。现已知加速度 $a=A-Bv$，其中，A，B 为常量。试求石子的速度和运动方程。

1-8　质点做平面曲线运动，其位矢、总加速度和法向加速度的大小分别为 r，a 和 a_n，速度为 v，则下列式子中，正确的有(　　)。

A. $a=\frac{d\boldsymbol{v}}{dt}$　　　　B. $a=\frac{d^2r}{dt^2}$

C. $\sqrt{a^2-a_n^2}=\left|\frac{d|\boldsymbol{v}|}{dt}\right|$　　　　D. $a=\frac{\boldsymbol{v}\cdot\boldsymbol{v}}{r}$

1-9　在一个转动的齿轮上，一个齿尖 P 沿半径为 R 的圆周运动，其路程 s 随时间的变化规律为 $s=v_0t+\frac{1}{2}bt^2$，其中，v_0，b 都是正常量，则 t 时刻齿尖 P 的速度和加速度大小为多少？

1-10　一质点沿半径为 R 的圆周运动，其角位置随时间的变化关系为 $\theta=\frac{2}{R}+\frac{3}{2R}t^2$。若 $t=1\text{s}$ 时，质点的总加速度与切向加速度方向的夹角为 $45°$，试求其轨道半径 R，同时求 $t=1\text{s}$ 时的切向加速度与法向加速度，以及总加速度。

1-11　一质点的运动方程为 $x=v_0 t$，$y=\frac{1}{2}at^2$，其中，v_0，a 为常量，求质点运动轨迹的曲率半径 $\rho(t)$，以及质点的切向加速度 $a_t(t)$ 和法向加速度 $a_n(t)$。

1-12　抛射体运动的抛射角为 θ，初速度为 $v_0\boldsymbol{i}$，不计空气阻力，问：(1)运动中 $\boldsymbol{a}$ 变化否？a_t，a_n 变化否？(2)任意位置 a_t，a_n 各为多少？

1-13　一质点从静止($t=0$)出发，沿半径为 $R=3\text{m}$ 的圆周运动，切向加速度大小不变，为 $a_t=3\text{m/s}^2$，在 t 时刻，其总加速度恰与半径成 $45°$，求时间 t 的值。

1-14　甲、乙两船同时航行，甲以 10km/h 的速度向东，乙以 5km/h 的速度向南。问从乙船的人看来，甲船的速度大小是多少？方向如何？反之，从甲船的人看来，乙船的速度大小又是多少？方向如何？

第 2 章

质点动力学

怎样巧妙设计卫星的推力，才能让它步入预定的轨道？刹车的时候怎样才能不打滑？这些问题，运动学的知识不能帮助我们解答，它们属于动力学的研究范围。

第 1 章我们讨论的是运动学，纯粹描述物体的运动，而没有涉及引起运动状态变化的原因。而现在要研究的是动力学，即力对物体运动状态变化的影响。动力学的基本定律是牛顿运动定律。对于任意物理系统，只要知道其作用力的性质，运用牛顿运动定律，就可以知道作用力对于该系统的影响，进而结合运动学知识还可推算出系统随后的运动情况。以牛顿运动定律为基础的力学体系称为**牛顿力学**或**经典力学**。

自牛顿发表《自然哲学的数学原理》至今已有 300 多年，随着科学的发展，人类对自然的认知已经发生了巨大的变化，牛顿运动定律也随之得到了发展和改进。近代，力学得到了很大的发展，各种力学分支开始逐步建立，但是动力学仍然是物理学的基础，也是许多工程学科的基础。

本章首先介绍牛顿运动定律，其次将牛顿运动定律和运动学结合，分析如何解决实际问题，最后介绍惯性参考系和非惯性参考系。牛顿运动定律只在惯性参考系中成立，如果想在非惯性参考系中应用牛顿运动定律，需要引入惯性力的概念。

2.1 牛顿运动定律

牛顿运动定律一般适用于质点，但是任何复杂的物体，原则上都可以看作由很多个质点组成的质点系，所以可以从质点动力学导出刚体、流体、弹性体等其他模型的运动规律。牛顿运动定律是经典力学的基础，它的适用范围也是经典力学的适用范围，为宏观、低速领域。研究高速运动的物体需要应用相对论，而微观粒子的运动定律一般用量子力学来描述。

1687 年，牛顿发表著作《自然哲学的数学原理》（图 2-1），在其中他集前人之大成，尤其是吸收伽利略的研究成果，阐述了其后 200 年间都被视作真理的三大牛顿运动定律。

图 2-1 牛顿及其《自然哲学的数学原理》

2.1.1 牛顿第一定律

牛顿第一定律(Newton's first law of motion):任何物体都保持静止或沿一直线匀速运动的状态,直到作用在它上面的力迫使它改变这种状态为止。

牛顿第一定律中提到"任何物体都保持静止或沿一直线匀速运动的状态",我们把物体保持原有运动状态的特性称为**惯性**(inertia),**牛顿第一定律指明了任何物体都具有惯性,因此牛顿第一定律又被叫做惯性定律**(law of inertia)。牛顿第一定律描述的惯性是平动惯性,对于转动的物体还有转动惯性,对于热运动有热惯性,对于电磁运动有电磁惯性。这些惯性的共同特点都是抵抗运动状态的改变,当然不同惯性对应不同的运动,分别用不同的物理量进行量度。

牛顿第一定律中的后半句"直到作用在它上面的力迫使它改变这种状态为止",提到了力(force),**力是改变物体运动状态的原因**。在国际单位制中,力的单位为牛顿,符号是 N。

我们把牛顿第一定律在其中成立的参考系称为惯性参考系(inertial system),**反之,把牛顿第一定律不成立的参考系称为非惯性参考系**。判断一个参考系是否为惯性参考系,需要通过实验观察。严格意义上的惯性参考系是一种理想模型,一般不要求精确度很高时,可以近似取地面为惯性参考系。目前最好的实用惯性参考系是以选定 1535 颗恒星平均静止位形作为基础的参考系——FK4 系。

2.1.2 牛顿第二定律

牛顿第二定律(Newton's second law of motion):**物体运动的变化与所加的外力成正比,并且发生在该力所沿的方向上。**

牛顿第一定律定性地指出力和运动的关系,牛顿第二定律进一步定量地给出它们的关系式。牛顿在《自然哲学的数学原理》中对于运动(the quantity of motion)的定义为物体质量和速度的乘积,现在我们把这一乘积称为**动量**(momentum),用 $\boldsymbol{p}$ 表示,即

$$\boldsymbol{p} = m\boldsymbol{v} \tag{2-1}$$

牛顿第二定律的数学表述形式为

$$\boldsymbol{F} = \frac{\mathrm{d}\boldsymbol{p}}{\mathrm{d}t} \tag{2-2}$$

或

$$\boldsymbol{F}\mathrm{d}t=\mathrm{d}\boldsymbol{p} \tag{2-3}$$

这就是牛顿第二定律的微分形式，也是牛顿第二定律最基本、最普遍的形式。在低速运动情况下，物体的质量不变，是常量，所以有 $\boldsymbol{F}=\frac{\mathrm{d}\boldsymbol{p}}{\mathrm{d}t}=\frac{\mathrm{d}(m\boldsymbol{v})}{\mathrm{d}t}=m\frac{\mathrm{d}\boldsymbol{v}}{\mathrm{d}t}=m\boldsymbol{a}$，由此我们得到牛顿第二定律的另一种常用的表述形式：

$$\boldsymbol{F}=m\boldsymbol{a} \tag{2-4}$$

式(2-4)在牛顿的著作《自然哲学的数学原理》中并未出现过，只是定义式(2-2)的推导结果，由于此公式形式简单，且不涉及微积分，因此在解决问题时比式(2-2)应用得更多。但是在高速运动情况下，式(2-4)不再成立，而通过实验证明式(2-2)和式(2-3)仍然成立。

矢量式 $\boldsymbol{F}=m\boldsymbol{a}$ 在直角坐标系中可表示为分量形式，因为

$$\begin{aligned}\boldsymbol{F}&=F_x\boldsymbol{i}+F_y\boldsymbol{j}+F_z\boldsymbol{k}\\&=m\boldsymbol{a}=ma_x\boldsymbol{i}+ma_y\boldsymbol{j}+ma_z\boldsymbol{k}\\&=m\frac{\mathrm{d}\boldsymbol{v}}{\mathrm{d}t}=m\frac{\mathrm{d}v_x}{\mathrm{d}t}\boldsymbol{i}+m\frac{\mathrm{d}v_y}{\mathrm{d}t}\boldsymbol{j}+m\frac{\mathrm{d}v_z}{\mathrm{d}t}\boldsymbol{k}\\&=m\frac{\mathrm{d}^2\boldsymbol{r}}{\mathrm{d}t^2}=m\frac{\mathrm{d}^2x}{\mathrm{d}t^2}\boldsymbol{i}+m\frac{\mathrm{d}^2y}{\mathrm{d}t^2}\boldsymbol{j}+m\frac{\mathrm{d}^2z}{\mathrm{d}t^2}\boldsymbol{k}\end{aligned}$$

所以有

$$\begin{cases}F_x=ma_x=m\dfrac{\mathrm{d}v_x}{\mathrm{d}t}=m\dfrac{\mathrm{d}^2x}{\mathrm{d}t^2}\\F_y=ma_y=m\dfrac{\mathrm{d}v_y}{\mathrm{d}t}=m\dfrac{\mathrm{d}^2y}{\mathrm{d}t^2}\\F_z=ma_z=m\dfrac{\mathrm{d}v_z}{\mathrm{d}t}=m\dfrac{\mathrm{d}^2z}{\mathrm{d}t^2}\end{cases} \tag{2-5}$$

当质点在平面上作曲线运动时，也可以将 $\boldsymbol{F}=m\boldsymbol{a}$ 在自然坐标系中进行分解，即

$$\begin{aligned}\boldsymbol{F}&=F_\mathrm{n}\boldsymbol{e}_\mathrm{n}+F_\mathrm{t}\boldsymbol{e}_\mathrm{t}\\&=ma_\mathrm{n}\boldsymbol{e}_\mathrm{n}+ma_\mathrm{t}\boldsymbol{e}_\mathrm{t}\\&=m\frac{v^2}{\rho}\boldsymbol{e}_\mathrm{n}+m\frac{\mathrm{d}v}{\mathrm{d}t}\boldsymbol{e}_\mathrm{t}\end{aligned}$$

其分量形式分别为

$$F_\mathrm{n}=ma_\mathrm{n}=m\frac{v^2}{\rho},\quad F_\mathrm{t}=ma_\mathrm{t}=m\frac{\mathrm{d}v}{\mathrm{d}t} \tag{2-6}$$

牛顿第二定律告诉我们，**力是产生加速度的原因，惯性大小的量度是惯性质量**(简称为质量)。在国际单位制中，质量的单位为千克，符号是 kg。**物体受到外力作用时，它获得加速度的大小与外力的大小成正比，并与物体的质量成反比，加速度的方向与外力的方向相同。力与加速度之间是瞬时对应关系，一旦作用在物体上的外力发生变化，加速度立刻随之改变。**

实验证明，物体同时受到多个力作用时，这几个力的作用效果与等于它们矢量和的那个合力的作用效果一样，**物体产生的加速度等于每个力单独作用时产生的加速度的叠加**。这

一结论叫做力的**叠加原理**,又称为**力的独立性原理**,其数学表述形式为

$$\begin{aligned} \boldsymbol{F} &= \sum \boldsymbol{F}_i = \boldsymbol{F}_1 + \boldsymbol{F}_2 + \cdots + \boldsymbol{F}_i \\ &= m\boldsymbol{a}_1 + m\boldsymbol{a}_2 + \cdots + m\boldsymbol{a}_i = m\sum \boldsymbol{a}_i = m\boldsymbol{a} \end{aligned}$$

2.1.3 牛顿第三定律

牛顿第三定律(Newton's third law of motion):两个物体之间存在相互作用时,它们之间的作用力和反作用力大小相等、方向相反,且在同一直线上。

设 A,B 两个物体相互作用,其数学表述形式为

$$\boldsymbol{F}_{AB} = -\boldsymbol{F}_{BA} \tag{2-7}$$

牛顿第三定律又称为作用和反作用定律。$\boldsymbol{F}_{AB}$ 和 $\boldsymbol{F}_{BA}$ 中,一个叫做作用力(acting force),另一个则叫做反作用力(reacting force)。**作用力和反作用力属于同种性质的力,同时产生,同时消失,始终成对出现,任何一方不会孤立地存在。**要注意的是,作用力和反作用力分别作用在两个物体上,因此不能互相抵消。

2.1.4 牛顿运动定律的适用范围

牛顿运动定律虽以牛顿的名字命名,但它是历史上许多科学家长期探索的结晶。牛顿运动定律也和其他物理规律一样,在时间长河中不断地深化和完善。人类的认识从宏观到微观和宇观,从低速到接近于光速的高速运动,在实验探索中发现了许多用经典力学概念无法解释的新现象,从而发现牛顿运动定律的局限性。牛顿运动定律的适用范围是经典力学的范围,它适用于低速和宏观领域,仅仅适用于惯性参考系,且只适用于实物。

从牛顿运动定律到相对论——真理发展规律

真理指人们对客观事物及其规律的正确反映,实践是检验真理的唯一标准。由于人类的认识能力、思维能力有限,且受到社会历史条件的制约,因此对真理的认识具有局限性。某一阶段的真理,在以后可能会出现错误,随着社会的发展,对事物规律的认识也在不断地发展和完善。

近代物理学从欧洲文艺复兴时期起步,逐渐摆脱宗教的桎梏而蓬勃发展。开普勒通过长期对行星位置观测的大量数据,发现了行星运动三定律。伽利略以系统的实验和观察,总结出自由落体定律、惯性定律和相对性原理。这两位科学家运用的都是实验和理性思维相结合的研究方法,他们的成就是实践检验真理的经典范例。

牛顿在这些前辈科学家的基础上,总结出了牛顿运动定律和万有引力定律,开创了经典力学。牛顿力学取得了巨大的成功,它能够精确地描述机械运动,宇宙中的一切物体,小到分子、原子,大到恒星,其运动规律用简单的几个数学公式就能概括,任何时刻的位置都可以计算出来。它充分反映了自然界的和谐之美,是人类对自然、对真理认识的一次大飞跃。

然而,随着物理学的发展,牛顿力学本身存在的矛盾,如绝对时间和绝对空间概念越来

越引起争议，很多新发现也难以用经典力学解释。1905 年，爱因斯坦提出狭义相对论，建立了全新的时空观，人类对自然的认识又上了一个新台阶。

相对论的诞生，并不意味着牛顿力学被推翻。我们说真理既是绝对的，又是相对的，意思是客观事物的规律是绝对的、无条件的，但人类认识到的规律必然只能是在一定范围内、一定程度上、一定条件下的认识，是相对的和有局限性的。任何相对真理之中都包含着绝对真理的成分，牛顿力学其实是相对论在宏观、低速条件下的近似，或者说相对论是更普遍意义上的力学理论。在未来，随着社会科学技术水平的提高，也许会出现更先进的理论取代相对论。人类对真理的认识就这样不断上升，是相对向绝对转化的、永无止境的发展过程。人类的思维，按其本性、可能和历史的终极目的来说，最终必然可以正确认识我们这个世界。

2.2　几种常见的力和基本的自然力

2.2.1　常见的力

1. 万有引力

万有引力(the gravitational force)是存在于任何两物体之间的吸引力，它的规律是胡克、牛顿等发现的。牛顿在《自然哲学的数学原理》第三卷中写道："最后，如果由实验和天文学观测，普遍显示出地球周围的一切天体被地球重力所吸引，并且其重力与它们各自含有的物质的量成比例，则月球同样按照物质的量被地球重力所吸引。另一方面，它显示出，我们的海洋被月球重力所吸引，并且一切行星相互被重力所吸引，彗星同样被太阳的重力所吸引。由于这个规则，我们必须普遍承认，一切物体，不论是什么，都被赋予了相互的引力。因为根据这个表象所得出的一切物体的万有引力的论证……"

设两个物体的质量分别为 m_1 和 m_2，如图 2-2 所示，当它们之间相距为 r 时，两物体间的万有引力为

$$\boldsymbol{F}_{12}=-\boldsymbol{F}_{21}=G\frac{m_1m_2}{r^2}\boldsymbol{e}_r \tag{2-8}$$

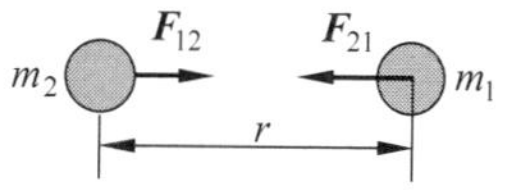

图 2-2　万有引力

其中，$\boldsymbol{e}_r$ 是沿着两物体连线方向的单位矢量。万有引力的大小为 $F=G\frac{m_1m_2}{r^2}$，方向沿两物体连线，$\boldsymbol{F}_{12}$ 和 $\boldsymbol{F}_{21}$ 是一对作用力和反作用力。质量 m_1，m_2 严格来说应该叫做万有引力质量(gravitational mass)，它反映的是物体的引力性质，与反映物体惯性的惯性质量(inertial mass)意义不同，但是，实验证明两者在数值上一般是相等的，所以我们将它们统称为质量而不再做区分。**比例系数** $G=6.67459\times10^{-11}\mathrm{N\cdot m^2/kg^2}$ **称为万有引力常量**。牛顿在推导万有引力定律时，没有得出 G 的数值，具体值是 1798 年卡文迪许利用他发明的扭秤测量出的。卡文迪许的扭秤实验，不仅用实验证明了万有引力定律，同时也让此定律有了更广泛的使用价值。

2. 重力

重力(gravity)指地球表面物体受到的地球的万有引力，所以有以下关系：

$$F=G\frac{m_1m_2}{r^2}=G\frac{m_{地}\,m}{r_{地}^2}=m\left(G\frac{m_{地}}{r_{地}^2}\right)$$

引入一个参量 g,设 $g=G\frac{m_{地}}{r_{地}^2}$,则有

$$F=mg \tag{2-9}$$

代入地球的半径和质量数据,算出 $g\approx 9.8\text{N/kg}$,称为重力加速度。所以**物体受到的重力大小等于质量乘以重力加速度,方向为竖直向下,即重力加速度的方向**。

3. 弹性力

物体由分子组成,分子间同时存在着相互作用的引力和斥力(电磁力),正常状态下,引力与斥力大小相等,合力为零。而当物体发生形变时,分子间距离变化,引力和斥力就不再平衡,分子力不为零,在宏观上物体就产生了弹性力。简而言之,弹性力指的是发生形变的物体,由于要恢复其原来形状,从而对与它接触的物体会产生力的作用。弹性力的具体表现形式很多,因此又有各种名称,常见的弹性力分为三类。

(1) 压力和支持力:两个物体相互压缩时,二者之间的弹性力称为压力(支持力),一般用 $\boldsymbol{N}$ 表示,如图 2-3 所示。**压力和支持力的方向始终与接触面垂直**。

(2) 绳子的拉力:又称为张力,这种弹性力是由于绳子发生形变而产生的,它的大小取决于绳子被拉紧的程度,方向为绳子收缩的方向,一般用 $\boldsymbol{T}$ 表示。

(3) 弹簧的弹力:当弹簧被拉伸或压缩时,会对连接体有弹力的作用,这种弹力总是要使弹簧恢复原长。**弹力遵守胡克定律:在弹性限度内,弹力和形变成正比**,即弹力为

$$F=-kx \tag{2-10}$$

其中,k 为弹簧的劲度系数(stiffness),负号表示**弹力的方向总是指向弹簧原长的方向,与被拉伸或压缩的方向相反**,x 为形变量,即相对于弹簧原长的伸长或缩短量,如图 2-4 所示。

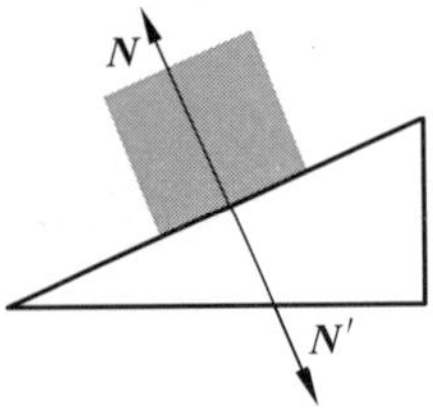

图 2-3 压力和支持力

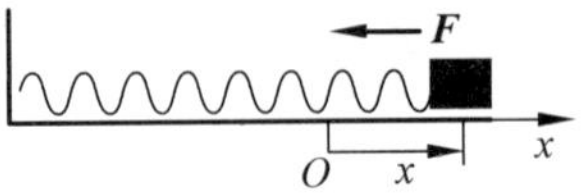

图 2-4 弹簧的弹力

4. 摩擦力

两个相互接触的物体(固体)在沿着接触面相对运动,或者有相对运动趋势时,会在接触面上产生一对阻碍相对运动的力,称为摩擦力。有相对运动时的摩擦力称为**滑动摩擦力**,没有相对运动而只有相对运动趋势时的摩擦力称为**静摩擦力**。

静摩擦力的方向与该物体相对于另一个物体的运动趋势的方向相反,大小视外力的大小而定,介于零和最大静摩擦力 f_s 之间。实验证明,最大静摩擦力的大小正比于接触面间的正压力 N,即

$$f_s=\mu_s N$$

其中,μ_s 称为静摩擦因数,它与接触面的材料和表面情况有关,大小由实验测得。需要用到具体数值时可以查阅工程手册。

当外力超过最大静摩擦力时,物体间开始产生相对运动,这时的摩擦力就是滑动摩擦

力，滑动摩擦力 f_k 的大小也与正压力 N 成正比，即

$$f_k = \mu_k N$$

其中，μ_k 称为滑动摩擦因数，它不仅与接触面的材料和表面情况有关，还与物体的相对速度有关。但是在通常情况下，可近似认为 μ_k 和速度大小无关，而且 $\mu_k = \mu_s$。

以上就是几种常见的力，也是做受力分析时一般会涉及的力。对一个物体做受力分析时，首先画出重力，然后观察它和哪些物体相接触，在接触面上就会有弹性力，如果接触面不是光滑的，还可能会有摩擦力。

*2.2.2 基本的自然力

近代物理证明，自然界的各种相互作用力最终都可以归结成四种基本的自然力：引力（万有引力）、电磁力、强力和弱力（图 2-5）。

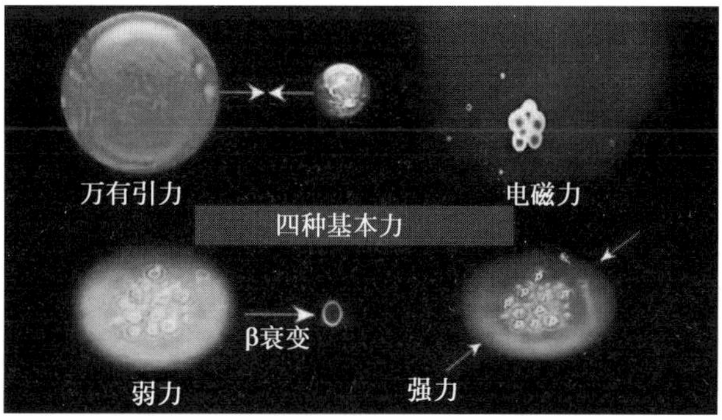

图 2-5 四种基本力

1. 万有引力（引力）

万有引力指两个物体之间存在的相互吸引力。从桥上坠落的石块、围绕恒星旋转的行星、月球引发的潮汐……这些都是引力的体现。可以说，引力是最容易被理解、最为人熟知的一种基本作用力，但也是最难解释的一种。

牛顿是首先提出引力概念的人，他将引力描述为两个物体之间的吸引力。但在几个世纪之后，爱因斯坦在广义相对论中提出，引力其实并不是一种吸引，也不是一种力，而是物体使时空发生扭曲的结果。一个大型物体对时空的作用，可以形象比喻为把一个大球放在一张床单中间，它会使床单发生形变，而床单上的其他较小物体便会随之向中间滚落。

引力是最弱的一种基本力，在分子和原子尺度上，相比其他几种基本力，引力的影响可以说微乎其微。

2. 电磁力

电磁力指作用于带电粒子之间（如带负电荷的电子和带正电荷的质子）的相互作用。电荷异性相吸、同性相斥。电荷量越多，彼此之间的电磁力越强。此外，和引力一样，即使两个带电粒子相隔无限远，相互之间的电磁力也依然存在，只不过会非常微弱。

从名称可以看出，电磁力由两部分构成：电力和磁力。物理学家最初将它们描述为相互独立的两种力，但他们之后意识到，电力和磁力其实是同一种力的两个成分。无论带电粒

子处于运动状态还是静止状态,电力都会在它们之间发挥作用,而当带电粒子开始运动时,它们之间又会出现磁力。

我们在日常生活中感受到的众多现象都与电磁力有关,如摩擦力、弹力,以及让固体保持一定形状的力等。例如,一本书之所以能稳稳地放在桌面上,而不会在重力作用下透过桌面掉到地上,就是因为桌子原子中的电子会与书本原子中的电子相互排斥所致。

3. 强相互作用(强力)

强力是自然界四种基本力中最强的一种,它可以将构成物质的基本粒子结合在一起,形成更大的粒子,如将夸克结合在一起而构成质子和中子,再将质子和中子结合在一起而构成原子核。强力只有在亚原子粒子间距离极小时才能发挥作用,彼此之间的距离不能超过10^{-15} m,约等于质子的直径。

强力的奇特之处在于,不同于其他几种基本力,亚原子粒子距离越近,强力就越弱,粒子距离最远时反而最强。一旦两个夸克进入彼此的作用范围,胶子(一种没有质量的带电玻色子)就会在它们之间传递强力,将它们紧紧"黏结"在一起。一小部分强力会在质子与中子之间发挥作用,名为"残留强力"。原子核中的质子由于都带正电荷,本应相互排斥,但是残留强力可以盖过这种排斥力,使原子核中的粒子维持结合状态。

4. 弱相互作用(弱力)

弱力与粒子衰变有关。衰变指一种类型的亚原子粒子转变成另一种类型,例如,一个靠近中子的中微子能够将该中子转变为质子,同时自身转变为电子。

物理学家通过玻色子的交换来描述这种相互作用过程。玻色子是一种携带着力的粒子。特定类型的玻色子分别对应着弱力、电磁力和强力。弱力涉及的是两种名为W玻色子和Z玻色子的带电粒子。当质子、中子和电子等亚原子粒子之间的距离小于10^{-18} m或质子直径的0.1%时,玻色子就会在它们之间发生交换,使这些亚原子粒子衰变为新的粒子。

弱力在核聚变反应中发挥着至关重要的作用。

5. 大统一理论

关于四种基本力,有一个问题尚未解决:所谓的四种基本力,会不会其实是宇宙中一种高级力的不同体现呢?若真是这样的话,各种力应当都能与其他力合并才对。将引力、电磁力、弱力、强力等各种作用力统一起来,这就是所谓的大统一理论,爱因斯坦晚年一直致力于对统一场论的研究,但是没有获得成功。

1979年的诺贝尔物理学奖授予了哈佛大学的谢尔顿·格拉肖、史蒂文·温伯格,以及帝国理工学院的阿卜杜斯·萨拉姆三位科学家,因为他们实现了电磁力与弱力的统一,提出了"电弱力"的概念。而物理学家还希望找到某种大统一理论,能够将电弱力与强力结合在一起,形成电核力。根据模型预测,这种力的确是存在的,但目前尚未被研究人员观察到。最终,研究人员还需要将电核力与引力统一在一起,形成真正的"万物理论",即能够解释整个宇宙的理论框架。

但要想将微观世界与宏观世界结合在一起相当困难。在较大尺度,尤其是天文尺度上,引力占主导作用,最好用爱因斯坦的广义相对论来解释。而在分子、原子或亚原子粒子尺度上,自然界则最好由量子力学来解释。而到目前为止,还没有理论能很好地将这两个迥异的世界结合在一起。

2.3　牛顿运动定律应用举例

牛顿运动定律是一个整体，完整、准确地给出了物体受力和运动之间的关系。动力学问题通常可分为两类：第一类是已知物体的运动情况（运动方程、速度、加速度等），求作用力；第二类是已知作用力，求运动情况。实际问题中常常两者兼有。

解题的一般步骤在高中物理中已经介绍过了：(1)选取合适的参考系（一般选取地面），并建立坐标系；(2)对要研究的物体画出受力分析图；(3)将这些力沿坐标轴方向正交分解，列出牛顿第二定律 $\boldsymbol{F}=m\boldsymbol{a}$ 的分量式；(4)解方程得出要求的结果。要特别说明的是，我们现在研究的系统通常比高中物理中的更为简单，解题过程也按部就班，不需要太多技巧，那么和之前相比，难点在何处呢？在于对变力的处理，比如随速度变化的空气阻力、随位置变化的弹力等，这是高中物理没有涉及的内容。本节重点就是研究当物体受到的力为变力时，综合应用牛顿运动定律和微积分运算解决问题的方法。

例 2-1　如图 2-6 所示，质量 $m=20\text{kg}$ 的物体，在与水平方向成 $\theta=37°$，大小为 100N 的拉力 $\boldsymbol{F}$ 作用下，沿水平面运动，物体与地面之间的滑动摩擦因数 $\mu=0.1$，求地面对物体的支持力和物体的加速度大小（取重力加速度 $g\approx10\text{m/s}^2$）。

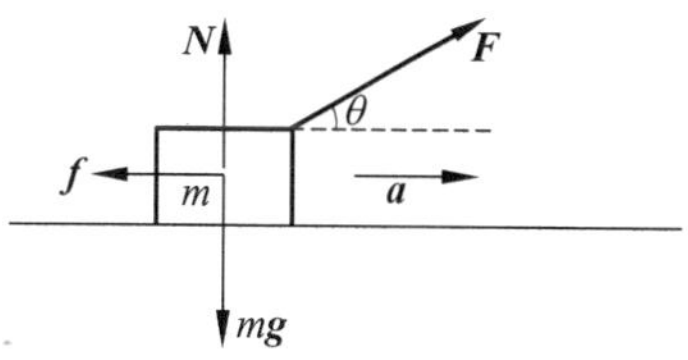

图 2-6　例 2-1 用图

解　这是一道简单的恒力问题，主要目的是让大家复习解题步骤。取地面为参考系，物体为研究对象，做受力分析，如图 2-6 所示。

把各个力沿水平(x)和竖直(y)方向正交分解，列出牛顿第二定律的分量式：

$$F\cos\theta - f = ma,\quad F\sin\theta + N = mg$$

且滑动摩擦力为

$$f=\mu N$$

代入已知数据，解方程组得支持力 $N=140\text{N}$，加速度 $a=3.3\text{m/s}^2$。

接下来的例子都是变力问题。

例 2-2　一质量为 10kg 的质点做匀速直线运动，速度大小为 15m/s，从某时刻($t=0$)开始它受到与运动方向相反、大小 $F=-12t(\text{N})$（t 为时间）的力作用，求该质点经过多长时间停止运动，以及在这段时间内经过的路程。

解　本题是假设的理想情况，所以不考虑摩擦力等其他现实中的力。取质点运动的直线为 x 轴，在 x 方向列出牛顿第二定律：

$$-12t=ma,\quad a=\frac{-12t}{m}=-1.2t(\text{m/s}^2)$$

结合运动学知识，将加速度对时间积分可得任意时刻质点的速度为

$$v=v_0+\int_0^t a\,\mathrm{d}t=15+\int_0^t -1.2t\,\mathrm{d}t=15-0.6t^2(\text{m/s})$$

停止运动时速度 $v=0$，可求得 $t=5\text{s}$。

将速度继续积分，可得路程 $x=x_0+\int_0^t v\,\mathrm{d}t=\int_0^5(15-0.6t^2)\mathrm{d}t$，因此可求出质点到停止运动时经过的路程为 50m。

例 2-3 质量为 m 的物体被竖直上抛，初速度为 v_0，物体受到的空气阻力大小 $f=Kv$，其中，K 为常量。求物体升到最高点时所用时间及上升的最大高度。

解 对物体做受力分析，在竖直方向它受到重力 $\boldsymbol{G}$ 和空气阻力 $\boldsymbol{f}$，如图 2-7 所示。

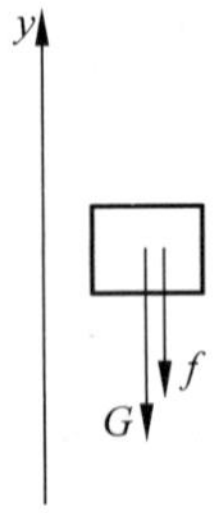

图 2-7 例 2-3 用图

取竖直方向为 y 轴，向上为正方向，列出牛顿第二定律的分量式：

$$-mg-Kv=ma$$

空气阻力随速度变化，则加速度也是随速度变化的，因此需要先分离变量再积分：

$$-mg-Kv=m\frac{\mathrm{d}v}{\mathrm{d}t},\quad \frac{m\mathrm{d}v}{mg+Kv}=-\mathrm{d}t$$

即

$$\frac{\mathrm{d}v}{mg+Kv}=-\frac{1}{m}\mathrm{d}t$$

对上式等号两边同时求定积分可得

$$\int_{v_0}^{v}\frac{\mathrm{d}v}{mg+Kv}=\int_0^t-\frac{1}{m}\mathrm{d}t$$

$$\frac{1}{K}\ln\left(\frac{mg+Kv}{mg+Kv_0}\right)=-\frac{t}{m}$$

将上式变为指数函数后求解，得

$$mg+Kv=\mathrm{e}^{-\frac{K}{m}t}\cdot(mg+Kv_0),$$

$$v=\frac{1}{K}(mg+Kv_0)\mathrm{e}^{-\frac{K}{m}t}-\frac{1}{K}mg \qquad ①$$

$v=0$ 时物体达到最高点，求出时间 t_0 为

$$t_0=\frac{m}{K}\ln\frac{mg+Kv_0}{mg}=\frac{m}{K}\ln\left(1+\frac{Kv_0}{mg}\right) \qquad ②$$

然后再求最大高度。由 $v=\dfrac{\mathrm{d}y}{\mathrm{d}t}$，$\mathrm{d}y=v\mathrm{d}t$ 可得

$$\int_0^y\mathrm{d}y=\int_0^t v\mathrm{d}t=\int_0^t\left[\frac{1}{K}(mg+Kv_0)\mathrm{e}^{-\frac{K}{m}t}-\frac{1}{K}mg\right]\mathrm{d}t$$

积分可得

$$y=-\frac{m}{K^2}(mg+Kv_0)(\mathrm{e}^{-\frac{K}{m}t}-1)-\frac{1}{K}mgt$$

$$=\frac{m}{K^2}(mg+Kv_0)(1-\mathrm{e}^{-\frac{K}{m}t})-\frac{1}{K}mgt \qquad ③$$

$t=t_0$ 时，$y=y_{\max}$，即

$$y_{\max}=\frac{m}{K^2}(mg+Kv_0)\left[1-\mathrm{e}^{-\frac{K}{m}\cdot\frac{m}{K}\ln\left(1+\frac{Kv_0}{mg}\right)}\right]-\frac{1}{K}mg\frac{m}{K}\ln\left(1+\frac{Kv_0}{mg}\right)$$

$$=\frac{m}{K^2}(mg+Kv_0)\left(1-\frac{1}{\dfrac{mg+Kv_0}{mg}}\right)-\frac{m^2}{K^2}g\ln\left(1+\frac{Kv_0}{mg}\right)$$

$$=\frac{m}{K^2}(mg+Kv_0)\frac{Kv_0}{mg+Kv_0}-\frac{m^2}{K^2}g\ln\left(1+\frac{Kv_0}{mg}\right)$$

$$=\frac{mv_0}{K}-\frac{m^2}{K^2}g\ln\left(1+\frac{Kv_0}{mg}\right)$$

例 2-4 光滑的水平桌面上放一固定圆环带，半径为 R，一物体贴着环内侧运动，物体与环带间的摩擦因数为 μ。设物体在某一时刻经 A 点时开始计时，初速率为 v_0。求此后任意时刻物体的速率，以及从 A 点开始经过的路程。

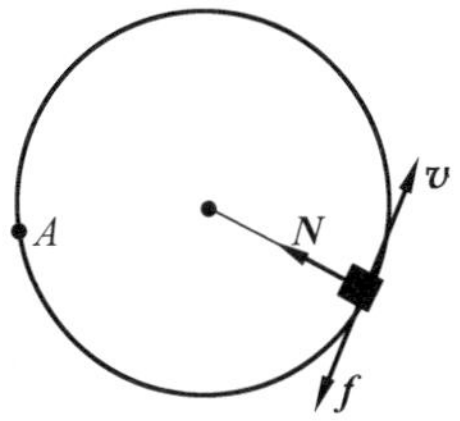

图 2-8 例 2-4 用图

解 画出俯视图，如图 2-8 所示。对物体做受力分析，$\boldsymbol{N}$ 是环带对它的支持力，$\boldsymbol{f}$ 为环带对它的滑动摩擦力，物体的重力和地面对它的支持力相互抵消，与运动情况无关而不予考虑。

根据牛顿第二定律可知

$$\boldsymbol{N}+\boldsymbol{f}=m\boldsymbol{a}$$

因为物体做圆周运动，所以应用自然坐标系，列出牛顿第二定律的切线方向和法线方向的分量式：

切向：$f=-\mu N=ma_t=m\dfrac{\mathrm{d}v}{\mathrm{d}t}$ ①

法向：$N=ma_n=m\dfrac{v^2}{R}$ ②

物体运动时，支持力 $\boldsymbol{N}$ 提供向心力，它随着速率增大而增加，而摩擦力的大小 $f=-\mu N$ 也是随速度变化的力。联立式①和式②，消去 N，可得

$$-\frac{\mu}{R}v^2=\frac{\mathrm{d}v}{\mathrm{d}t}$$

对上式等号两边同时除以 v^2 并分离变量，得$\dfrac{\mathrm{d}v}{v^2}=-\dfrac{\mu}{R}\mathrm{d}t$，对前式等号两边求定积分可得

$$\int_{v_0}^{v}\frac{\mathrm{d}v}{v^2}=\int_0^t-\frac{\mu}{R}\mathrm{d}t,\quad v(t)=\frac{v_0}{1+\dfrac{\mu v_0}{R}t}$$

对速率再积分可得路程：

$$S(t)=\int_0^t v(t)\mathrm{d}t=\int_0^t\frac{v_0}{1+\dfrac{\mu v_0}{R}t}\mathrm{d}t=\frac{R}{\mu}\ln\left(1+\frac{\mu v_0}{R}\right)$$

例 2-5 如图 2-9 所示，长为 l 的轻绳，一端系着质量为 m 的小球，另一端系于原点 O 并固定，开始时小球处于最低位置，若小球获得图示的初速度 v_0，它将在竖直平面内作圆周运动，求小球在任意位置的速率及绳的张力。

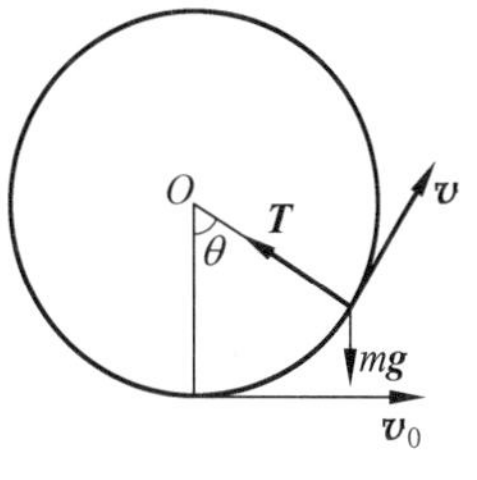

图 2-9 例 2-5 用图

解 对小球做受力分析，它受到重力 mg 和绳子的拉力 $\boldsymbol{T}$，根据牛顿第二定律可知

$$\boldsymbol{T}+m\boldsymbol{g}=m\boldsymbol{a}$$

因为小球作圆周运动，所以应用自然坐标系，列出牛顿第二定律的切线方向和法线方向分量式：

法向：$T-mg\cos\theta=ma_{\mathrm{n}}=m\dfrac{v^2}{l}$ ①

切向：$-mg\sin\theta=ma_{\mathrm{t}}=m\dfrac{\mathrm{d}v}{\mathrm{d}t}$ ②

题目要求速率 v 和位置 θ 的关系，为此需要对上两式进行变量代换。

由式②有

$$-g\sin\theta=\frac{\mathrm{d}v}{\mathrm{d}t}=\frac{\mathrm{d}v}{\mathrm{d}\theta}\frac{\mathrm{d}\theta}{\mathrm{d}t}=\frac{\mathrm{d}v}{\mathrm{d}\theta}\omega=\frac{v}{l}\frac{\mathrm{d}v}{\mathrm{d}\theta}$$

即

$$v\mathrm{d}v=-lg\sin\theta\mathrm{d}\theta$$

这是 v 和 θ 的微分关系，再对上式等号两边同时求定积分可得

$$\int_{v_0}^{v}v\mathrm{d}v=\int_0^{\theta}-lg\sin\theta\mathrm{d}\theta$$

因此有

$$\frac{1}{2}(v^2-v_0^2)=lg(\cos\theta-1)$$

从而得速率

$$v=\sqrt{v_0^2+2lg(\cos\theta-1)}$$

将 v 的表达式代入式①中，求得张力为

$$T=m\left(\frac{v_0^2}{l}+3g\cos\theta-2g\right)$$

除了运用牛顿运动定律，本题也可以通过动能定理或机械能守恒定律求解。在第 3 章我们会看到，动能定理也是从牛顿第二定律开始，运用与本题类似的变量代换和积分过程推导出来的。在适合的情况下，应用动能定理、动量定理等物理定律解题，可以避免微积分计算，求解过程更加简便。

*2.4 非惯性参考系 惯性力

2.4.1 非惯性参考系

在运动学中，参考系可任意选择，但在应用牛顿运动定律时，参考系不能任选，因为**牛顿运动定律不是对所有的参考系都适用**。

如图 2-10 所示，假设火车车厢里有一水平光滑的桌面，在桌面上放一小球，显然小球受的合外力为零。当火车以加速度 $\boldsymbol{a}$ 向前行驶时，火车上的人看见小球以加速度 $-\boldsymbol{a}$ 向后运动，而对地面上的人来说，小球的加速度为零。如果取地面为参考系，小球受到的合外力等于零，加速度也为零，牛顿运动定律(第一、第二定律)成立。但如果取火车车厢为参考系，小球受到的合外力还是零，但加速度不为零，此时牛顿运动定律就不再成立了。

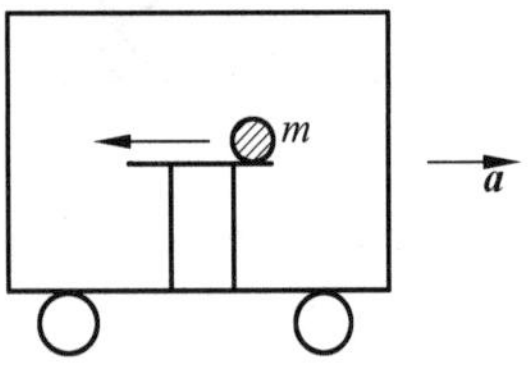

图 2-10 非惯性系

我们把牛顿运动定律成立的参考系称为惯性参考系，牛顿

运动定律不成立的参考系称为非惯性参考系。一个参考系是否为非惯性参考系，要由观察和实验来判断。地球是否为非惯性参考系？因为它有自转和公转，所以地球对太阳这个惯性参考系不是作匀速直线运动的，严格来讲，地球是非惯性参考系，但是，地球自转和公转的角速度都很小，故可以近似看成是惯性参考系。

2.4.2　惯性力

惯性力(inertial force)是指当物体有加速度(可以是加速阶段，也可以是减速阶段)时，物体具有的惯性会使物体有保持原有运动状态的倾向，而此时若以该物体为参考系，并在该参考系上建立坐标系，看起来就仿佛有一股方向相反的力作用在该物体上，令该物体在坐标系内发生位移，因此称之为惯性力。因为**惯性力实际上并不存在，实际存在的只有原本将该物体加速的力，因此惯性力又称为假想力**。

这个概念的提出是因为在非惯性参考系中，牛顿运动定律并不适用。但是为了思维上的方便，可以假想在这个非惯性参考系中，除了相互作用所引起的力，还有一种由于非惯性参考系而引起的力——惯性力。惯性力的大小为

$$\boldsymbol{F}_{\text{惯}} = -m\boldsymbol{a}_{\text{惯}} \tag{2-11}$$

其中，$\boldsymbol{a}_{\text{惯}}$ 为非惯性参考系的加速度。这样，在非惯性参考系中，如物体受到真实力 $\boldsymbol{F}$ 时，物体相对应非惯性参考系的加速度 $\boldsymbol{a}$ 有如下关系：

$$\boldsymbol{F} + \boldsymbol{F}_{\text{惯}} = m\boldsymbol{a} \tag{2-12}$$

当汽车刹车时，车上的人因为惯性而向前倾，在车上的人感觉仿佛有一股力量将他们向前推，即惯性力。然而，实际上只有作用在汽车的刹车，以及轮胎上的摩擦力使汽车减速，并不存在将乘客往前推的力，这只是惯性在不同参考系下的表现。

当物体存在转动时，我们常说的离心力也是一种惯性力。当我们乘坐的汽车拐弯时，汽车属于非惯性参考系，这时汽车上的乘客感觉到自己向弯道外侧甩出的力就是惯性离心力。很多人会把离心力错误地理解为向心力的反作用力，实际上，向心力是沿着法向的真实的作用力，而离心力属于非惯性参考系中的假想力，它是惯性在非惯性参考系中的表现，是虚拟的力，并不是真实的力，因此也没有反作用力。

严格来说，地球因为自转，也是一个非惯性参考系，所以在地球上运动的物体会受到一种惯性力的作用，与原本的运动方向发生一定程度的偏离。这种惯性力以首先研究它的法国科学家科里奥利的名字命名，叫做科里奥利力。在地球科学领域，科里奥利力产生了很多影响，例如使季风的方向发生偏移，产生沿纬度方向的移动因素，为历史上人类航海创造了很大便利，同时它也是热带气旋(台风)生成的原因。

思　考　题

2-1　两个人进行拔河比赛时，绳子两端的拉力相等，那么为什么会有胜负？决定胜负的原因是什么？

2-2　当光滑斜面的高度不变时，若要使一物体(视为质点)从斜面顶端由静止滑到底端的时间最短，则斜面的倾角应为多少度？

2-3 摩擦力是否一定阻碍物体的运动？如果不是的话，请举例说明。

2-4 一辆行驶的汽车里有一只苍蝇在飞，如果汽车突然加速，苍蝇会不会撞上车后窗玻璃？

2-5 南京紫峰大厦高450m，如果从楼顶丢一枚硬币下去，正巧砸中过路人，有没有可能把人砸死？（数据：1元硬币受到的空气阻力大小为 $f=\frac{1}{2}C\rho Av^2$，阻力系数 $C\approx1$，空气密度 $\rho=1.2\text{kg/m}^3$，A 是横截面积，v 是速度，硬币质量 $m\approx6.3\text{g}$，直径 $d\approx25\text{mm}$，厚度 $h\approx2\text{mm}$，它和人体撞击的时间约为0.01s，忽略风速，认为硬币在空中竖直下落。）

2-6 在升降电梯中的人，什么情况下处于超重状态(视重大于在地面上的体重)？什么情况下处于失重状态(视重小于在地面上的体重)？什么时候人会完全"悬浮"在空中？

习　题

2-1 一质点在 xOy 平面内运动，运动方程为 $x=5t^2-3$，$y=3t^2+3t+2$，则下列说法中正确的是(　　)。

A. 质点作匀变速运动，所受合力是恒力

B. 质点作匀变速运动，所受合力是变力

C. 质点作变速运动，所受合力是变力

D. 质点作变速运动，所受合力是恒力

2-2 一小钢球，从静止开始自半径为 R 的光滑圆柱形轨道的顶点下滑。求小球脱离轨道时的角度。

2-3 一质点沿直线运动，初速度为 v_0，只受到大小为 $F=-kv$ 的阻力作用，其中 k 为正常量，求：(1)质点的速度随时间变化的方程；(2)质点完全静止时运动的距离。

2-4 一质量为 m 的小球以初速率 v_0 上抛，设在上抛过程中所受到的空气阻力为 $f=-kv^2$，求小球上抛到最高点所需要的时间 t_H。

2-5 一质量为 m 的小球在水中受到的浮力大小为 F，当它由静止开始下沉时，水对小球的阻力为 $F=-\beta v$，其中 β 为正常量，求小球在任意时刻的运动方程。

2-6 一圆锥摆，已知其长度为 L，角速度为 ω，求摆线与竖直方向的夹角 θ。

2-7 一质量为 m 的物体以初速度 v_0 沿倾角为 θ 的斜面从底端向上运动，摩擦因数为 μ，空气阻力大小为 $f=kv^2$(k 为正常量)。求物体能向上滑多远？

第 3 章

运动的守恒量和守恒定律

自然界的一切客观过程都是不守恒和守恒的统一。自然科学的各种守恒定律，是从物质或运动的某些具体方面、属性，定量地描述这种不变性和统一性。守恒定律大体上可以分为两种不同的类型：一种是物质的守恒，如质量守恒、电荷守恒、各种粒子数守恒等；另一种是运动的守恒，如动量守恒、机械能守恒、角动量守恒等。

1918 年，德国女数学家诺特(E. Noether)提出著名的诺特定理(Noether theorem)：作用量的每一种对称性都对应一个守恒定律，有一个守恒量。从而将对称和守恒性这两个概念紧密地联系在一起。诺特定理是关于守恒定律的重要理论。例如，能量守恒是物理系统对于时间的不变性，反映的是对于时间平移的对称性；动量守恒是对于空间平移的对称性；角动量守恒是关于空间旋转的对称性……。

本章从牛顿运动定律出发，研究对象由质点转向质点系统，重点研究系统的过程问题。本章的所有定理其实都可以从牛顿运动定律推导而来，比如将牛顿第二定律对时间积分，可以得到质点动量定理；对路程积分，可以得到动能定理。进而得到动量守恒、能量守恒和角动量守恒定律。但是在牛顿运动定律不成立的高速或微观条件下，经过严格检验确定这些守恒定律同样成立，自然界至今还没有发现违反它们的事例。所以说，守恒定律是自然界的普遍准则，是自然规律最深刻、最简洁的陈述，它们比物理学中其他定律更重要、更基础。

3.1 质点和质点系的动量定理

3.1.1 质点的动量定理

动量定理是动力学的普遍定理之一。由动量定理可以推导出动量守恒定律，它是一个由实验观测总结出来的规律，也可用牛顿第二定律和运动学公式推导出来。

牛顿第二定律的原始形式为

$$\boldsymbol{F}=\frac{\mathrm{d}}{\mathrm{d}t}(m\boldsymbol{v})=\frac{\mathrm{d}\boldsymbol{p}}{\mathrm{d}t}$$

其中，$\boldsymbol{p}=m\boldsymbol{v}$ **叫做质点的动量，该式反映了力和动量的瞬时关系，即质点受到的合外力等于动量对时间的变化率**。将上式等号两边同乘以 $\mathrm{d}t$ 得 $\boldsymbol{F}\mathrm{d}t=\mathrm{d}\boldsymbol{p}$，说明在无穷小时间内，动量的无穷小变化量(微分)等于力乘以时间。

现在考察力的时间累积效应。对 $\boldsymbol{F}\mathrm{d}t=\mathrm{d}\boldsymbol{p}$ 积分得

$$\int_{t_1}^{t_2}\boldsymbol{F}\mathrm{d}t=\int_{\boldsymbol{p}_1}^{\boldsymbol{p}_2}\mathrm{d}\boldsymbol{p}=\boldsymbol{p}_2-\boldsymbol{p}_1 \tag{3-1}$$

其中，$\int_{t_1}^{t_2}\boldsymbol{F}\mathrm{d}t$ 为在 $t_1\sim t_2$ 时间段内外力 $\boldsymbol{F}$ 的时间累积，我们定义它为冲量，用字母 $\boldsymbol{I}$ 表示：

$$\boldsymbol{I}=\int_{t_1}^{t_2}\boldsymbol{F}\mathrm{d}t \tag{3-2}$$

冲量是矢量，单位为 N·s 或 kg·m/s。

$\boldsymbol{p}_2-\boldsymbol{p}_1$ 为 $t_1\sim t_2$ 时间段内质点动量的增量，可用 $\Delta\boldsymbol{p}$ 表示。综合起来有

$$\boldsymbol{I}=\int_{t_1}^{t_2}\boldsymbol{F}\mathrm{d}t=\Delta\boldsymbol{p} \tag{3-3}$$

它表明，**物体在运动过程中所受合外力的冲量，等于该物体动量的增量**。这个结论叫做动量定理(theorem of momentum)。动量定理使人们认识到：力在一段时间内的累积效应，是使物体产生动量的增量。要产生同样的效应，即增加同样的冲量，力大则需要的时间短一些，力小则需要的时间长一些。注意冲量是过程量，而动量是瞬时量，所以**动量定理并非冲量等于动量，而是冲量等于动量这个瞬时量的增量**。

平均冲力：实际生活中有时会遇到两个物体碰撞的情况，如皮球落到地面，锤子敲击钉子等，此时作用力的特点是其大小在很短的时间内达到一个很大的数值，然后又迅速减小到 0，如图 3-1 所示。此时如要准确求出力对时间的变化关系，难度既大也无必要，一般只需算出这段碰撞时间内作用力的平均值。

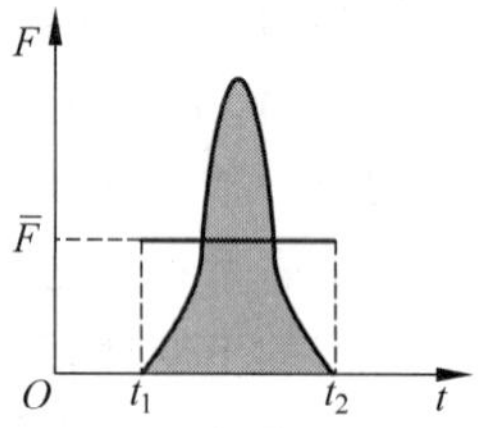

图 3-1 平均冲力

定义**冲量除以力的作用时间间隔为平均冲力**，即

$$\bar{\boldsymbol{F}}=\frac{\int_{t_1}^{t_2}\boldsymbol{F}\mathrm{d}t}{\int_{t_1}^{t_2}\mathrm{d}t}=\frac{\boldsymbol{I}}{\Delta t} \tag{3-4}$$

在图 3-1 中，冲量对应冲力曲线下方的面积，如果作一个面积相同的矩形，则矩形的高所对应的力等于平均冲力的大小。

动量定理是矢量式，应用时可在直角坐标系中分解为如下三个分量式：

$$\begin{cases} I_x=\int_{t_1}^{t_2}F_x\mathrm{d}t=mv_{x2}-mv_{x1} \\ I_y=\int_{t_1}^{t_2}F_y\mathrm{d}t=mv_{y2}-mv_{y1} \\ I_z=\int_{t_1}^{t_2}F_z\mathrm{d}t=mv_{z2}-mv_{z1} \end{cases} \tag{3-5}$$

说明**合外力的冲量在某一坐标轴上的分量等于物体动量在同一坐标轴上的分量的增量**。在列动量定理的分量式时，对于已知量，凡是与坐标轴正方向同向者取正值，凡是与坐标轴正方向反向者取负值；对于未知量，一般先假设它为正方向，若计算结果为正值，说明实际方向与坐标轴正方向一致；若计算结果为负值，说明实际方向与坐标轴正方向相反。

如果物体作一维直线运动，由于冲量、力和速度都只沿着该直线方向，所以动量定理可以写成标量形式：

$$I=\int_{t_1}^{t_2}F\mathrm{d}t=mv_2-mv_1 \tag{3-6}$$

如果物体不仅作直线运动，且力 F 为常量，则有

$$I=F\int_{t_1}^{t_2}\mathrm{d}t=F\Delta t=mv_2-mv_1$$

这就是我们在高中物理学过的公式了。高中所讲的动量定理，其实仅是动量定理在一维直线运动，且力为常量时的特殊情况，不是通用式。一般情况用的公式还是矢量式(3-3)和分量式(3-5)。

引入平均冲力概念后，冲量的分量式分别为

$$\begin{cases}I_x=\bar{F}_x(t_2-t_1)=\int_{t_1}^{t_2}F_x\mathrm{d}t\\ I_y=\bar{F}_y(t_2-t_1)=\int_{t_1}^{t_2}F_y\mathrm{d}t\\ I_z=\bar{F}_z(t_2-t_1)=\int_{t_1}^{t_2}F_z\mathrm{d}t\end{cases}$$

其中，$\bar{F}_x$，$\bar{F}_y$，$\bar{F}_z$ 分别是在 $t_1\sim t_2$ 时间段内 F_x，F_y，F_z 的平均值。

例 3-1　一质量为 10kg 的质点作匀速直线运动，速度大小为 15m/s，从某时刻($t=0$)开始，它受到与运动方向相反的、大小 $F=-12t$(N)(t 为时间)的力作用，求 0～5s 这段时间内该力的冲量，以及 $t=5$s 时质点的速度。

解　这是第 2 章出现过的例 2-2，当时我们用牛顿运动定律求解，现在换一种方法。因为质点作直线运动，所以力、冲量和动量可以用标量形式表示，即

$$I=\int_{t_1}^{t_2}F\mathrm{d}t=\int_0^5(-12t)\mathrm{d}t=-150\mathrm{N\cdot s}$$

负号表示冲量的方向与正方向(质点前进的方向)相反。

要求 $t=5$s 时质点的速度，可用动量定理。设此时的速度为 v_2，则有

$$I=mv_2-mv_1$$

代入数据 $m=10$kg，$v_1=15$m/s，$I=-150$N・s，可求出 $v_2=0$。

例 3-2　一物体受合力为 $F=2t$(SI)的作用而作直线运动，试问在第二个 5s 内和第一个 5s 内物体所受冲量之比及动量增量之比各为多少？

解　物体作直线运动，取该直线为 x 轴，则力、冲量和动量可以用标量形式表示，即

$$I_1=\int_0^5F\mathrm{d}t=\int_0^5 2t\mathrm{d}t=25\mathrm{N\cdot s}$$

$$I_2=\int_5^{10}F\mathrm{d}t=\int_5^{10}2t\mathrm{d}t=75\mathrm{N\cdot s}$$

所以

$$I_2/I_1=3$$

根据动量定理，动量的增量等于冲量，因为

$$\begin{cases}I_2=(\Delta p)_2\\ I_1=(\Delta p)_1\end{cases}$$

所以

$$\frac{(\Delta p)_2}{(\Delta p)_1}=3$$

例 3-3 力 $\boldsymbol{F}=-A\cos(\omega t)\boldsymbol{i}-A\sin(\omega t)\boldsymbol{j}$ (A,ω 为常量)作用在一质点上,求这个力在 $0\sim\frac{\pi}{\omega}$ 时间段内的冲量,以及这段时间内质点动量的增量。

解 与例 3-1 和例 3-2 不同,这里,力有 x 和 y 两个分量,不是只沿一个方向,质点作的也不会是直线运动,所以冲量用矢量形式,计算时要注意按照矢量运算法则来做。

$\boldsymbol{I}=\int_{t_1}^{t_2}\boldsymbol{F}\mathrm{d}t$,对矢量函数 $\boldsymbol{F}$ 的积分可以化为对 $\boldsymbol{F}$ 的 x,y 两个分量分别积分:

$$I_x=\int_{t_1}^{t_2}F_x\mathrm{d}t=-\int_0^{\frac{\pi}{\omega}}A\cos(\omega t)\mathrm{d}t=0$$

$$I_y=\int_{t_1}^{t_2}F_y\mathrm{d}t=-\int_0^{\frac{\pi}{\omega}}A\sin(\omega t)\mathrm{d}t=-\frac{2A}{\omega}$$

这样求出了冲量的两个分量后,我们可再把冲量表示为矢量形式,即

$$\boldsymbol{I}=I_x\boldsymbol{i}+I_y\boldsymbol{j}=-\frac{2A}{\omega}\boldsymbol{j}$$

说明冲量的大小为 $-\frac{2A}{\omega}$,方向指向 y 轴负方向。

再根据动量定理得质点动量的增量为 $\Delta\boldsymbol{p}=\boldsymbol{I}=-\frac{2A}{\omega}\boldsymbol{j}$。

下面简单说明动量的物理意义。从动量定理可知,在相等的冲量作用下,不同质量的物体,其速度变化是不相同的,但他们的动量变化却是一样的,所以**从过程角度来看,动量比速度更确切地反映了物体的运动状态,因此,物体作机械运动时,位置和动量(而非速度)是描述物体运动状态的参量**。包括在微观领域,描述微观粒子运动状态的参量也是位置和动量。量子力学中著名的测不准原理,其公式为 $\Delta x\cdot\Delta p\geqslant\frac{h}{2\pi}$($h$ 是普朗克常量),其意义就是粒子的位置和动量两个参量不可能同时确定。注意,这里的 Δ 不是增量,其含义为不确定度。

3.1.2 质点系的动量定理

质点的动量定理可以推广为质点系的动量定理。**质点系指很多个质点组成的系统,内力指系统内质点间的相互作用力,外力指系统外物体对系统内质点的作用力**。内力和外力的定义是相对的,比如把地球和月亮看作一个质点系,它们之间的万有引力是内力,而太阳对地球的引力属于外力;但要是把地球、月亮、太阳三者看作一个质点系,则太阳对地球的引力就是内力了。如何区分内力和外力?一般是看反作用力,如果反作用力的受力物体在系统外,则是外力;如果受力物体在系统内,就是内力。

下面我们推导质点系的动量定理。设系统含 n 个质点,第 i 个质点的质量和速度分别为 m_i,$\boldsymbol{v}_i$。第 i 个质点所受合内力为 $\boldsymbol{F}_{i内}$,所受合外力为 $\boldsymbol{F}_{i外}$,由牛顿第二定律有

$$\boldsymbol{F}_{i外}+\boldsymbol{F}_{i内}=\frac{\mathrm{d}(m_i\boldsymbol{v}_i)}{\mathrm{d}t}$$

对上式求和，得

$$\sum_{i=1}^{n}\boldsymbol{F}_{i外}+\sum_{i=1}^{n}\boldsymbol{F}_{i内}=\sum_{i=1}^{n}\frac{\mathrm{d}(m_i\boldsymbol{v}_i)}{\mathrm{d}t}=\frac{\mathrm{d}}{\mathrm{d}t}\sum_{i=1}^{n}(m_i\boldsymbol{v}_i)$$

因内力是由成对的作用力与反作用力组成，每一对力大小相等、方向相反，矢量和等于零，故质点系所有内力之和等于零，则可得到

$$\boldsymbol{F}_{合外力}=\frac{\mathrm{d}\boldsymbol{p}}{\mathrm{d}t} \tag{3-7}$$

其中，$\boldsymbol{p}=\sum_{i=1}^{n}\boldsymbol{p}_i$ 为质点系的动量。式(3-7)表明，**质点系受的合外力等于系统动量对时间的变化率，这就是质点系动量定理的微分形式。内力不会改变质点系的总动量。**

将式(3-7)积分，得到

$$\int_{t_1}^{t_2}\boldsymbol{F}_{合外力}\,\mathrm{d}t=\int_{\boldsymbol{p}_1}^{\boldsymbol{p}_2}\mathrm{d}\boldsymbol{p}=\boldsymbol{p}_2-\boldsymbol{p}_1 \tag{3-8}$$

即

$$\boldsymbol{I}_{合外力冲量}=\int_{t_1}^{t_2}\boldsymbol{F}_{合外力}\,\mathrm{d}t=\Delta\boldsymbol{p} \tag{3-9}$$

式(3-9)表明，**质点系受到的合外力冲量等于系统动量的增量，这也是质点系动量定理的又一表述。**在不同惯性参考系中描述同一物体的运动时，不同惯性参考系测得同一物体的速度不相同，所以动量也不相同，但是动量的变化量相同。因此动量定理对不同的惯性参考系是相同的，我们称之为动量定理的不变性。

在人造卫星的定轨和运行过程中，常常需要纠正卫星的运动轨道。近年来，采用一种叫做离子推进器的系统所产生的推力，使卫星能保持在适当的方位上，其基本原理就是质点系的动量定理。

生活中的物理：鸟撞飞机

鸟和飞行的飞机相撞是威胁航空安全的重要因素之一。自 1988 年以来，鸟撞击引起的坠机事故已经造成 219 人死亡。按理说，体型小、重量轻的鸟类，与飞机相撞应该是以卵击石的效果，为什么能把飞机撞坏？这就要用动量定理来解释了。

假设鸟的质量为 100g，飞机的速度为 200m/s，鸟与飞机的碰撞时间为 0.001s。与飞机相比，鸟在空中的速度很小，可以看成是零，因此，以飞机为参考系，鸟在空中的速度为 200m/s。碰撞时鸟的动量变化了 0.1kg×200m/s＝20kg·m/s，即受到飞机的冲量 $I=20\mathrm{N\cdot s}$，平均冲力 $F=I/\Delta t=20/0.001\mathrm{N}=20\,000\mathrm{N}$。

在鸟撞上飞机的一刹那，飞机受到了 20 000N 的冲击力。如果撞击的部位是机头或者机翼根部，则问题不大，就算把驾驶舱的玻璃撞碎，也可以立即返航。但如果鸟撞到发动机就不一样了，发动机的叶片很薄，而且在高速旋转，很容易被打碎，以至于失去大部分动力甚至着火，很容易引发事故。所以为了保障安全，各机场都想出种种办法驱赶鸟类离开。

3.2 动量守恒定律

动量守恒定律是自然界中最重要、最普遍的守恒定律之一，它既适用于宏观物体，也适用于微观粒子；既适用于低速运动物体，也适用于高速运动物体。

由式(3-9)知，**当质点系受合外力为零，即**

$$\boldsymbol{F}_{\text{合外力}}=\frac{\mathrm{d}\boldsymbol{p}}{\mathrm{d}t}=\boldsymbol{0} \tag{3-10}$$

时，则系统的动量不随时间变化，称此结论为**动量守恒定律**。

注意动量守恒条件中，$\boldsymbol{F}_{\text{合外力}}=\boldsymbol{0}$ 指的是在惯性参考系下。动量守恒是指系统的总动量守恒，而不是指系统中某一个质点的动量守恒。内力不能改变系统的总动量，但是可以改变系统内各个质点的动量，即动量可以在系统内部相互转移。有时可能 $\boldsymbol{F}_{\text{合外力}}\neq\boldsymbol{0}$，但如果合外力在某一方向上的分量为零，则在该方向上系统的动量分量守恒。

理论和实验都证明，不仅在宏观领域动量守恒定律成立，在微观和宇观领域它也同样适用。动量守恒定律的应用很广泛，火箭升空、天空美丽的烟花都是典型的动量守恒的应用。

例 3-4 如图 3-2 所示，一质量为 m 的水银球，竖直地落到光滑的水平桌面上，分成质量相等的三等份后沿桌面运动。其中，两等份的速度分别为 $\boldsymbol{v}_1$，$\boldsymbol{v}_2$，大小都为 0.30m/s，且相互垂直地分开，求第三等份的速度。

解 研究水银球受力情况，它只受竖直向下的重力和桌面施加的向上的支持力，即在水平面上不受力，故水平面上它们的动量守恒。设第三等份的速度为 $\boldsymbol{v}_3$，则有

$$m_1\boldsymbol{v}_1+m_2\boldsymbol{v}_2+m_3\boldsymbol{v}_3=\boldsymbol{0}$$

为了具体求解，在水平面上建立如图 3-2 所示的直角坐标系，x 轴沿着 $\boldsymbol{v}_3$ 的相反方向，列出上面矢量式的两个坐标分量式：

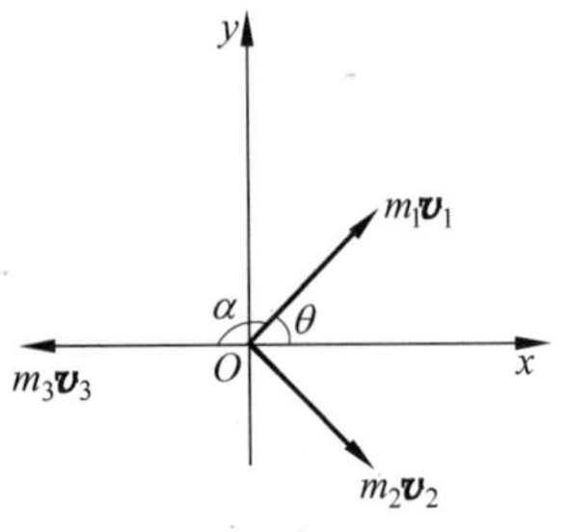

图 3-2 例 3-4 用图 1

x 分量：

$$m_1v_1\cos\theta+m_2v_2\cos(90°-\theta)-m_3v_3=0$$

y 分量：

$$m_1v_1\sin\theta-m_2v_2\sin(90°-\theta)=0$$

且

$$\begin{cases}m_1=m_2=m_3\\ v_1=v_2=0.30\text{m/s}\end{cases}$$

代入数据，解得 $\boldsymbol{v}_3$ 的大小为 $v_3=\sqrt{2}\,v=\sqrt{2}\times0.30\text{m/s}\approx0.42\text{m/s}$。

$\boldsymbol{v}_1$ 的方向的角度为 $\theta=45°$，则 $\alpha=135°$，即 $\boldsymbol{v}_3$ 与 $\boldsymbol{v}_1$ 成 135°。

也可以用画图法求解。

因为

$$m_1\boldsymbol{v}_1+m_2\boldsymbol{v}_2+m_3\boldsymbol{v}_3=\boldsymbol{0},\quad m_1=m_2=m_3$$

所以

$$\boldsymbol{v}_1+\boldsymbol{v}_2+\boldsymbol{v}_3=\boldsymbol{0}$$

即

$$\boldsymbol{v}_3 = -(\boldsymbol{v}_1 + \boldsymbol{v}_2)$$

可画出图 3-3，从图中几何关系可以看出

$$v_3 = |\boldsymbol{v}_3| = |-(\boldsymbol{v}_1 + \boldsymbol{v}_2)| = \sqrt{v_1^2 + v_2^2} = \sqrt{2}v \approx 0.42\text{m/s}$$

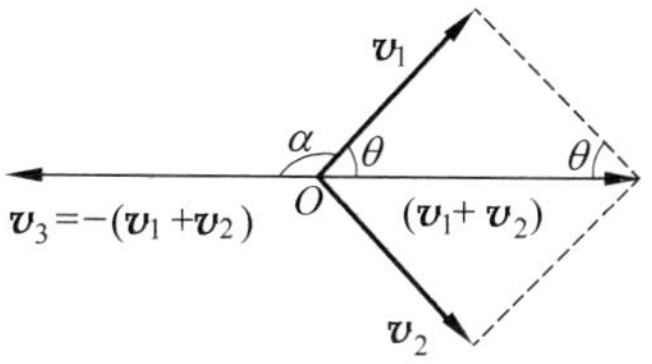

图 3-3　例 3-4 用图 2

因为 $\theta = 45°$，所以得

$$\alpha = 135°$$

例 3-5　两个质量均为 $m_{\text{H}} = 3.4 \times 10^{-27}$ kg，速度大小分别为 $v_{10} = 10^6$ m/s 和 $v_{20} = 0.5 \times 10^6$ m/s，方向相互垂直的氢核碰撞后聚合成一个质量为 $m_{\text{He}} = 5.1 \times 10^{-27}$ kg 的氦核和一个质量为 $m_{\text{n}} = 1.7 \times 10^{-27}$ kg 的中子。如果中子的速度 v_{n} 的大小为 2×10^6 m/s，方向与 v_{10} 成 45°，求氦核的速度大小和方向。

解　这是一个热核聚变反应，过程中会释放出巨大的能量。对于核反应过程，经典力学已不再适用，但是动量守恒定律依然是成立的。

反应前后有

$$m_{\text{H}}\boldsymbol{v}_{10} + m_{\text{H}}\boldsymbol{v}_{20} = m_{\text{He}}\boldsymbol{v}_{\text{He}} + m_{\text{n}}\boldsymbol{v}_{\text{n}}$$

取直角坐标系如图 3-4 所示，x 轴沿 $\boldsymbol{v}_{10}$ 方向，y 轴沿 $\boldsymbol{v}_{20}$ 方向。

设氦核的速度方向与 x 轴之间的夹角为 α，列出动量守恒的坐标分量式：

x 分量：

$$m_{\text{H}}v_{10} = m_{\text{He}}v_{\text{He}}\cos\alpha + m_{\text{n}}v_{\text{n}}\cos 45°$$

y 分量：

$$m_{\text{H}}v_{20} = m_{\text{He}}v_{\text{He}}\sin\alpha - m_{\text{n}}v_{\text{n}}\sin 45°$$

解方程组得

$$v_{\text{He}}\cos\alpha = \frac{m_{\text{H}}v_{10} - m_{\text{n}}v_{\text{n}}\cos 45°}{m_{\text{He}}}$$

$$v_{\text{He}}\sin\alpha = \frac{m_{\text{H}}v_{20} + m_{\text{n}}v_{\text{n}}\sin 45°}{m_{\text{He}}}$$

再代入数据，解得 $v_{\text{He}} = 8.28 \times 10^5$ m/s，$\alpha = 76°22'$。

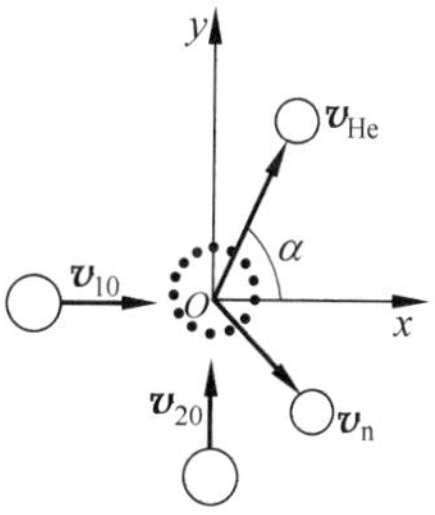

图 3-4　例 3-5 用图

*3.3　火箭飞行原理

各种导弹都用火箭作动力，人造地球卫星、飞船及空间探测器也都是用火箭发射的。俄国人齐奥尔科夫斯基最早提出了火箭的原理，美国的戈达德(Robert Hutchings Goddard)最早开始着手制造液体火箭，但由于当时技术条件落后及资金不足，没有得到有实用价值的

产品。后来在第二次世界大战期间,为了军备竞赛,很多德国和苏联的专家都致力于研究火箭技术,其中,最成功的是德国科学家冯·布劳恩(Wernher von Braun),他研制的V2导弹已经接近真正意义上的运载火箭,人类的宇航时代从此开启。

火箭飞行的原理与飞机不同,它自带燃料和助燃剂,利用燃烧向后喷出的气体产生反冲力飞行,不需要依靠空气,可以在真空中飞行。对应的物理原理就是牛顿第三定律(即作用与反作用定律)和动量守恒定律。下面我们运用动量守恒定律来计算火箭的飞行速度,以及火箭受到的推力。

设 t 时刻火箭的质量为 M,速度大小为 v,经过无穷小时间 $\mathrm{d}t$ 后,$t+\mathrm{d}t$ 时刻火箭的质量变为 $M+\mathrm{d}M$,速度变为 $v+\mathrm{d}v$,在 $\mathrm{d}t$ 时间内火箭喷出气体的质量为 $-\mathrm{d}M$,如设喷出气体相对火箭的速度为 u,则它相对地球的速度为 $v-u$,列出火箭与气体动量守恒定律公式:

$$Mv=(M+\mathrm{d}M)(v+\mathrm{d}v)+(-\mathrm{d}M)(v-u)$$

将上式化简并忽略二阶无穷小量 $\mathrm{d}v\mathrm{d}M$,得

$$M\mathrm{d}v=-u\mathrm{d}M$$

即

$$\mathrm{d}v=-u\frac{\mathrm{d}M}{M}$$

设火箭点火时的质量为 M_0,速度为 v_0,对上式等号两边积分有

$$\int_{v_0}^{v}\mathrm{d}v=-\int_{M_0}^{M}u\frac{\mathrm{d}M}{M}$$

所以 t 时刻火箭的速度为

$$v=v_0+u\ln\frac{M_0}{M} \tag{3-11}$$

若设燃料耗尽后火箭的质量为 M_f,末速度为 v_f,可得

$$v_f-v_0=u\ln\frac{M_0}{M_f} \tag{3-12}$$

由此可见,火箭最终能达到的速度和喷出气体的相对速度 u 成正比,也和火箭始末质量比的自然对数成正比。喷气速度又称为比冲,反映了火箭利用燃料的效率,比冲越大,烧掉单位燃料与助燃剂获得的速度增量就越高;而在喷气速度固定的情况下,燃料与助燃剂占火箭的质量比例越大,最后获得的速度就越高。

根据牛顿第二定律还可求出火箭受到的推力。火箭在 $\mathrm{d}t$ 时间段内增加的动量为

$$\mathrm{d}p=(M+\mathrm{d}M)\mathrm{d}v\approx M\mathrm{d}v$$

由于 $M\mathrm{d}v=-u\mathrm{d}M$,则

$$\mathrm{d}p=-u\mathrm{d}M$$

因此推力为

$$F=\frac{\mathrm{d}p}{\mathrm{d}t}=-u\frac{\mathrm{d}M}{\mathrm{d}t} \tag{3-13}$$

式(3-13)说明,火箭受到的推力与它的质量对时间变化率的负值成正比,还与喷出气体的相对速度(比冲)成正比。

要想增大火箭的末速度,需要增加比冲和始末质量比,但这两个参数是有限度的。现在常用的技术方法是将单个火箭串联成为多级火箭,每一级火箭燃料耗尽后,就自动脱落,随

后下一级火箭自动点火,采用多级火箭可以达到第一宇宙速度,将人造卫星或其他航天器真正送入太空。

3.4　功　动能定理

3.4.1　功

高中物理中我们已经学过功的概念,功表示力对空间的累积效应,一个大小、方向不变的恒力作用在物体上,使它移动一段距离,则此过程中力做的功为 $W=F|\Delta\boldsymbol{r}|\cos\alpha$,或者用力和位移的点乘(标量积)表示: $W=\boldsymbol{F}\cdot\Delta\boldsymbol{r}$。

现在来看当质点作曲线运动,以及作用力 $\boldsymbol{F}$ 为变力时,如何求力做的功。如图 3-5 所示,设质点从 a 点沿曲线轨道运动到 b 点,将这段轨迹切分成一个个位移小量,在第 i 个位移小量 $\Delta\boldsymbol{r}_i$ 中,$\boldsymbol{F}_i$ 可看作恒力,对物体做的功为

$$\Delta W_i=F_i\cos\alpha\Delta\boldsymbol{r}_i=\boldsymbol{F}_i\cdot\Delta\boldsymbol{r}_i$$

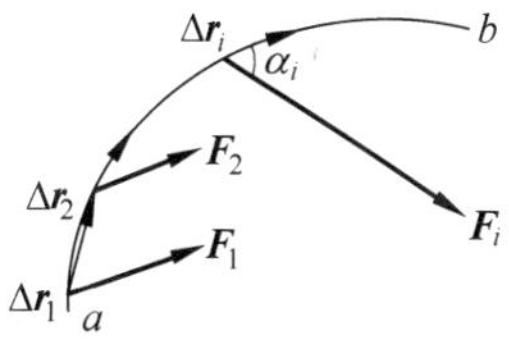

图 3-5　变力的功

则质点从 $a\rightarrow b$ 的过程中,$\boldsymbol{F}$ 对质点做的总功为每一段位移小量上的功的和:

$$W=\sum_i\Delta W_i=\sum_i\boldsymbol{F}_i\cdot\Delta\boldsymbol{r}_i$$

如要求更精确的结果,则每一段位移小量都取位移元 $\mathrm{d}\boldsymbol{r}$,那么在位移元上力 $\boldsymbol{F}$ 做的功为

$$\mathrm{d}W=\boldsymbol{F}\cdot\mathrm{d}\boldsymbol{r}\tag{3-14}$$

$\mathrm{d}W$ 称为元功。求 $a\rightarrow b$ 过程做的功时,将每一段位移小量上的功相加,则求和可改为积分,即

$$W=\lim_{\Delta r\rightarrow 0}\sum_i\boldsymbol{F}_i\cdot\Delta\boldsymbol{r}_i=\int_a^b\boldsymbol{F}\cdot\mathrm{d}\boldsymbol{r}$$

则

$$W=\int_a^b\boldsymbol{F}\cdot\mathrm{d}\boldsymbol{r}=\int_a^b F\cdot\cos\alpha\,\mathrm{d}\boldsymbol{r}\tag{3-15}$$

变力做功等于该力沿着物体移动路径(做功路径)的曲线积分。

功是标量,有正负,正负取决于力和位移的夹角,即 $\cos\alpha$ 的正负。功的单位为焦耳,简称焦,符号是 J。

在直角坐标系中,曲线积分可以分解为三个分量的定积分之和,由于

$$\begin{aligned}\mathrm{d}W&=\boldsymbol{F}\cdot\mathrm{d}\boldsymbol{r}=(F_x\boldsymbol{i}+F_y\boldsymbol{j}+F_z\boldsymbol{k})\cdot(\mathrm{d}x\boldsymbol{i}+\mathrm{d}y\boldsymbol{j}+\mathrm{d}z\boldsymbol{k})\\&=F_x\mathrm{d}x+F_y\mathrm{d}y+F_z\mathrm{d}z\end{aligned}$$

所以

$$\begin{aligned}W&=\int_a^b\boldsymbol{F}\cdot\mathrm{d}\boldsymbol{r}=\int_a^b F_x\mathrm{d}x+F_y\mathrm{d}y+F_z\mathrm{d}z\\&=\int_{x_a}^{x_b}F_x\mathrm{d}x+\int_{y_a}^{y_b}F_y\mathrm{d}y+\int_{z_a}^{z_b}F_z\mathrm{d}z\end{aligned}\tag{3-16}$$

它表示的物理意义是:**力 $\boldsymbol{F}$ 做的功等于它在三个方向上的分量做功之和。**

一种特殊情况是：如果物体沿直线运动，力也沿着同一方向，只有大小变化，取该直线为 x 轴，则 $\boldsymbol{F}$ 只有 x 分量，做功为

$$W=\int_{x_a}^{x_b} F_x \mathrm{d}x=\int_{x_a}^{x_b} F(x)\mathrm{d}x \tag{3-17}$$

图 3-6 为力的大小和位置 x 之间关系的函数图像，又称为**示功图**。图中小矩形的面积代表移动无穷小距离 $\mathrm{d}x$ 时力 F 做的功，曲线下方总面积等于各矩形面积之和，也就是从 x_1 移动到 x_2 时做的功。当曲线下方面积容易计算时，用这种方法求功更简便。

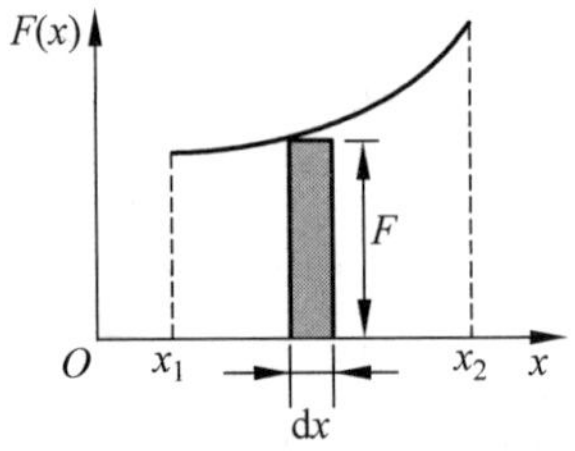

图 3-6　图示法计算功

当有多个力同时作用在物体上时，设这些力分别为 $\boldsymbol{F}_1$，$\boldsymbol{F}_2$，…，$\boldsymbol{F}_n$，它们的合力做功为

$$W=\int_a^b \boldsymbol{F}\cdot\mathrm{d}\boldsymbol{r}=\int_a^b(\boldsymbol{F}_1+\boldsymbol{F}_2+\cdots+\boldsymbol{F}_n)\cdot\mathrm{d}\boldsymbol{r}$$
$$=\int_a^b \boldsymbol{F}_1\cdot\mathrm{d}\boldsymbol{r}+\int_a^b \boldsymbol{F}_2\cdot\mathrm{d}\boldsymbol{r}+\cdots+\int_a^b \boldsymbol{F}_n\cdot\mathrm{d}\boldsymbol{r}=W_1+W_2+\cdots+W_n$$

上式说明，**合力对质点所做的功，等于每个分力所做的功的代数和**。显然，上述结果是依据力的叠加原理(即力的独立作用原理)得出的。例如设一个物体沿光滑斜面下滑，受到重力和支持力作用，求合力做功，就不需要求出这两个力的矢量和，而直接用重力的功加支持力的功，后者做功为零，则合力做功等于重力的功。

例 3-6　一质量为 2kg 的质点沿 x 轴运动，初始时刻质点静止于坐标原点。在沿 x 方向的外力 $F=4-8x^3$(N)作用下质点运动了 2m。求 F 对物体所做的功。

解　依题意，F 是 x 的函数，$F(x)=4-8x^3$。质点作直线运动，力沿着同一方向，所以不需要做曲线积分，只要求定积分：

$$W=\int_{x_1}^{x_2} F(x)\mathrm{d}x=\int_0^2(4-8x^3)\mathrm{d}x=(4x-2x^4)\Big|_0^2=-24\mathrm{J}$$

例 3-7　如图 3-7 所示，质点在平面上运动，滑动摩擦力大小设为 f，求从 a 点到 b 点过程中摩擦力做的功。

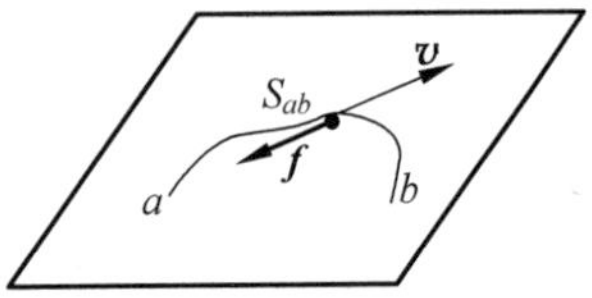

图 3-7　例 3-7 用图

解　平面上摩擦力大小不变，方向变化，属于变力，但特点是不管方向如何变化，始终与速度方向相反，也就是沿着轨道切线指向运动反方向。摩擦力做的功为

$$W=\int_a^b \boldsymbol{f}\cdot\mathrm{d}\boldsymbol{r}$$

因为 $\boldsymbol{f}$ 与 $\mathrm{d}\boldsymbol{r}$ 方向相反，且 f 为常量，所以得

$$W=\int_a^b \boldsymbol{f}\cdot\mathrm{d}\boldsymbol{r}=\int_a^b(-f)\mathrm{d}r=-f\int_a^b \mathrm{d}r$$

因为 $\int_a^b \mathrm{d}r=\int_a^b \mathrm{d}s=S_{ab}$，所以 $W=-fS_{ab}$。

这说明质点在平面上运动时，**滑动摩擦力做的功等于力的大小乘以质点通过的路程，且始终做负功。**

3.4.2 功率

在生产实践中，往往不仅要知道做功的大小，还需要知道单位时间内做功的大小，也就是功对时间的变化率。我们定义**功随着时间的变化率叫做功率，用 P 表示**。

假设力在 $t \sim t+\Delta t$ 时间段内对物体做的功为 ΔW，则

$$\overline{P} = \frac{\Delta W}{\Delta t}$$

称为在 $t \sim t+\Delta t$ 时间间隔内的平均功率。平均功率只能反映一段时间内做功的快慢，要求更精确的结果，需要知道每一时刻做功的快慢，那就要求瞬时功率。**当时间间隔 $\Delta t \to 0$ 时，平均功率的极限为瞬时功率，简称功率**。

$$P = \lim_{\Delta t \to 0} \overline{P} = \lim_{\Delta t \to 0} \frac{\Delta W}{\Delta t} = \frac{\mathrm{d}W}{\mathrm{d}t} = \frac{\boldsymbol{F} \cdot \mathrm{d}\boldsymbol{r}}{\mathrm{d}t} = \boldsymbol{F} \cdot \boldsymbol{v}$$

即某时刻的瞬时功率等于这一时刻力和瞬时速度的点乘：

$$P = \boldsymbol{F} \cdot \boldsymbol{v} \tag{3-18}$$

在国际单位制中，功率的单位为瓦特，简称为瓦，符号为 W。

3.4.3 质点的动能定理

动量定理为力的时间累积效果，现在我们来看力的空间累积效果，也就是做功与什么量有关系。

设一质量为 m 的质点作曲线运动，如图 3-8 所示，质点受到的合力为 $\boldsymbol{F}$，在 a，b 两点的速度分别为 $\boldsymbol{v}_1$，$\boldsymbol{v}_2$。在 c 点的力为 $\boldsymbol{F}$，取无穷小位移 $\mathrm{d}\boldsymbol{r}$，由牛顿运动定律有

$$F_t = ma_t \text{（切线方向）}$$

即

$$F\cos\alpha = m\frac{\mathrm{d}v}{\mathrm{d}t}$$

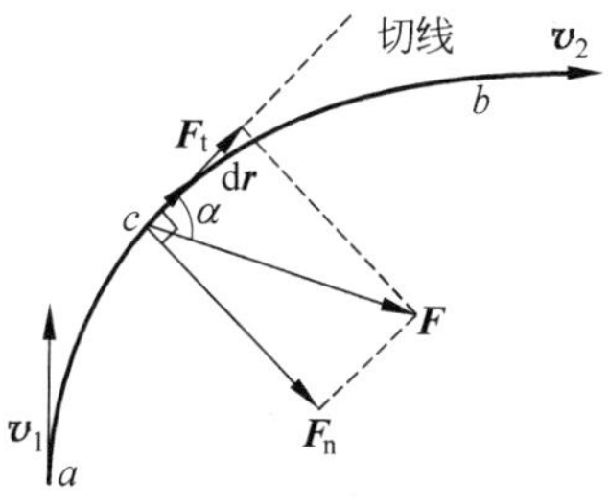

图 3-8　动能定理推导

将上式等号两边同乘以 $\mathrm{d}r$，得

$$F\cos\alpha\,\mathrm{d}r = m\frac{\mathrm{d}v}{\mathrm{d}t}\mathrm{d}r = m\frac{\mathrm{d}r}{\mathrm{d}t}\mathrm{d}v$$

而 $F\cos\alpha\,\mathrm{d}r = \boldsymbol{F} \cdot \mathrm{d}\boldsymbol{r}$。考虑到 $\mathrm{d}r = \mathrm{d}s$，而 $v = \frac{\mathrm{d}s}{\mathrm{d}t}$，所以有 $\boldsymbol{F} \cdot \mathrm{d}\boldsymbol{r} = mv\,\mathrm{d}v$

做如下积分：

$$W = \int_a^b \boldsymbol{F} \cdot \mathrm{d}\boldsymbol{r} = \int_{v_1}^{v_2} mv\,\mathrm{d}v = \frac{1}{2}mv_2^2 - \frac{1}{2}mv_1^2$$

质点的动能用 E_k 表示，末状态动能为 $E_{k2} = \frac{1}{2}mv_2^2$，初状态动能为 $E_{k1} = \frac{1}{2}mv_1^2$，因此上式可改写为

$$W = E_{k2} - E_{k1} = \Delta E_k \tag{3-19}$$

式(3-19)说明,**合力对质点做的功等于质点动能的增量,称为质点的动能定理**。其中,功 W 为过程量,动能 E_k 为状态量,过程量不是等于状态量本身,而是等于状态量之差(增量)。在适当的情况下应用动能定理解题,可以简化计算过程。

和牛顿第二定律一样,动能定理也只适用于惯性参考系。不同惯性参考系中,质点的速度是不同的,因此不同惯性参考系动能定理的形式相同,但数值不同。功用动能的增量来表示,体现了功是能量变化的量度,动能和功的单位相同,都是焦耳(J)。

例 3-8 力 $\boldsymbol{F}=6t\boldsymbol{i}$(N)作用在质量 $m=3$kg 的质点上。质点沿 x 轴运动,$t=0$ 时,$v_0=0$。求前 2s 内力 $\boldsymbol{F}$ 对质点做的功。

解 题中给出的条件是力和时间之间的关系,而非力和位置的关系,所以用 $W=\int_{x_a}^{x_b}F\mathrm{d}x$ 不经过数学变换是算不出积分结果的。此时可以考虑应用动能定理求解。

要用动能定理,还需要知道 2s 末质点的速度大小,求速度有很多方法,我们现在用动量定理。由于质点作直线运动,且 $t=0$ 时,$v_0=0$,因此有

$$I=\int_{t_1}^{t_2}F\mathrm{d}t=\int_0^2 6t\cdot\mathrm{d}t=3t^2\Big|_0^2=12=mv$$

所以可得

$$v=4\mathrm{m/s}$$

再由动能定理可得

$$W=\frac{1}{2}mv_2^2-\frac{1}{2}mv_1^2$$

$$=\frac{1}{2}\times 3\mathrm{kg}\times(2^4-0)(\mathrm{m/s})^2=24\mathrm{J}$$

例 3-9 在光滑水平桌面上放置一质量为 M 的静止木块,一质量为 m 的子弹沿水平方向射入木块,并嵌入其中。若子弹射入木块前的速度大小为 v_0,子弹在木块中受到大小恒定的阻力 f,求子弹在木块中移动的距离。

解 桌面无摩擦,则子弹和木块组成的系统受到的合外力为零,因此动量守恒。子弹射入木块的过程相当于非弹性碰撞,因为阻力的作用,子弹减速,木块加速,最终以共同速度一起运动。

设碰撞结束时子弹和木块的共同速度大小为 v,列出动量守恒定律公式:

$$mv_0=(m+M)v \qquad ①$$

以桌面为参考系,设在碰撞过程中,木块相对桌面移动的距离为 x,子弹在木块中移动的距离为 l,则子弹相对桌面移动的距离为 $x+l$。

木块的初速度为 0,末速度为 v,对它应用动能定理有

$$f\cdot x_1=\frac{1}{2}Mv^2 \qquad ②$$

子弹的初速度为 v_0,末速度为 v,对它应用动能定理有

$$-f\cdot(x_1+l)=\frac{1}{2}mv^2-\frac{1}{2}mv_0^2 \qquad ③$$

联立式①~式③,解得子弹在木块中移动的距离为

$$l=\frac{mMv_0^2}{2f(m+M)}$$

3.5 保守力与非保守力 势能

我们在3.4节介绍了质点的动能定理，机械能中除了动能外，还有势能。本节我们把力分为保守力和非保守力，介绍它们各自做功的特点，然后从保守力的概念出发，得出势能的定义和几种常见的势能公式。

3.5.1 万有引力、重力、弹性力做功的特点

1. 万有引力做功

如图3-9所示，设质量为m的物体在质量为M的物体的引力场中运动(M不动)，m从$a \to b$的运动过程中，引力做功为

$$W=\int_a^b \boldsymbol{F}\cdot \mathrm{d}\boldsymbol{r}$$

取过程中任一点c，此处$\boldsymbol{F}=-\dfrac{GmM}{r^2}\boldsymbol{e}_r$(变力)，则

$$W=\int_a^b -\frac{GmM}{r^2}\boldsymbol{e}_r\cdot \mathrm{d}r\boldsymbol{e}_r$$

因为$\boldsymbol{e}_r\cdot\boldsymbol{e}_r=1$，所以

$$W=-\int_a^b G\,\frac{mM}{r^2}\mathrm{d}r=GmM\left(\frac{1}{r_b}-\frac{1}{r_a}\right) \tag{3-20}$$

式(3-20)说明，**对于给定质量的物体，万有引力做功只与物体的初位置和末位置**(r_a，r_b)**有关，而与物体所经过的路径无关**，无论经过怎样的路径，只要初位置和末位置不变，引力做功就是一个固定值。

2. 重力做功

如图3-10所示，一质量为m的质点经acb路径由$a\to b$运动，位移为$\Delta\boldsymbol{r}$，在地面附近重力可视为恒力。取如图3-10所示坐标系，y轴沿竖直方向，则$\boldsymbol{F}=-mg\boldsymbol{j}$，故重力做功为

$$W=\int_a^b \boldsymbol{F}\cdot\mathrm{d}\boldsymbol{r}=\int_{x_a}^{x_b}F_x\,\mathrm{d}x+\int_{y_a}^{y_b}F_y\,\mathrm{d}y$$

$$=\int_{y_a}^{y_b}(-mg)\mathrm{d}y=-mg(y_b-y_a) \tag{3-21}$$

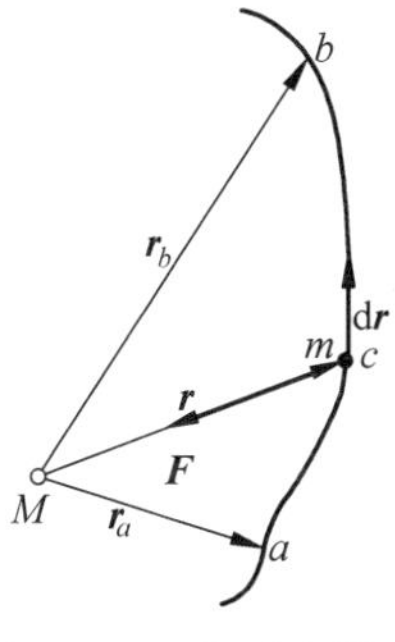

图3-9 万有引力做功

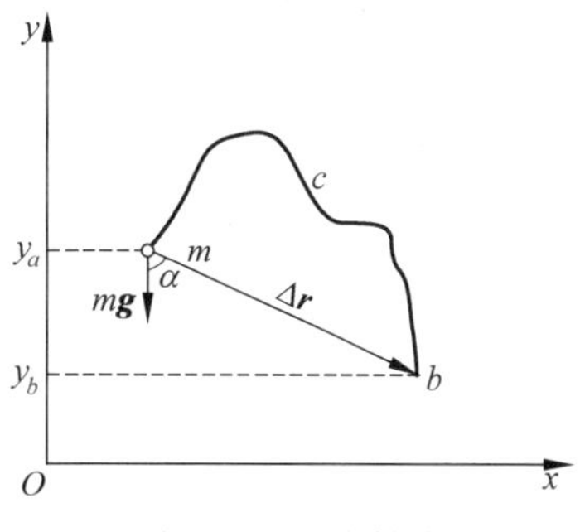

图3-10 重力做功

式(3-21)说明：**重力做功只与物体的初位置和末位置(y_a,y_b)有关，而与物体的运动路径无关**。

3. **弹性力做功**

如图 3-11 所示，一系在弹簧上在光滑水平面上运动的物体(称为弹簧振子)，取弹簧的平衡位置为坐标原点，当弹簧伸长了 x 时，根据胡克定律，物体受到的弹性力为

$$\boldsymbol{F}=-kx\boldsymbol{i}$$

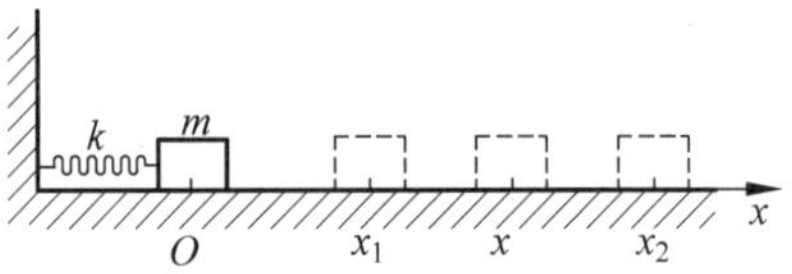

图 3-11　弹力做功

物体从坐标 x_1～x_2 运动的过程中，弹性力做功为

$$W=\int_{x_1}^{x_2}\boldsymbol{F}\cdot\mathrm{d}\boldsymbol{r}=\int_{x_1}^{x_2}-kx\boldsymbol{i}\cdot\mathrm{d}x\boldsymbol{i}$$

$$=-k\int_{x_1}^{x_2}x\,\mathrm{d}x=-\left(\frac{1}{2}kx_2^2-\frac{1}{2}kx_1^2\right) \tag{3-22}$$

由式(3-22)可知：**弹性力做功仅与物体的初位置和末位置(即 x_1,x_2)有关，而与中间过程无关**。如：物体可以从 x_1 处向左移，然后向右移至 x_2 处，也可以从 x_1 处直接移到 x_2 处。但是，无论沿怎样的路径移动，只要是从 x_1 处移到 x_2 处，弹性力做的功都是上述结果。

可以总结出：**万有引力、重力、弹性力这三种力做功都只与物体的始末位置有关，而与移动路径无关，而且它们做的功都可以表示为某一个固定函数在起点、终点的值之差**。万有引力做功等于函数$-\dfrac{GmM}{r}$在起点 a 的值减去终点 b 的值；重力做功等于函数 mgy 在起点与终点之差；弹性力做功等于函数$\dfrac{1}{2}kx^2$ 在起点与终点之差。后面我们会讲到，它们分别对应的这个函数在物理学中称作势能。

3.5.2　保守力和非保守力

如果力对物体做功只与物体的始末位置有关，而与物体所经过的路径无关，则称该力为保守力。所以，万有引力、重力和弹性力都属于保守力，静电力也可以证明是保守力。保守力还有一个特点就是物体沿闭合路径运动一周，做的功一定等于零，其数学表示为，保守力 $\boldsymbol{F}$ 沿闭合路径的曲线积分一定等于零：

$$\oint\boldsymbol{F}_{保}\cdot\mathrm{d}\boldsymbol{r}=0 \tag{3-23}$$

如果力对物体做功不仅与物体的始末位置有关，还与物体所经过的路径有关，则称该力为非保守力。从例 3-7 中我们看出，摩擦力属于非保守力，除此之外，汽车的牵引力、空气或流体的阻力、磁场力(洛伦兹力)等都是非保守力。**物体沿闭合路径运动一周，非保守力做功**

不为零，即

$$\oint \boldsymbol{F}_{\text{非保}} \cdot \mathrm{d}\boldsymbol{r} \neq 0$$

怎样证明一个力是保守力呢？有两种方法，一是证明该力沿着闭合路径运动一周，做的功为零(这是常用的方法)；二是证明这个力做功与过程无关，只与始末位置有关。

3.5.3　势能

因为保守力做功只与始末位置有关，所以对于任何保守力，都有一个对应的函数形式，保守力做功等于这个函数在起点和终点的值之差。把这个函数称为势能 E_p，则保守力做的功可以用相应的势能变化表示，即

$$W = \int_{r_2}^{r_1} \boldsymbol{F} \cdot \mathrm{d}\boldsymbol{r} = -(E_{p2} - E_{p1}) = -\Delta E_p \tag{3-24}$$

保守力做的功等于相应势能增量的负值。

式(3-24)只规定了势能的增量 ΔE_p，要求出每一个位置的势能值，还要**规定某处势能为零(称为零势能点或参考点)**，相对该点求其他位置的势能。就像研究地理时规定海平面高度为零，相对海平面判断其他地区的高度一样。**规定了参考点后，某处物体势能的值就等于把物体从该处移到参考点过程中保守力做的功**。

几种常见保守力对应的势能形式如下：

$$\text{万有引力势能：} E_p = -G\frac{mM}{r}\text{(势能零点取在无限远)} \tag{3-25}$$

$$\text{重力势能：} E_p = mgh\text{(势能零点取在某一水平面上)} \tag{3-26}$$

$$\text{弹性势能：} E_p = \frac{1}{2}kx^2\text{(势能零点取在弹簧原长处)} \tag{3-27}$$

图 3-12 为这三种势能随位置变化关系的函数图像，称为势能曲线。重力势能曲线是一条过原点的直线。弹性势能曲线为开口向上的抛物线，说明不管弹簧是拉伸还是缩短，弹性势能都为正值。万有引力势能曲线是双曲线的一支，除了无限远处的万有引力势能为零外，其他位置的势能都是负值。

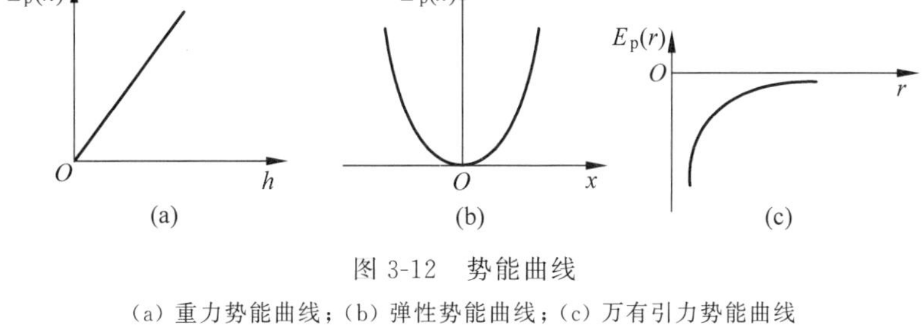

图 3-12　势能曲线

(a) 重力势能曲线；(b) 弹性势能曲线；(c) 万有引力势能曲线

注意：只有保守力才能引入势能，非保守力因为做功与路径有关，是不能定义势能概念的。例如，电磁学中我们研究过电势能，但从来没有磁势能这个概念。保守力做正功，势能减少；保守力做负功，势能增加，即 $W_{\text{保}} = -\Delta E_p$，这个关系与动能定理公式 $W = \Delta E_k$ 有些类似，但多了一个负号，在应用这两个公式时要注意正负关系。

例 3-10 两个基本粒子之间的相互作用力为 $f=\frac{k}{r^3}$(k 为常量)。取相互作用力为零处为势能零点,求两粒子相距为 r 时的势能。

解 从作用力公式可以看出两粒子距离为无限远时,相互作用力为零,则取无限远处为势能零点。

势能等于将粒子移到无限远处保守力做的功,所以

$$E_p(\boldsymbol{r})=W_{r\to\infty}=\int_r^{\infty}\boldsymbol{F}\cdot\mathrm{d}\boldsymbol{r}$$

作用力始终沿着两粒子的连线方向,那么积分路径也取为沿连线方向,则 $\boldsymbol{f}\cdot\mathrm{d}\boldsymbol{r}=f\mathrm{d}r$,曲线积分可化为定积分

$$\int_r^{\infty}\frac{k}{r^3}\mathrm{d}r=\frac{k}{2r^2}$$

所以粒子之间的相互作用力对应的势能为 $E_p(r)=\frac{k}{2r^2}$。

3.6 功能原理 机械能守恒定律

前面我们讨论了质点的势能,以及动能定理,但是实际问题中,很多情况研究对象不是一个质点,而是由很多个质点组成的系统。我们把**多个质点组成的系统称为质点系,系统中质点受到的力分为内力和外力**。质点系的动量定理前面已经推导过了,本节我们先讨论质点系的动能定理,进而得出功能原理和机械能守恒定律。

3.6.1 质点系的动能定理

设系统中有 n 个质点,第 i 个质点受到的合外力为 $\boldsymbol{F}_{i外}$,合内力为 $\boldsymbol{F}_{i内}$,在某一过程中,合外力做功为 $W_{i外}$,合内力做功为 $W_{i内}$,根据单个质点的动能定理,对第 i 个质点,有

$$W_{i外}+W_{i内}=\frac{1}{2}m_iv_{i2}^2-\frac{1}{2}m_iv_{i1}^2 \tag{3-28}$$

其中,$i=1,2,\cdots$。对式(3-28)等号两边求和,有

$$\sum_{i=1}^{n}W_{i外}+\sum_{i=1}^{n}W_{i内}=\sum_{i=1}^{n}\frac{1}{2}m_iv_{i2}^2-\sum_{i=1}^{n}\frac{1}{2}m_iv_{i1}^2 \tag{3-29}$$

其中,$\sum_{i=1}^{n}W_{i外}$ 为合外力的功 $W_外$;$\sum_{i=1}^{n}W_{i内}$ 为合内力的功 $W_内$,$\sum_{i=1}^{n}\frac{1}{2}m_iv_{i2}^2$ 为末状态质点系中各质点的动能之和,称为末状态质点系动能 E_{k2},$\sum_{i=1}^{n}\frac{1}{2}m_iv_{i1}^2$ 为初状态质点系中各质点的动能之和,称为初状态质点系动能 E_{k1}。由此可知,式(3-29)可以表示为

$$W_外+W_内=E_{k2}-E_{k1}=\Delta E_k \tag{3-30}$$

这就是质点系的动能定理,其物理意义是:**合外力的功与合内力的功之和,等于质点系动能的增量**。要注意的是,**虽然内力的合冲量一定为零,但做的总功不一定为零,即内力不能改变质点系的动量,但是可以改变系统的动能**。应用质点系的动能定理计算功时,要把外

力和内力的功都考虑在内。

3.6.2 质点系的功能原理

进一步分析可知，作用在质点系上的力分为保守力和非保守力，把保守力的受力与施力者都划在系统中，则保守力就为内力了，因此，内力可分为保守内力和非保守内力，内力做的功可分为保守内力做的功和非保守内力做的功。

由质点系动能定理

$$W_{外}+W_{内}=\Delta E_k$$

有

$$W_{外}+(W_{保守内}+W_{非保守内})=\Delta E_k$$

由前面我们得到的保守力做功与势能之间的关系有

$$W_{保守内}=-(E_{p2}-E_{p1})=-\Delta E_p$$

将上面两式联立，得

$$W_{外}+W_{保守内}+W_{非保守内}=W_{外}-\Delta E_p+W_{非保守内}=\Delta E_k$$

移项整理得

$$W_{外}+W_{非保守内}=\Delta E_k+\Delta E_p=\Delta(E_k+E_p)=\Delta E \tag{3-31}$$

势能和动能之和就是系统的机械能，用 E 表示。所以式(3-31)说明：**质点系机械能的增量等于外力和非保守内力做功之和，这就是质点系的功能原理。**

功能原理在现实中最典型的例子是摩擦生热。摩擦力属于非保守力，它做功伴随着系统机械能的损失，摩擦力做的功等于机械能的减少量，而减少的机械能转化为内能(热能)，所以摩擦物体会使其温度升高。保守力做功伴随着动能和势能相互转化，而非保守力做功则伴随着机械能和其他形式的能量相互转化。功是能量变化或转化的量度。

例 3-11 如图 3-13 所示，一质量 $m=20\text{kg}$ 的小车，在 $F=50\text{N}$ 的外力作用下冲上一斜坡，倾角关系为 $\tan\theta=0.01$。若摩擦阻力大小 $f=10\text{N}$，初速度大小 $v_0=10\text{m/s}$，方向为沿斜坡向上。求小车沿斜坡前进了 10m 时的速度。

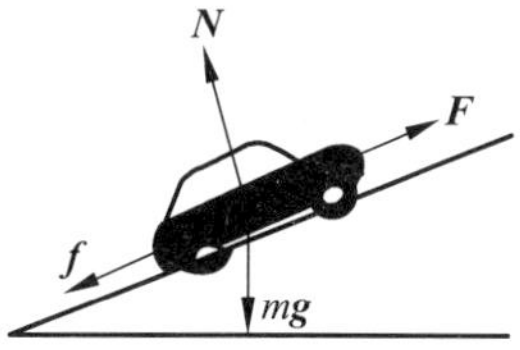

图 3-13 例 3-11 用图

解 本题有多种解法，现在我们使用功能原理。对于小车和地球组成的系统，摩擦阻力 f 为非保守内力，重力为保守内力，支持力 N 不做功，F 为外力。由功能原理得

$$Fs-fs=\left(\frac{1}{2}mv^2+mgh\right)-\frac{1}{2}mv_0^2$$

其中，h 是车从坡底开始上升的高度，$h\approx s\tan\theta=0.1\text{m}$，代入数据，解得速度为

$$v=\sqrt{138}\ \text{m/s}$$

3.6.3 机械能守恒定律

由功能原理 $W_{外}+W_{非保守内}=\Delta E_k+\Delta E_p=\Delta(E_k+E_p)=\Delta E$ 知，当 $W_{外}+W_{非保守内}=0$ 时，$\Delta E=0$，$\Delta E_k=-\Delta E_p$，即系统的机械能 $E=E_k+E_p$ 为常量。

由此我们得出结论：**当外力不做功且非保守内力不做功时，系统机械能为常量，称为机械能守恒定律**。机械能守恒还有另一种描述方式是：**如果只有保守力做功，则机械能守恒**。此时系统内各物体的能量可以相互转移，动能和势能之间也可以相互转换，但系统总机械能不会改变。

例 3-12 如图 3-14 所示，设地球半径为 R，质量为 M，一质量为 m 的物体从静止开始在距地面 R 处自由下落(忽略空气阻力)，求它到达地球表面时的速度。

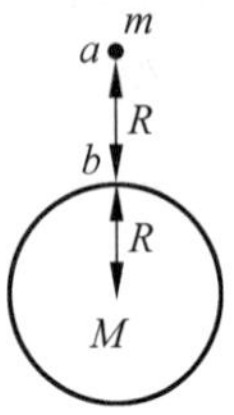

图 3-14 例 3-12 用图

解 这道题看似是一个常见的自由落体问题，其实不然。我们以前研究的自由落体，物体都是在地面附近，受到的是大小不变的重力。但现在物体并非在地面附近(高度等于地球半径)，它受到的地球的万有引力随着到地心的距离变化而变化，不能再看作不变的重力了。所以对自由落体推导出的那些结论、公式不再适用。

取物体-地球系统，不计空气阻力，则满足机械能守恒的条件，可以用机械能守恒定律解题。此时势能不能再用重力势能的公式，而是要代之以万有引力势能 $E_p=-\frac{GmM}{r}$。把地球看成一个均匀球体，所以公式中的 r 指物体到地心的距离。

如图 3-14 所示，设物体初位置为 a 点，末位置 b 点，这两处的万有引力势能分别为

$$E_{pa}=-\frac{GMm}{2R},\quad E_{pb}=-\frac{GMm}{R}$$

因为 a，b 两点的机械能相等，所以有

$$-\frac{GMm}{2R}+0=-\frac{GMm}{R}+\frac{1}{2}mv_b^2$$

解得物体到达地球表面时的速度为 $v_b=\sqrt{\frac{GM}{R}}$。

例 3-13 求宇宙飞船的脱离速度(又称为第二宇宙速度，即飞船脱离地球引力所需要的最小发射速度)，忽略空气阻力。

解 我们依然用机械能守恒定律求解。把飞船和地球看作一个系统，忽略空气阻力，则机械能守恒。

要能够脱离地球必须满足条件：当飞船与地球的距离趋于无穷远时速度 $v\geqslant 0$，也就是在无穷远处的速度为 0，则刚好能脱离地球，满足这个条件的发射速度就是我们要求的最小值。

设飞船质量为 m，地球质量为 M，地球半径为 R，无穷远处为万有引力势能的参考点，即势能为零，飞船在地面的引力势能为 $-\frac{GMm}{R}$。

地球表面和无穷远处机械能相等，列式为

$$\frac{1}{2}mv^2-\frac{GMm}{R}=0$$

所以

$$v=\sqrt{\frac{2GM}{R}}=2gR\left(\text{重力加速度 } g=\frac{GM}{R^2}\right)$$

代入数据，求得脱离速度 $v=11.2\text{km/s}$。

补充知识：

飞船能够绕地球作圆周运动的最低速度称为第一宇宙速度（环绕速度），应用圆周运动重力提供向心力可以求出它的数值为 7.9km/s；飞船能够飞离太阳系的引力范围，所需的相对地球最小的初速度称为第三宇宙速度，类似本例，通过机械能守恒定律可求出其数值为 16.7km/s。

3.7 质点的角动量和角动量守恒定律

3.7.1 角动量

德国天文学家、物理学家开普勒根据丹麦天文学家第谷·布拉赫 10 年之间对于行星轨迹的观测资料和星表，通过他本人的观测和分析后，于 1609—1619 年间先后归纳提出了总结行星运动的三条定律，现在称为开普勒三定律。

其中的第二条定律，也称为面积定律。内容是：在相等时间内，太阳和运动中的行星的连线（向量半径）所扫过的面积都相等。如图 3-15 所示，椭圆表示行星绕太阳运动的轨道，太阳的位置在焦点 F，则面积 S_{AB}，S_{EK}，S_{CD} 相等。这一定律在本质上揭示了行星绕太阳公转时角动量守恒。

角动量（angular momentum）是中学物理没有讲过的新概念，质点的角动量定义为

$$\boldsymbol{L}=\boldsymbol{r}\times\boldsymbol{p} \tag{3-32}$$

角动量是矢量，等于质点位矢和动量的叉乘，如图 3-16 所示。角动量的大小为 $L=rmv\sin\theta$，其中，θ 为 $\boldsymbol{r}$ 和 $\boldsymbol{p}$ 的夹角。方向用矢量叉乘的右手螺旋定则确定：如图 3-16 所示，右手四指沿小于 180°的方向从 $\boldsymbol{r}$ 转向 $\boldsymbol{p}$，则与四指垂直的大拇指指向 $\boldsymbol{L}$ 的方向。在国际单位制中，角动量的单位为 $\text{kg}\cdot\text{m}^2/\text{s}$。

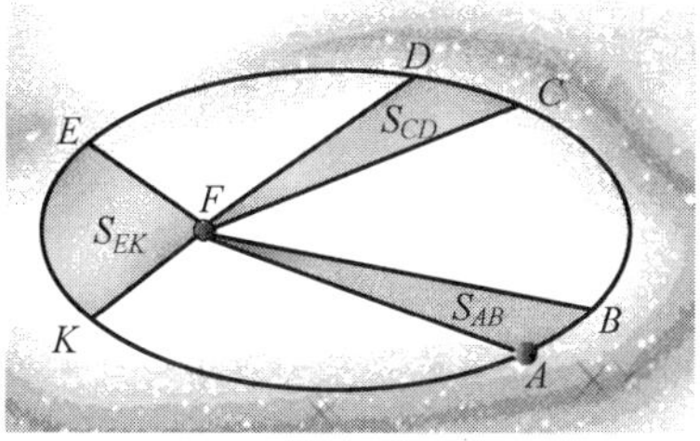

图 3-15 面积定律

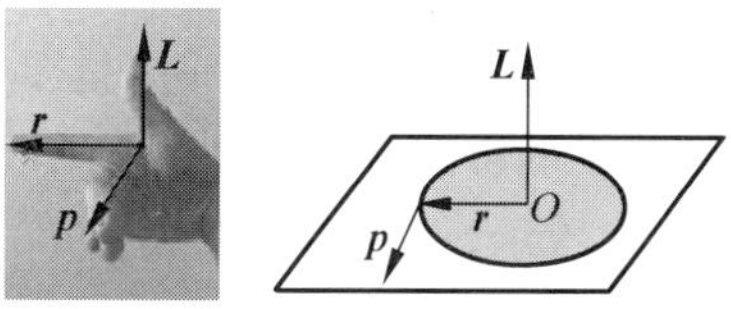

图 3-16 角动量的方向

对于不同的原点 O，质点的位矢是不一样的，所以**对于不同的原点 O，角动量的值也不同，我们使用时要说明角动量是质点相对于哪一点的角动量**。

角动量概念在研究转动时较常用，大到宇观天体运动，小到微观电子绕核运动，都要应用到。一般我们在讨论质点相对于空间某一点的运动（定点运动）时，可以用动量描述，也可以用角动量描述。

3.7.2 角动量守恒

我们先看一个实验。如图 3-17 所示，一质量为 m 的小球系在轻绳的一端，绳穿过一竖直管子，手执绳先使小球在水平面内作半径为 r_1 的圆周运动，此时速度大小为 v_1，然后下拉绳使小球运动半径减小到 r_2，求此时小球运动的速度大小为 v_2。

实验发现有如下关系：

$$r_1 v_1 = r_2 v_2$$

在上式等号两边同时乘以小球质量 m，可以得到

$$m r_1 v_1 = m r_2 v_2$$

说明小球在运动过程中，对圆心的角动量保持不变。在此模型中，小球的动量是时刻随时间变化的，而角动量却不随时间改变，因此研究物体转动时，角动量代替动量而起重要的作用。同时以上模型也说明角动量守恒(law of conservation angular momentum)，为什么角动量会守恒呢？角动量是否守恒由哪个物理量决定？下面我们来推导角动量守恒的原因。

一个物理量守恒，说明这个物理量不随时间改变，也就说明此物理量是一常量。因此有

$$\frac{\mathrm{d}\boldsymbol{L}}{\mathrm{d}t} = \boldsymbol{0} \tag{3-33}$$

代入角动量的定义式(3-32)，可以得到

$$\frac{\mathrm{d}\boldsymbol{L}}{\mathrm{d}t} = \frac{\mathrm{d}(\boldsymbol{r} \times \boldsymbol{p})}{\mathrm{d}t} = \frac{\mathrm{d}\boldsymbol{r}}{\mathrm{d}t} \times \boldsymbol{p} + \boldsymbol{r} \times \frac{\mathrm{d}\boldsymbol{p}}{\mathrm{d}t} = \boldsymbol{v} \times \boldsymbol{p} + \boldsymbol{r} \times \boldsymbol{F}$$

由于 $|\boldsymbol{v} \times \boldsymbol{p}| = |\boldsymbol{v} \times m\boldsymbol{v}| = 0$，因此有

$$\frac{\mathrm{d}\boldsymbol{L}}{\mathrm{d}t} = \boldsymbol{r} \times \boldsymbol{F}$$

其中，$\boldsymbol{r} \times \boldsymbol{F}$ 称为力矩，即

$$\boldsymbol{M} = \boldsymbol{r} \times \boldsymbol{F} \tag{3-34}$$

所以

$$\frac{\mathrm{d}\boldsymbol{L}}{\mathrm{d}t} = \boldsymbol{M} \tag{3-35}$$

在研究转动时，力矩是一个重要的概念，它可以同时反映力的大小、方向和作用点三要素对作用效果的影响。**力矩是力 $\boldsymbol{F}$ 和力的作用点的位矢 $\boldsymbol{r}$ 的叉乘**。力矩的大小为 $M = rF\sin\varphi$，如图 3-18 所示，φ 为 $\boldsymbol{r}$ 和 $\boldsymbol{F}$ 的夹角；力矩的方向由矢量叉乘的右手螺旋定则确定。在国际单位制中，力矩的单位为 N·m。

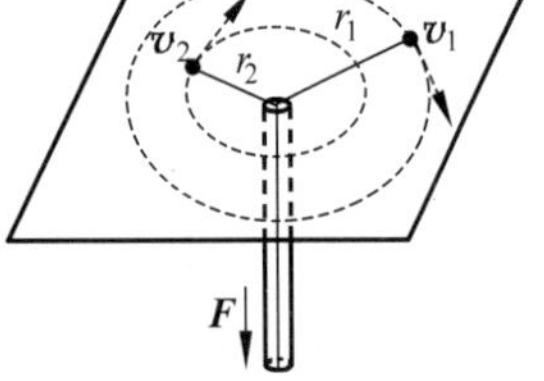

图 3-17 角动量守恒

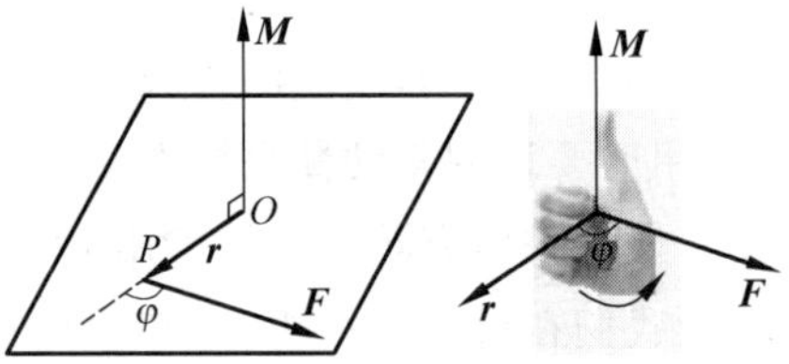

图 3-18 力矩

式(3-35)叫做角动量定理,它说明**质点受到的合力矩等于它的角动量对时间的变化率**。所以,当合力矩 $\boldsymbol{M}=\mathbf{0}$ 时,$\frac{\mathrm{d}\boldsymbol{L}}{\mathrm{d}t}=\mathbf{0}$,角动量不随时间变化,这就是**角动量守恒定律:如果质点受到的合外力对 O 点的力矩为零,则质点对 O 点的角动量在运动过程中保持不变**。

行星绕太阳运动时,忽略其他影响,可以认为它只受到太阳的万有引力。引力方向沿着行星和太阳的连线,所以对太阳的力矩始终为零,行星在运动过程中的角动量守恒。在如图 3-17 所示的实验中,小球受到的重力和支持力相互抵消,合外力只有绳子的拉力,它的方向始终指向圆心,对圆心的力矩为零,所以小球的角动量也是守恒的。像这样**方向始终指向一个固定点的力,称为有心力,在有心力作用下,运动的物体的角动量一定守恒**。

例 3-14　地球绕太阳公转,在近日点时到日心的距离约为 1.471×10^{11}m,线速度约为 30.3km/s;在远日点时到日心的距离约为 1.521×10^{11}m,求此时的线速度。

解　如图 3-19 所示,地球轨道为椭圆,太阳在椭圆的一个焦点上。在运动过程中,地球对太阳的角动量守恒,它在近日点和远日点的角动量相等。且这两个点都位于椭圆的长轴上,速度方向沿切线,与位矢垂直,所以有

$$mv_1r_1=mv_2r_2$$

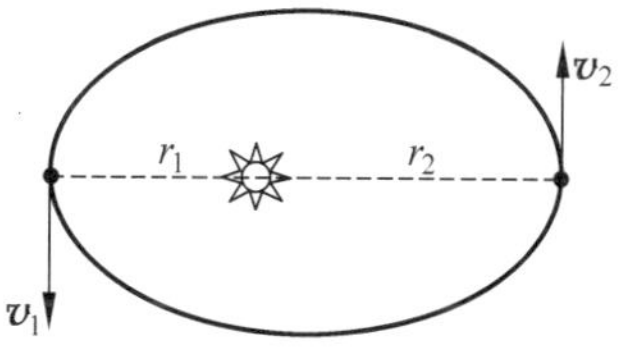

图 3-19　例 3-14 用图

代入数据 $r_1=1.471\times10^{11}$m,$r_2=1.521\times10^{11}$m,$v_1=30.3$km/s,可以解得 $v_2=29.3$km/s。

公转速度在近日点最大,远日点最小。但因为地球轨道实际是很接近圆形的椭圆,日地距离的变化是很微小的,所以这两个值的差异并不大。

3.8　能量守恒定律

能量(energy)是物质运动转换的量度,简称“能”。世界万物是不断运动的,在物质的一切属性中,运动是最基本的属性,其他属性都是运动的具体表现。能量是表征物理系统做功的本领的量度。能量是物质所具有的基本物理属性之一,是物质运动的统一量度。能量的单位与功的单位相同,在国际单位制中是焦耳(J)。在原子物理学、原子核物理学、粒子物理学等领域中,常用电子伏(eV)作为单位,$1\text{eV}=1.602\,18\times10^{-19}$J。

对应于物质的各种运动形式,能量有各种不同的形式。在机械运动中表现为物体或体系整体的机械能,如动能、势能、声能等。在热现象中表现为系统的内能,它是系统内各分子无规运动的动能、分子间相互作用的势能、原子和原子核内的能量的总和,但不包括系统整体运动的机械能。对于热运动能(旧称热能),人们是通过它与机械能的相互转换而认识的(见热力学第一定律)。各种场也具有能量。

机械能、化学能、热能、电(磁)能、辐射能、核能等不同类型的能量之间相互转化的方式多种多样。例如,最常见的电能(交流电和电池)可以由多种其他形式的能量转变而来,如机械能-电能的转变(水力发电)、核能-热能-机械能-电能的转变(核能发电)、化学能-电能的转变(电池)等。

从 19 世纪中叶开始,6 个国家的 10 多位科学家从不同角度独立地提出了**能量守恒定律:能量既不会凭空产生,也不会凭空消失,它只会从一个物体转移到另一个物体,或者从**

一种形式转化为另一种形式,而在转化或转移的过程中,能量总量保持不变。

能量守恒定律是自然界最普遍、最重要的基本定律之一。从物理、化学到地质、生物,大到宇宙天体,小到原子核内部,只要有能量转化,就一定服从能量守恒定律。从日常生活到科学研究、工程技术,这一定律都发挥着重要的作用。人类对各种能量,如煤、石油等燃料,以及水能、风能、核能等的利用,都是通过能量转化来实现的。能量守恒定律是人们认识自然和利用自然的有力武器。

3.9 碰撞

碰撞,指两个作相对运动的物体,相互接触并迅速改变其运动状态的过程。碰撞可以发生在宏观物体之间,如打夯、锻压、击球等,也可以发生在微观粒子,如原子、原子核和亚原子粒子之间。经典力学中通常研究的模型是两个小球的正碰,即它们的相对速度正好沿着球心连线方向。

由于碰撞过程十分短暂,碰撞物体间的冲力远比周围物体施加给它们的力大,后者的作用可以忽略(内力远大于外力),则这两个物体组成的系统可视为孤立系统。如果两个物体都能视为质点,它们之间发生碰撞时,**碰撞前后动量和能量守恒,但机械能不一定守恒**。

如果两个质点的弹性都很好,碰撞时因变形而储存的势能在分离时能够完全转换为动能,机械能没有损失,称为**完全弹性碰撞**,钢球的碰撞接近这种情况。如果是塑性球间的碰撞,其形变完全不能恢复,碰撞后两球黏在一起共同运动,很大部分的机械能通过内摩擦转化为内能,称为**完全非弹性碰撞**,如泥球或蜡球的碰撞,冲击摆也属于这一类。介于两者之间的情况,即两球分离时,形变会部分恢复原状的,称为**非完全弹性碰撞**,机械能的损失介于上述两类碰撞之间。

微观粒子间的碰撞,如只有动能的交换,而无粒子的种类、数目或内部运动状态的改变者,称为**弹性碰撞或弹性散射**;如不仅交换动能,还有粒子能态的跃迁或粒子的产生和湮没,则称为非弹性碰撞或非弹性散射。在粒子物理学中可借此获得有关粒子间相互作用的信息,是颇为重要的研究课题。

两个质点碰撞过程的特征可总结为:

(1) 内力总是远大于外力,系统动量守恒。

(2) 碰撞一般分为压缩阶段和恢复阶段两个过程。

(3) 碰撞可以分为以下几类:完全弹性碰撞、完全非弹性碰撞和非完全弹性碰撞。

碰撞中的能量转化关系为:

在压缩阶段中,物体的动能转化为其他形式的能量,而在恢复阶段中,其他形式的能量转化为动能。

在完全弹性碰撞中,碰撞前后系统总动能不变。

如果不是两个质点发生碰撞,而是质点与刚体(定义见第 4 章)发生碰撞或者刚体与刚体发生碰撞,则此时要用角动量守恒定律替代动量守恒定律,详细内容会在第 4 章介绍。

思　考　题

3-1　将一张薄板盖在杯子上，板上放一个鸡蛋。如果迅速把薄板抽走，鸡蛋就会掉在杯中；而如果慢慢地将薄板移开，鸡蛋会跟着板一起移动。这是为什么？

3-2　有一种玩具叫做气球动力车：在小车上固定一开口向后的气球，给气球吹足气再松开，小车就会向前运动。那么如果在真空中同样操作，小车也会前进吗？说明理由。

3-3　一对作用力和反作用力的合冲量是否一定为零？在相同时间内做的总功是否一定为零？对同一转轴的合力矩是否一定为零？

3-4　竖直向上扔出一物体，在考虑空气阻力时，它上升到最高点所用的时间一定比回落到抛出点所用的时间短，用物理原理解释其原因。

3-5　如图所示，A,B,C,D 四个物体放置在水平光滑桌面上，A,B 之间夹有一轻弹簧。A,C，以及 B,D 物体间的摩擦因数均不为零。首先用双手挤压 A,B 两物体使弹簧处于压缩状态，然后松开手，则这四个物体组成的系统的动量和机械能是否守恒？

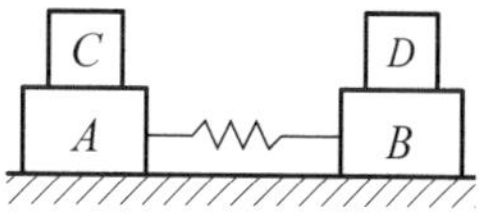

思考题 3-5 图

3-6　试用开普勒第二定律证明质点角动量守恒定律。

3-7　两个小球碰撞时如相对速度不在球心连线上，称为斜碰(非对心碰撞)。斜碰前后系统动量是否守恒？如果要求碰撞后的速度，则与正碰情况相比，列式和计算有没有区别？

习　　题

3-1　如图的两轻弹簧的劲度系数分别为 k_1,k_2，将它们串联后悬挂一质量为 m 的重物，平衡时两弹簧的弹性势能之比为(　　)。

A. $\dfrac{E_{p1}}{E_{p2}}=\dfrac{k_1}{k_2}$　　B. $\dfrac{E_{p1}}{E_{p2}}=\dfrac{k_2}{k_1}$

C. $\dfrac{E_{p1}}{E_{p2}}=\sqrt{\dfrac{k_1}{k_2}}$　　D. $\dfrac{E_{p1}}{E_{p2}}=\sqrt{\dfrac{k_2}{k_1}}$

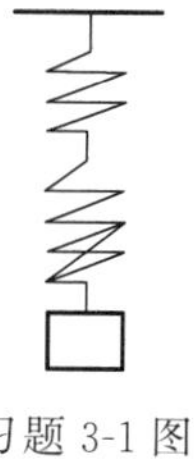
习题 3-1 图

3-2　下列表述中正确的是(　　)。

A. 外力所做功的代数和为 0，则系统的动量守恒

B. 系统所受合力恒为 0，则系统的动量守恒

C. 系统所受合外力的冲量为 0，则系统的动量守恒

D. 动量守恒定律仅适用于惯性参考系，且与惯性参考系的选择有关

3-3　下列表述中正确的是(　　)。

A. 内力作用对系统的动量没有影响

B. 内力不能改变系统的总动量

C. 内力不能改变系统的总动能

D. 合外力为零且无非保守内力时，机械能守恒

3-4　有一保守力 $\boldsymbol{F}=(-Ax+Bx^2)\boldsymbol{i}$，沿 x 轴作用于质点上，其中，A,B 均为常量，x 以 m 为单位，F 以 N 为单位。(1)取 $x=0$ 时 $E_p=0$，计算与此力相对应的势能；(2)求质点

从 $x=2\text{m}$ 运动到 $x=3\text{m}$ 时势能的变化。

3-5　一人造地球卫星绕地球作椭圆运动,近地点为 A,远地点为 B。A,B 两点距地心分别为 r_1,r_2。设卫星质量为 m,地球质量为 M,万有引力常量为 G。

(1)卫星在 A,B 两点处的万有引力势能之差 $E_{pB}-E_{pA}$ 为多少?(2)卫星在 A,B 两点的动能之差 $E_{kB}-E_{kA}$ 为多少?(3)运动过程中有哪些守恒量?

3-6　$F_x=30+4t$(N)的力作用在一质量为 10kg 的物体上,(1)求在开始 2s 内此力的冲量;(2)若冲量为 $I=300\text{N}\cdot\text{s}$,则此力作用的时间为多少?(3)若物体的初速度为 $v_1=10\text{m/s}$,方向与 F_x 相同,则在 $t=6.86\text{s}$ 时,此物体的速度 v_2 为多少?

3-7　一质量为 m 的小球,在力 $F=-kx$ 的作用下运动,已知 $x=A\cos\omega t$(k,ω,A 均为常数),求在 $t=0$ 到 $t=\dfrac{\pi}{2\omega}$时间内小球动量的增量。

3-8　一质量为 $7.20\times10^{-23}\text{kg}$、速度为 $6.0\times10^{7}\text{m/s}$ 的粒子 A,与另一质量为其一半而静止的粒子 B 相碰,假设该碰撞是完全弹性碰撞,碰撞后粒子 A 的速率为 $5.0\times10^{7}\text{m/s}$,求:(1)碰撞后粒子 B 的速率及偏转的角度;(2)粒子 A 偏转的角度。

3-9　一质量为 $M=10\text{kg}$ 的物体放在光滑水平面上,并与一水平轻弹簧相连,如图所示。弹簧的劲度系数为 $k=1000\text{N/m}$,今有一质量为 $m=1\text{kg}$ 的小球,以水平速度 $v_0=4\text{m/s}$ 飞来,与物体 M 相撞后以 $v_1=2\text{m/s}$ 的速度弹回。问:

(1) M 开始运动后,弹簧将被压缩,弹簧可缩短多少?

(2) 小球 m 和物体 M 的碰撞是完全弹性碰撞吗?

(3) 如果小球上涂了黏性物质,碰撞后与 M 黏在一起,则弹簧又可缩短多少?

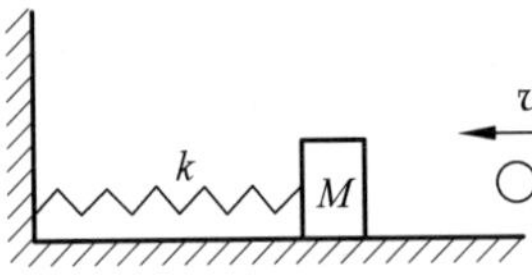

习题 3-9 图

第 4 章

刚体的转动

在前 3 章中，研究的物体的机械运动都是平动，不考虑物体的大小、形状、质量分布，将它视为只具有质量的点——质点模型。但在我们讨论车轮的转动、炮弹的自旋、起重机或桥梁的平衡等问题时，物体的形状和大小往往起着重要的作用。实际生活中还有更复杂的情况，物体在运动中可能会改变自身的形状和大小，也可能改变相对自身的方位(旋转)。为了简化问题，我们引入另一种理想化的模型——刚体。即认为运动过程中，**物体的形状和大小不发生任何变化**，这就是**刚体模型**。

研究对象视为哪种理想模型需要根据具体情况做具体分析，看哪些因素必须考虑，哪些因素可以忽略。例如汽车，当它在正常行驶过程中，我们研究它的运动轨迹、速度和加速度，可以将它视为质点模型，但是如果研究汽车在什么情况下会翻车，或者只研究车轮的转动，则需要将它视为刚体模型。

研究刚体的时候，把刚体看成由无数个小部分构成，每个小部分质量足够小且趋向于零，我们称之为**质量元**。每个质量元都可以视为一个质点，刚体可看成是由许多质点构成的。由于刚体不变形，各个质量元之间的距离保持不变，因此**刚体是一种质量元之间的距离保持不变的特殊质点系，我们称之为"不变质点系"**。对于平动情况，只需将前面的质点系的运动规律拓展到刚体的运动规律就可以了。

本章主要研究刚体定轴转动的特点和规律，包括：转动惯量、力矩、定轴转动定律和角动量守恒定律等。

4.1 刚体定轴转动的运动学描述

4.1.1 刚体的平动和转动

前面的章节里研究的是质点的平动，而刚体运动的基本类型就是平动和绕固定轴的转动，任何复杂的运动都可以看成平动和转动的叠加。

如图 4-1 所示，在刚体上任意两点之间取一条直线 AB，如果在刚体的运动过程中这条直线始终保持平行，这种运动就称为**平动**。刚体平动时，内部所有的点的运动情况(位移、速度、加速度等)都相同，因此刚体内任意一点都能代表物体的运动，可以忽略其形状和大小，这时刚体可以看作质点。平动一般用质心的运动情况来代表整个刚体的运动。

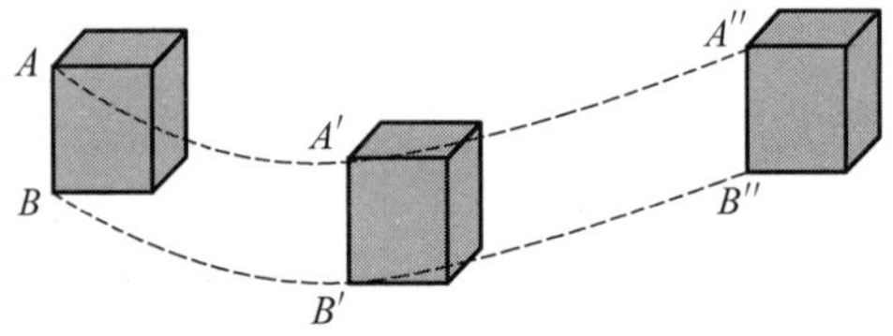

图 4-1 刚体的平动

如图 4-2(a)所示，刚体上的所有点都在垂直于某一直线的平面内绕该直线作圆周运动，且圆心在该直线上，这样的运动称为**刚体绕固定轴的转动**，简称为**定轴转动**。这条直线称为**转轴**，这个平面称为**转动平面**，每个质量元都在转动平面内绕转动平面与转轴的交点作平面圆周运动。如果转轴不是固定的，则称为**非定轴转动**，如图 4-2(b)所示，本章只研究刚体的定轴转动。

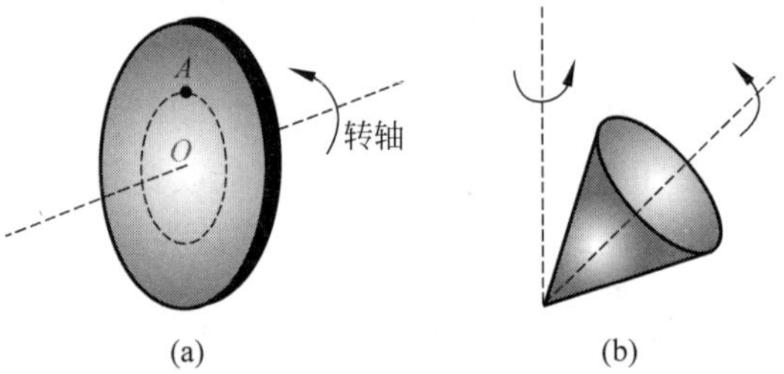

图 4-2 刚体的转动

(a) 定轴转动；(b) 非定轴转动

4.1.2 定轴转动的角速度和角加速度

刚体绕定轴转动时，其内部各点都绕转轴作圆周运动，但是各点的速度并不相同，距离转轴近的点，其速度小；距离转轴远的点，其速度大。同样，描述运动状态的其他线量(如位移、加速度等)也不可直接使用。因此研究刚体转动时，通常用角量对运动状态进行描述。

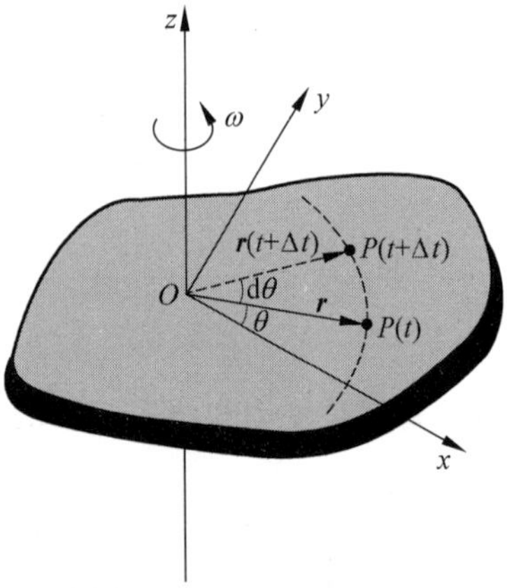

图 4-3 定轴转动的角量描述

如图 4-3 所示，在参考系上固定一个直角坐标系 $Oxyz$，刚体绕 Oz 轴作定轴转动，这样，在刚体上取一点 P，它在 Oxy 转动平面内绕 O 点作圆周运动。在质点的转动平面上取一参照线 Ox，P 点的位置可以由原点到此点的位矢 $\boldsymbol{r}$ 与参照线 Ox 的夹角 θ 来确定。θ 角称为**角坐标**(角位置)，单位是弧度(rad)。在运动过程中，角坐标 θ 是时间 t 的函数，即 $\theta=\theta(t)$。此方程即为**刚体绕定轴转动的运动方程**。

规定自 x 轴沿**逆时针转向** OP 时 θ **为正**，沿**顺时针转向** OP 时 θ **为负**。

经过 Δt 时间段后，点 P 的位置由 $\boldsymbol{r}(t)$ 变到 $\boldsymbol{r}(t+\Delta t)$，则相应的角坐标的增量为 $\Delta\theta=\theta(t+\Delta t)-\theta(t)$，

$\Delta\theta$ 称为该时间段内的**角位移**。刚体转动的快慢，可以用**角速度$\boldsymbol{\omega}$**（单位为 rad/s）来描述。角速度也反映了角坐标变化的快慢，其大小等于某一瞬时的角坐标随时间的变化率，即

$$\omega=\frac{\mathrm{d}\theta}{\mathrm{d}t} \tag{4-1}$$

结合前面我们对转动方向正负的规定，对于角速度 ω 来说，沿 Oz 轴观察，如果刚体作逆时针转动，则角速度 ω 为正，反之为负。

角速度随时间的变化率称为某一瞬时的**角加速度**（单位为 $\mathrm{rad/s^2}$），其方向与角速度的变化方向相同，即

$$\beta=\frac{\mathrm{d}\omega}{\mathrm{d}t}=\frac{\mathrm{d}^2\theta}{\mathrm{d}t^2} \tag{4-2}$$

综上所述，用角坐标、角位移、角速度、角加速度这一组角量就能完整地描述刚体定轴转动的情况。由式(4-1)和式(4-2)可知，如果知道了某个转动刚体的角坐标函数 $\theta(t)$，将 θ 对时间 t 求导可以得到任意时刻的角速度和角加速度。反过来，如果已知角加速度 $\beta(t)$，可以通过积分求出角速度和角坐标。

当角加速度不变（$\beta=$常量）时，刚体的转动称为匀变速转动，此时将式(4-1)和式(4-2)等号两边求积分可以得到

$$\begin{cases}\omega=\omega_0+\beta t\\ \omega^2=\omega_0^2+2\beta(\theta-\theta_0)\\ \theta=\theta_0+\omega_0 t+\dfrac{1}{2}\beta t^2\end{cases} \tag{4-3}$$

其中，ω_0 和 θ_0 分别为 $t=0$ 时刻的初始角速度和角坐标，称为**初始条件**。如果刚体转动过程中角加速度为零（$\beta=0$），则称为匀速转动，此时由式(4-3)可知

$$\theta=\theta_0+\omega_0 t \tag{4-4}$$

刚体匀速转动时角速度不变（$\omega=$常量）。对比质点，会发现刚体的匀速转动和匀加速转动与质点的匀速直线运动和匀加速直线运动的公式很相似，后续刚体动力学会进一步讨论原因。

刚体运动学也有两类问题。第一类问题：已知角位移求角速度、角加速度；第二类问题：已知角加速度和初始条件求角速度和角位移。第一类问题用微分求解，第二类问题用积分求解。其中，第二类问题同样分为三种情况：已知 $\beta(t)$，$\beta(\theta)$或 $\beta(\omega)$，解题方法和质点运动学的第二类问题类似，这里就不一一列出了。

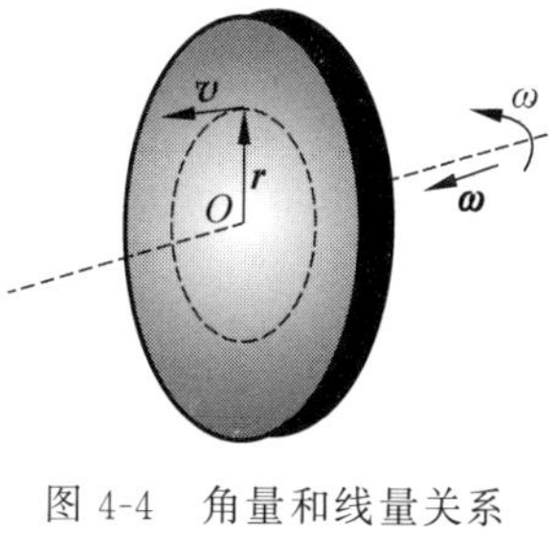

图 4-4　角量和线量关系

由图 4-4 可知角量和某点线量的关系：

$$v=\omega r \tag{4-5}$$

$$a_{\mathrm{t}}=\beta r \tag{4-6a}$$

$$a_{\mathrm{n}}=\frac{v^2}{r}=\omega^2 r \tag{4-6b}$$

其中，r 为该点到转轴的垂直距离。

例 4-1　一条绳索绕过定滑轮拉动升降机，绳索与滑轮之间无相对滑动，滑轮半径

$r=0.5\mathrm{m}$,如果升降机从静止开始以 $a=0.4\mathrm{m/s^2}$ 的加速度上升,求:(1)滑轮的角加速度;(2)$t=5\mathrm{s}$ 时滑轮的角速度及升降机的速度。

解 如图 4-5 所示,滑轮作定轴转动,升降机作平动,二者之间由绳索相连接,绳索与滑轮之间无相对滑动,绳索的长度也不会变化,所以绳索上每一点的速度和加速度都等于升降机的速度和加速度。

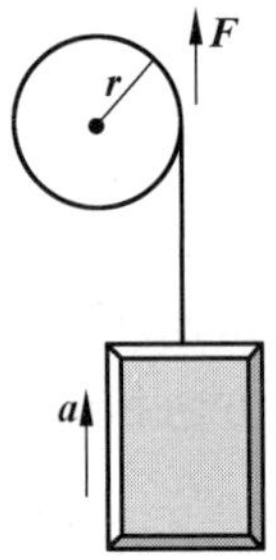

图 4-5 例 4-1 用图

(1) 已知滑轮边缘上一点的切向加速度 $a_t=a=0.4\mathrm{m/s^2}$,所以

$$\beta=\frac{a_t}{r}=\frac{0.4\mathrm{m/s^2}}{0.5\mathrm{m}}=0.8\mathrm{rad/s^2}$$

(2) 滑轮作匀加速转动,升降机作匀加速直线运动,则 $t=5\mathrm{s}$ 时,

$$\omega=0+\beta t=0.8\mathrm{rad/s^2}\times 5\mathrm{s}=4\mathrm{rad/s}$$

$$v=\omega r=4\mathrm{rad/s}\times 0.5\mathrm{m}=2\mathrm{m/s}$$

*4.1.3 角速度矢量

刚体绕定轴转动过程中,转轴的位置是固定的,只有同一轴线上的两个转动方向,用正负就能描述转动的正反方向;而对于非定轴转动,转轴可以在空间取各种方向,这时候正负就不能表明转动方向了,需要引入角速度矢量 $\boldsymbol{\omega}$ 。它与 $\boldsymbol{v}$,$\boldsymbol{r}$ 关系为

$$\boldsymbol{v}=\boldsymbol{\omega}\times\boldsymbol{r}$$

其中,$\boldsymbol{r}$ 为质量元对转轴的位置矢量,$\boldsymbol{v}$ 和 $\boldsymbol{\omega}$,$\boldsymbol{r}$ 之间满足右手螺旋关系。在定轴转动过程中,角速度方向沿着转轴的方向,在图 4-4 中,角速度的方向为沿转轴指向左。我们一般规定转轴一个方向为正,另一个则为负,这样角速度可以直接用标量表示。不仅仅角速度是矢量,角位移、角位置、角加速度,以及后面几节出现的角动量、力矩等都是矢量,只是定轴转动过程中方向都在同一直线上,用正负就能描述,所以在本章,这些量都用标量描述。

*4.1.4 刚体的质心

对于质点系,假设有 n 个质点,其中,第 i 个质点的质量为 m_i,位置矢量为 $\boldsymbol{r}_i$,则有

$$\boldsymbol{r}_C=\frac{\sum\limits_{i=1}^{n}m_i\boldsymbol{r}_i}{\sum\limits_{i=1}^{n}m_i}$$

$\boldsymbol{r}_C$ 是质点系质量分布的平均位置,称为**质点系的质量中心**,简称为**质心**。在直角坐标系中,质心坐标为

$$x_C=\frac{\sum\limits_{i=1}^{n}m_ix_i}{\sum\limits_{i=1}^{n}m_i},\quad y_C=\frac{\sum\limits_{i=1}^{n}m_iy_i}{\sum\limits_{i=1}^{n}m_i},\quad z_C=\frac{\sum\limits_{i=1}^{n}m_iz_i}{\sum\limits_{i=1}^{n}m_i}$$

刚体作为不变质点系,质心坐标的计算式也适用于刚体模型。如果刚体的质量是连续分布的,则求和换为积分,得

$$x_C=\frac{\int x\,\mathrm{d}m}{M},\quad y_C=\frac{\int y\,\mathrm{d}m}{M},\quad z_C=\frac{\int z\,\mathrm{d}m}{M}$$

其中，M 为刚体的总质量。上式即为质量连续分布的刚体的质心公式。如果引入体密度 ρ，即 $\mathrm{d}m=\rho\mathrm{d}V$，$M=\rho V$，则刚体的质心位置也可以表示为

$$x_C=\frac{\int x\,\mathrm{d}V}{V},\quad y_C=\frac{\int y\,\mathrm{d}V}{V},\quad z_C=\frac{\int z\,\mathrm{d}V}{V}$$

*4.1.5　刚体的平面运动

当刚体上每个点都在某一平面内运动，并且所有点的运动平面都平行，称为刚体的平面运动。平面运动可视为平动和转动的合成。

我们以圆柱体沿直线滚动这个典型的刚体平面运动模型为例，分析刚体的平面运动。如图 4-6 所示，在圆柱体沿直线滚动模型中，刚体上任意一点的速度都包含两个分量，一个沿着直线方向的平动速度分量，用中心轴的速度 $\boldsymbol{v}_C$ 表示；一个描述的是每个点绕转轴的转动速度，转动速度分量为 $\boldsymbol{v}_\mathrm{R}=\boldsymbol{\omega}\times\boldsymbol{r}$。刚体里任意一个点的速度都可以表示为平动速度和转动速度的合成，即 $\boldsymbol{v}=\boldsymbol{v}_C+\boldsymbol{\omega}\times\boldsymbol{r}$。如果一个圆柱体在滑动过程中边缘上各点在接触支持面的瞬间没有相对滑动(称为**无滑滚动**)，则圆柱体边缘各点在接触支持面的瞬间 $v=0$。设圆柱体的半径为 R，则边缘各点处有 $v_\mathrm{R}=\omega R$，此式即为圆柱体作**无滑滚动的条件**。

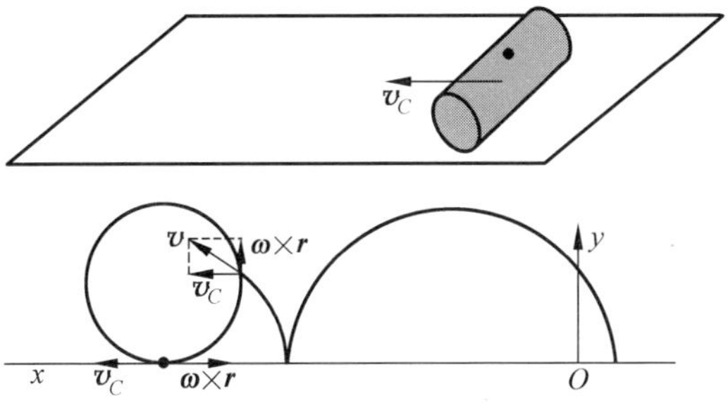

图 4-6　圆柱体无滑滚动

4.2　刚体动力学　转动定律

4.1 节研究了如何描述刚体的定轴转动，本节探讨引起刚体转动的原因。质点的运动状态取决于受到的力，而刚体具有形状，所以它的运动状态不仅和力的大小、方向有关，还和力的作用点有关，同样一个力作用在不同位置产生的效果并不相同。

4.2.1　力矩

力矩可以同时反映力的大小、方向、作用点三要素。怎样计算刚体受到的力矩呢？设有一个力 $\boldsymbol{F}$ 作用在刚体上(图 4-7(a))，如果将 $\boldsymbol{F}$ 分解为两个分量 $\boldsymbol{F}_1$ 和 $\boldsymbol{F}_2$，$\boldsymbol{F}_1$ 沿着转轴方

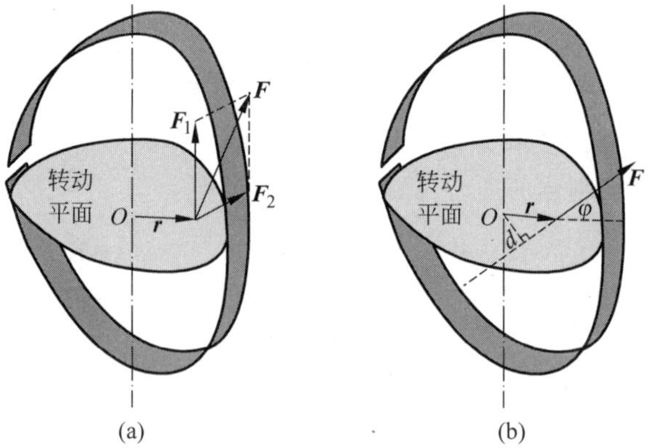

图 4-7　力与力矩

(a) 力矩(1)；(b) 力矩(2)

向，$\boldsymbol{F}_2$ 在与转轴垂直的截面(称为转动平面)内，那么显然力 $\boldsymbol{F}_1$ 不能使刚体转动，力矩为零，$\boldsymbol{F}$ 的力矩就等于 $\boldsymbol{F}_2$ 的力矩。所以求一个力对转轴的力矩，相当于求它在转动平面内的分量的力矩。本书此后只研究力在转动平面内的情况。

如图 4-7(b)所示，力 $\boldsymbol{F}$ 在转动平面内，力的作用点到转轴的距离为 r，它对转轴的力矩大小为 $M=rF\sin\varphi$(单位为 N·m)。力矩公式也可以写为 $M=F(r\sin\varphi)=Fd$，其中，d 为力臂，是转轴到力的作用线的垂直距离。

力矩有正负之分，一般规定**作用效果使刚体逆时针转动的力矩为正，使刚体顺时针转动的力矩为负**。如果同时有多个力作用在刚体上，则合力矩等于每一个力的力矩的代数和。如图 4-8 所示，$\boldsymbol{F}_1$ 的力矩为负，$\boldsymbol{F}_2$ 的力矩为正，则合力矩为

$$M=M_1+M_2=-r_1F_1\sin\varphi_1+r_2F_2\sin\varphi_2$$

一对作用力和反作用力大小相等，方向相反，在一条直线上，所以它们对任意转轴的合力矩一定等于零。

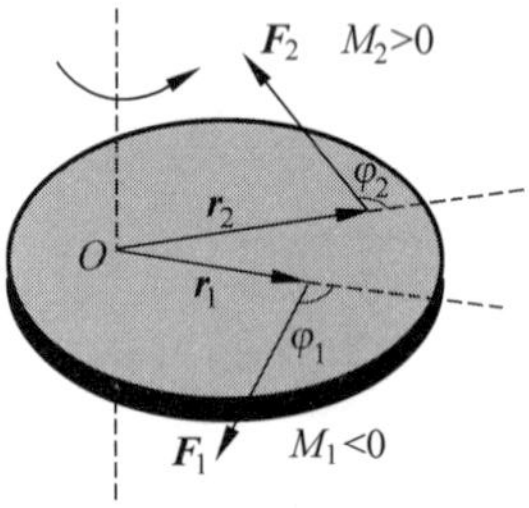

图 4-8　力矩的正负

4.2.2　刚体转动定律　转动惯量

刚体转动时，其中所有质点都绕转轴作圆周运动。现在对其中第 i 个质点列出牛顿第二定律切向分量式：$F_{it}=\Delta m_i a_{it}=\Delta m_i r_i\beta$($r_i$ 是该质点到转轴的距离)。再把此式等号两边同乘以 r_i，得到质点所受力矩大小为 $M_i=r_iF_{it}=\Delta m_i r_i^2\beta=J_i\beta$(其中，$J_i=\Delta m_i r_i^2$ 是一个新的物理量，称为**质点的转动惯量**)，这个式子表示**一个质点受到的合力矩等于它的转动惯量乘以角加速度**。

刚体可看作质点系，则质点受到的力分为内力和外力，力矩也可分为内力矩 M_i' 和外力矩 M_i''，即 $M_i=M_i'+M_i''$。对刚体中每一个质点都有关系式 $M_i'+M_i''=J_i\beta$，然后把所有的式子求和，得

$$\sum_{i=1}^{n}M_i'+\sum_{i=1}^{n}M_i''=\sum_{i=1}^{n}J_i\beta=\left(\sum_{i=1}^{n}J_i\right)\beta。$$

式中，$\sum\limits_{i=1}^{n}M_i'$ 为所有质点受到的内力矩之和，因为内力都是成对的作用力和反作用力，一对

内力的合力矩为零，所以这一项等于零；$\sum_{i=1}^{n} M''_i$ 为所有质点受到的外力矩之和，即刚体受到的合外力矩；$\sum_{i=1}^{n} J_i = \sum_{i=1}^{n} \Delta m_i r_i^2$ 是每一个质点的转动惯量之和，称为**刚体的转动惯量**，用 J 表示。则等式可改写为

$$M = J\beta \tag{4-7}$$

式(4-7)称为**刚体的转动定律**，即**定轴转动的刚体受到的合外力矩等于它的转动惯量乘以角加速度**。

转动定律是刚体的动力学方程，在刚体动力学中的重要地位相当于质点动力学中的牛顿第二定律。转动定律说明：刚体受到的合力矩和它的角加速度成正比，而牛顿第二定律 $\boldsymbol{F}=m\boldsymbol{a}$ 说明：质点受到的合力和加速度成正比。对于质点，质量 m 越大，施加同样一个力产生的加速度越小，质点的速度变化得越慢。质量反映了质点保持原来运动状态的能力(惯性)，是物体平动惯性大小的量度；同样，对于刚体，转动惯量 J 越大，刚体的角速度变化得越慢。转动惯量反映了刚体保持原来转动状态的能力(转动惯性)，是物体转动惯性大小的量度。

转动定律结合刚体运动学，也可以写为如下形式：

$$M = J\beta = J\frac{\mathrm{d}\omega}{\mathrm{d}t} = J\frac{\mathrm{d}^2\theta}{\mathrm{d}t^2} \tag{4-8}$$

当合力矩为零时，角加速度也为零，角速度为常量，类比于牛顿第一定律，所以匀速转动的公式(4-4)和匀速直线运动的公式类似。当合力矩为常量时，角加速度也为常量，类比于匀加速直线运动，所以匀加速转动的公式(4-3)和匀加速直线运动的公式类似。

对非连续体的质点系，刚体的转动惯量等于组成它的所有质点的转动惯量之和，写为

$$J = \sum_{i=1}^{n} \Delta m_i r_i^2 \tag{4-9}$$

其中，Δm_i 是第 i 个质点的质量，r_i 是该质点到转轴的距离。

由于刚体的质量连续分布，因此在计算转动惯量时实际采用的是微积分法：将刚体分为无数个质量元 $\mathrm{d}m$，对应的质量元的转动惯量为 $\mathrm{d}J = r^2\mathrm{d}m$，则刚体的转动惯量可以写为

$$J = \int \mathrm{d}J = \int_V r^2\mathrm{d}m \tag{4-10}$$

在质量连续分布的刚体中选择体积元 $\mathrm{d}V$，每一个体积元的质量为 $\mathrm{d}m=\rho\mathrm{d}V$($\rho$ 为体密度)，对应的转动惯量为 $\mathrm{d}J = r^2\mathrm{d}m = r^2\rho\mathrm{d}V$，则刚体的转动惯量可以用体密度表示为

$$J = \int_V r^2\rho\mathrm{d}V$$

可见，转动惯量不仅与刚体的总质量有关，还与质量相对转轴的分布有关。同一个刚体，相对于不同的转轴也有不同的转动惯量。

如果刚体呈线形或是一个曲面，我们可以分别引入线元 $\mathrm{d}l$ 或面元 $\mathrm{d}S$、线密度 λ 或面密度 σ，则质量元表示为 $\mathrm{d}m=\lambda\mathrm{d}l$ 或 $\mathrm{d}m=\sigma\mathrm{d}S$，当质量均匀分布时，线密度等于总质量除以总长度，面密度等于总质量除以总面积。

例 4-2　如图 4-9 所示，一质量为 m，长为 l 的匀质杆，求：(1)它对过质心且与杆垂直的 C 轴的转动惯量；(2)它对过一端且平行于 C 轴的 A 轴的转动惯量。

解　转动惯量 $J=\int_V r^2\mathrm{d}m$，其中，$\mathrm{d}m=\lambda\mathrm{d}x$。

(1) 如图 4-9 所示取坐标，$\lambda=\frac{m}{l}$，得

$$J_C=\int_{-l/2}^{l/2}x^2\ \frac{m}{l}\mathrm{d}x=\frac{1}{12}ml^2$$

(2) 如图 4-10 所示取坐标，得

$$J_A=\int_0^l x^2\ \frac{m}{l}\mathrm{d}x=\frac{1}{3}ml^2$$

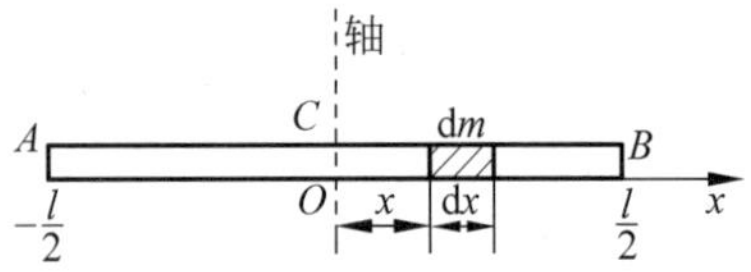

图 4-9　例 4-2 用图 1

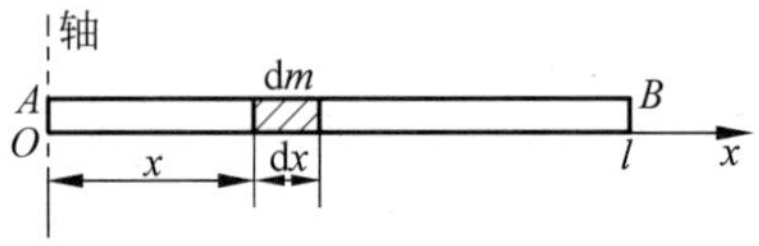

图 4-10　例 4-2 用图 2

由此例可看出，对同一根杆，转轴位置不同，其转动惯量也不相同。当转轴通过质心时，杆的质量分布都靠近转轴，转动惯量较小。当转轴在一端时，杆的质量分布远离转轴，转动惯量变大。表 4-1 列出了常见形状刚体的转动惯量公式，在解题时可以直接使用。

表 4-1　一些均匀刚体的转动惯量

长为 l 的细棒，转轴通过棒中心且与棒垂直 	长为 l 的细棒，转轴通过棒的一端且与棒垂直 	半径为 R 的圆柱体，转轴沿几何轴线 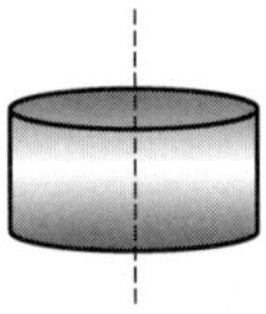	半径为 R 的球壳，转轴沿球直径 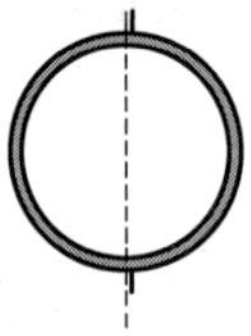	半径为 R 的薄圆环，转轴沿圆环中心轴 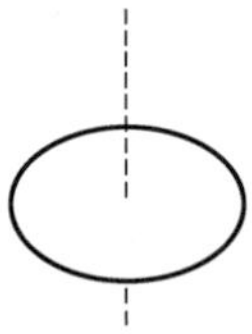	半径为 R 的球体，转轴沿球直径 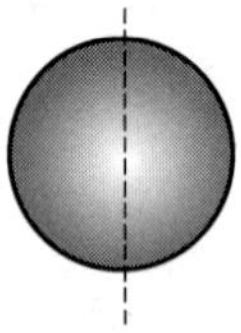
$J=\frac{1}{12}ml^2$	$J=\frac{1}{3}ml^2$	$J=\frac{1}{2}mR^2$	$J=\frac{2}{3}mR^2$	$J=mR^2$	$J=\frac{2}{5}mR^2$

最后我们对影响转动惯量的因素做出以下总结：

(1) 形状大小相同的匀质刚体，**总质量**越大，转动惯量越大。

(2) 总质量相同的刚体，**质量分布**越靠近转轴，转动惯量越小，质量分布越远离转轴，转动惯量越大。

(3) 同一个刚体，**转轴位置**不同，对应的转动惯量也不同。

*转动惯量计算中的平行轴定理

由表 4-1 可以看出，对不同的转轴刚体的转动惯量不相同。我们可以证明，刚体对一个通过质心的转轴的转动惯量 J_C 和对一个与它平行的任意转轴的转动惯量 J 满足关系式：$J=J_C+md^2$，其中 d 为两个转轴之间的垂直距离。这一关系式称为平行轴定理。例 4-2 也可用平行轴定理求解：

$$J_A = J_C + m\left(\frac{l}{2}\right)^2 = \frac{1}{12}ml^2 + \frac{m}{4}l^2 = \frac{1}{3}ml^2$$

应用平行轴定理,可由对一个转轴的转动惯量来求对所有与该转轴平行的轴的转动惯量。

4.2.3　转动定律的应用

转动定律的应用分为两类情况:第一类是研究对象只有刚体,第二类是研究对象为刚体和质点组成的动力学系统。

第一类情况解题比较简单,一般都是通过力矩来求角加速度,特别需要注意以下几方面:一是力矩、角速度、角加速度都有正负,一般规定逆时针转动为正,顺时针为负。二是力矩大小为 $M=rF\sin\varphi$,需要注意转轴位置、力的作用点和夹角 φ。

第二类情况解题略微复杂些,一般采用下列步骤:

(1) 确定系统中哪些物体作平动,并把它们看作质点;哪些物体作定轴转动,并把它们视为刚体。

(2) 对每个质点列出牛顿第二定律方程,对每个刚体列出转动定律方程 $M=J\beta$,有几个研究对象列几个方程。

(3) 列出质点的线量与刚体角量之间的辅助关系。

(4) 解方程。

例 4-3　如图 4-11 所示,一质量为 m,长为 L 的均匀细杆可绕通过一端的水平轴旋转,不计转轴摩擦,求细杆从水平位置由静止开始自由下摆,转过 θ 角时的角加速度。

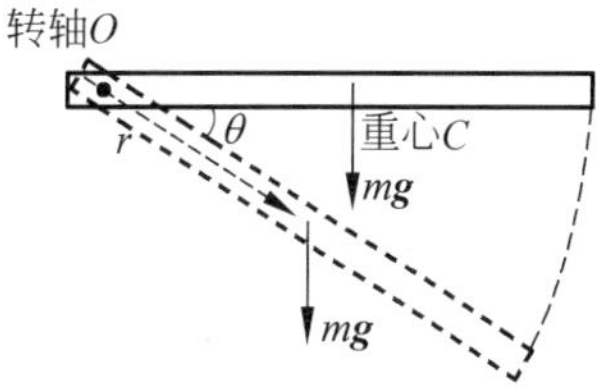

图 4-11　例 4-3 用图

解　细杆受到的重力作用点在重心,即杆的中点,由力矩定义式可知 $M=rF\sin\varphi$,其中,$\varphi=\frac{\pi}{2}-\theta$,因此可以得到

$$M = mg\,\frac{L}{2}\cos\theta$$

由转动定律 $M=J\beta$ 有

$$mg\,\frac{L}{2}\cos\theta = J\beta = \frac{1}{3}mL^2\beta$$

解得

$$\beta = \frac{3g\cos\theta}{2L}$$

此例还可以进一步求得细杆在水平和竖直位置时的角加速度。

例 4-4　在定滑轮下端悬挂一质量为 m 的物体,滑轮可看作均匀圆盘,其质量为 M,半径 R,不计转轴的摩擦,绳与滑轮之间无相对滑动,如物体由静止开始下落,求下落过程中物体的速度及滑轮的角速度随时间 t 的变化关系。

解　系统中研究对象有两个,定滑轮和悬挂的物体。悬挂的物体在竖直方向作平动,视为质点,定滑轮绕转轴作圆周运动,视为刚体。

对质点做受力分析,对刚体做力矩分析,如图 4-12(滑轮受到的重力和转轴支持力力矩为零,图上未画出)所示。

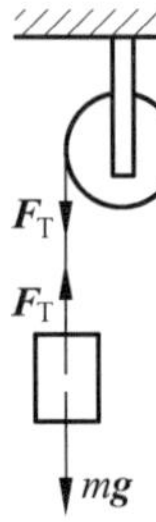

图 4-12　例 4-4 用图

对物体，取竖直向下为正方向，列出牛顿第二定律方程：

$$mg - F_T = ma$$

对滑轮，取逆时针转动为正方向，列出转动定律方程：

$$F_T R = J\beta = \frac{1}{2}MR^2\beta$$

两个方程中共有三个未知量，所以要求解还需要知道加速度和角加速度之间的关系。绳与滑轮之间无相对滑动，则绳子与滑轮边缘切向具有相同的加速度，得到

$$a = a_t = \beta R$$

以上三式联立解得物体的加速度 $a=\dfrac{2mg}{2m+M}$，滑轮的角加速度 $\beta=\dfrac{2mg}{2mR+MR}$。

a 为常量，物体向下作匀加速直线运动，滑轮沿逆时针方向匀加速转动，且初始时刻系统静止，所以 t 时刻物体的速度 $v=v_0+at=at=\dfrac{2mgt}{2m+M}$，滑轮的角速度 $\omega=\beta t=\dfrac{2mgt}{2mR+MR}$。

4.3　力矩的功　刚体动能定理

转动定律给出的是力矩和刚体角速度之间的瞬时对应关系。我们知道，质点在外力作用下发生了位移，力就对质点做功。与之相似，刚体在外力矩作用下转动时，力矩也对刚体做功。

4.3.1　力矩的功

在刚体转动时，作用力可以作用在刚体中的不同质点上，各个质点的位移也不相同。只有将各个力对各个相应质点做的功加起来，才能求得力对刚体所做的功。由于在转动的研究中，使用角量比使用线量方便，且直接决定刚体转动状态的物理量是力矩，因此可以把外力对刚体做的功改用这个力的力矩表示。

如图 4-13 所示，刚体转过一个无穷小角度 $d\theta$ 时，力 $\boldsymbol{F}$ 的作用点有无穷小位移 $d\boldsymbol{r}$，则 $\boldsymbol{F}$ 做的元功为

$$dW = \boldsymbol{F}\cdot d\boldsymbol{r} = F\,dr\cos\alpha$$

因为 $dr = r\,d\theta$，$\varphi = 90° - \alpha$，$\cos\alpha = \sin\varphi$，所以 $dW = Fr\sin\varphi\, d\theta = M d\theta$。

作用在定轴转动刚体上的力的元功，可以用这个力对转轴的力矩乘以刚体转过的角位移表示。如果同时有多个力作用在刚体上，那么 M 指这些力的合力矩。

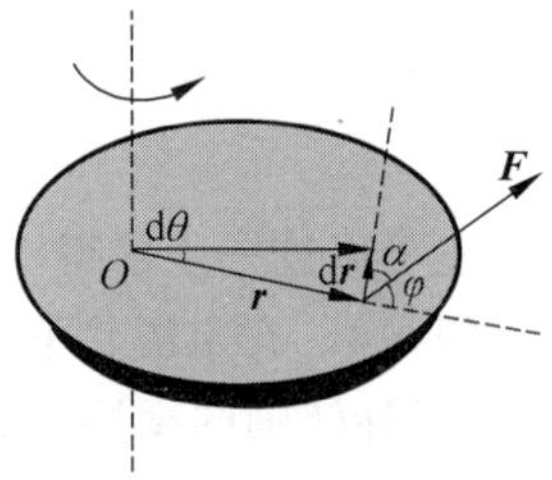

图 4-13　力矩的元功

当刚体的角坐标从 θ_1 转到 θ_2 时，此过程中合力矩做的功等于力矩在其中每一个无穷小角位移 $d\theta$ 上所做元功之和：

$$W = \int dW = \int_{\theta_1}^{\theta_2} M d\theta \tag{4-11}$$

4.3.2　转动刚体的动能

刚体的动能为组成它的每一个质点的动能之和。设第 i 个质点 Δm_i 到转轴的距离为 r_i，则该质点的动能为

$$E_{ki}=\frac{1}{2}\Delta m_i v_i^2=\frac{1}{2}\Delta m_i r_i^2\omega^2$$

其中 ω 是角速度。刚体的动能 $E_k=\sum_{i=1}^{n}E_{ki}=\frac{1}{2}\left(\sum_{i=1}^{n}\Delta m_i r_i^2\right)\omega^2$，即

$$E_k=\frac{1}{2}J\omega^2 \tag{4-12}$$

这就是**转动刚体动能的计算公式**。

4.3.3　动能定理　刚体的势能　机械能守恒定律

刚体可看作质点系，则质点系动能定理对定轴转动的刚体同样适用。不过，因为刚体的形状和大小不会变化，在其中任意取两质点，这两点间的距离是保持不变的，而两质点间的内力方向始终沿着两点的连线，所以质点在内力的方向上无位移，内力对质点不做功。

由此得出，将质点系动能定理应用于刚体时，内力做的总功为零，只需考虑外力做的功，即 $W_{外力}=\Delta E_k$，其中，外力做的功可按式(4-11)用力矩表示，而 $\Delta E_k=\Delta\left(\frac{1}{2}J\omega^2\right)$，则定轴转动的**刚体动能定理**的具体形式为

$$W=\int_{\theta_1}^{\theta_2}M\mathrm{d}\theta=\Delta E_k$$

例 4-5　一质量为 m，长为 L 的均匀细杆可绕通过一端的水平轴旋转，不计转轴摩擦，求细杆从水平位置由静止开始自由下摆，转过 θ 角时的角速度。

解　如图 4-14 所示，细杆受到的重力作用点在重心，即杆的中点，其力矩为

$$M=mg\ \frac{L}{2}\cos\theta$$

力矩做的功为

$$W=\int_{\theta_1}^{\theta_2}M\mathrm{d}\theta=\int_0^{\theta}mg\ \frac{L}{2}\cos\theta\mathrm{d}\theta=\frac{1}{2}mgL\sin\theta$$

转轴对杆的支持力不做功。应用动能定理，设转过 θ 角时的角速度为 ω，则

$$W=\frac{1}{2}mgL\sin\theta=\frac{1}{2}\left(\frac{1}{3}mL^2\right)\omega^2-0$$

可以解得

$$\omega=\sqrt{\frac{3g\sin\theta}{L}}$$

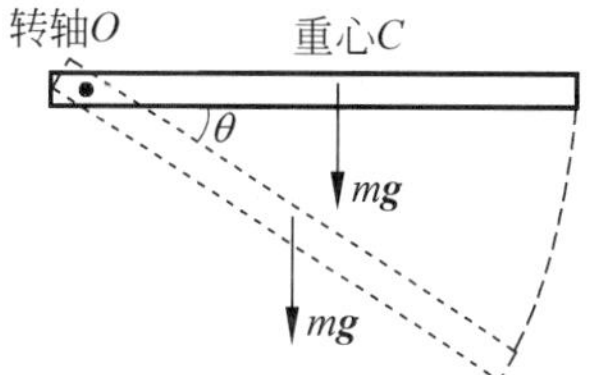

图 4-14　例 4-5 用图

如果刚体受到保守力的作用,也可引入势能的概念。**刚体在定轴转动中涉及的势能主要是重力势能**。这里把刚体-地球系统的重力势能简称为刚体的重力势能。对于一个质量为 m 的刚体,设刚体中任意质量元的质量为 m_i,距离势能零点的高度为 h_i,它的重力势能是组成刚体的各个质量元的重力势能之和,即

$$E_p = \sum_{i=1}^{n} m_i g h_i = g \sum_{i=1}^{n} m_i h_i$$

根据质心的定义,此刚体的质心的高度应为

$$h_C = \frac{\sum_{i=1}^{n} m_i h_i}{m}$$

对于地面上的小体积物体,其质心位置和重心位置重合,代入刚体的重力势能公式可得

$$E_p = mgh_C \quad (h_C \text{ 为重心距离势能零点的高度}) \tag{4-13}$$

无论刚体怎么摆放,它的势能都只与刚体的重心高度有关。式(4-13)说明刚体的势能可以视为一个质量全部集中在重心处的质点的势能,这也体现了重心概念的重要性。

对质点有机械能守恒定律,下面我们讨论刚体的机械能。刚体可以看成质点系,因此,对于一般质点系的功能原理、机械能守恒定律同样适用于定轴转动的刚体。**对于包含刚体的系统,如果只有保守内力做功,没有摩擦等损耗,则系统的机械能保持不变**。和学习质点动力学时一样,在刚体问题中应用机械能守恒定律经常可以简化解题的过程。

例 4-6 应用机械能守恒定律求解例 4-5。

解 不计转轴摩擦,所以细杆下摆过程机械能守恒。细杆转过 θ 角,其重心下降的高度为 $\frac{L}{2}\sin\theta$。细杆的重力势能减少了 $mg\frac{L}{2}\sin\theta$,减少的重力势能全部转化为转动动能,则有

$$mg\frac{L}{2}\sin\theta = \Delta E_k = \frac{1}{2}\left(\frac{1}{3}mL^2\right)\omega^2 - 0$$

解得

$$\omega = \sqrt{\frac{3g\sin\theta}{L}}$$

例 4-7 如图 4-15 所示,在定滑轮下端悬挂一质量为 m 的物体,滑轮可看作均匀圆盘,质量为 M,半径为 R,不计转轴的摩擦,绳与滑轮之间无相对滑动,如物体由静止开始下落,求下落 h 高度时物体的速度及滑轮的角速度。

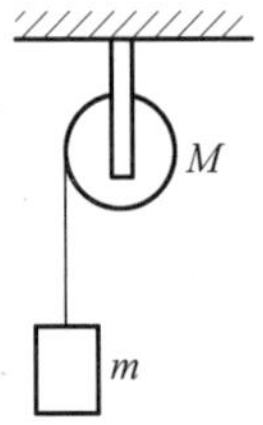

图 4-15 例 4-7 用图

解 下落过程中,滑轮视为刚体,物体视为质点。只有重力做功,滑轮和物体组成的系统的机械能守恒。滑轮的重力势能不变,物体的重力势能减少 mgh,物体减少的重力势能转化为滑轮和物体的动能:

$$mgh = \frac{1}{2}mv^2 + \frac{1}{2}\left(\frac{1}{2}MR^2\right)\omega^2$$

再列出辅助关系 $v=\omega R$,两式联立解得速度和角速度分别为

$$v = 2\sqrt{\frac{mgh}{M+2m}}, \quad \omega = \frac{2}{R}\sqrt{\frac{mgh}{M+2m}}$$

求解质点和刚体组成的系统时,大家需要注意,刚体的动能、势能与质点的动能、势能的

计算公式不同。

4.4 角动量定理　角动量守恒定律

本节讨论力矩对时间的累积效果。在质点动力学中，根据动量定理，作用在物体上的力对时间的积分$\int_{t_1}^{t_2}\boldsymbol{F}\mathrm{d}t$（冲量）等于这一段时间内物体动量的增量$\Delta\boldsymbol{p}$。与此类比，力矩对时间的积分$\int_{t_1}^{t_2}M\mathrm{d}t$ 称为**冲量矩**，它是否也等于某个物理量的变化量呢？

4.4.1 角动量

质点的角动量的概念我们已经在第3章中介绍了，那么定轴转动的刚体的角动量应该怎样分析呢？

考虑一个刚体以角速度ω绕定轴Oz转动，由于刚体绕定轴转动时，刚体上每一个质点都以相同的角速度绕Oz轴作圆周运动。根据质点角动量的定义，其中，质点m_i对轴Oz的角动量为$m_iv_ir_i=m_ir_i^2\omega$，于是刚体上所有质点对轴Oz的角动量之和，即刚体对定轴Oz的角动量为

$$L=\sum_{i=1}^{n}m_ir_i^2\omega=\left(\sum_{i=1}^{n}m_ir_i^2\right)\omega$$

其中，$\sum_{i=1}^{n}m_ir_i^2$为刚体绕轴Oz的转动惯量J。于是可以得出刚体对定轴Oz的角动量为

$$L=J\omega \tag{4-14}$$

这是**刚体的角动量计算公式**，区别于第3章质点角动量公式$\boldsymbol{L}=\boldsymbol{r}\times\boldsymbol{p}$，刚体角动量定义为转动惯量和角速度的乘积，刚体的转动惯量越大，转速越快，它的角动量就越大。可以说角动量反映了刚体“转动量”的大小。

引入刚体的角动量之后，描述刚体的定轴转动时，转动定律可写为如下形式：

$$M=\frac{\mathrm{d}L}{\mathrm{d}t}=\frac{\mathrm{d}(J\omega)}{\mathrm{d}t}=J\frac{\mathrm{d}\omega}{\mathrm{d}t}=J\beta \tag{4-15}$$

式(4-15)有两种积分形式，对应刚体转动的两大定理：角动量定理和动能定理。

4.4.2 角动量定理

将刚体转动定律$M=J\dfrac{\mathrm{d}\omega}{\mathrm{d}t}$变为$M\mathrm{d}t=J\mathrm{d}\omega$，再对其等号两边积分得$\int_{t_1}^{t_2}M\mathrm{d}t=\int_{\omega_1}^{\omega_2}J\mathrm{d}\omega$。这个关系式的等号左边为冲量矩，右边的积分结果为$J\omega_2-J\omega_1$，也就是$J\omega$的增量，所以力矩对时间的积分就等于角动量在这段时间内的增量$\Delta L=L_2-L_1$。

可以写成如下形式：

$$\int_{t_1}^{t_2}M\mathrm{d}t=\Delta L \tag{4-16}$$

这个式子称为**刚体定轴转动的角动量定理**。它说明作用在刚体上的合力矩对时间的累积效果(冲量矩)等于这段时间内角动量的增量,在形式上与质点的动量定理很相似。

4.4.3 角动量守恒定律

当刚体受到的合外力矩等于零,即 $M=0$ 时,根据角动量定理可得,$\Delta L=0$,刚体的角动量不随时间变化,是一个恒量,这个结论叫做角动量守恒定律。

角动量守恒定律的公式为

$$\sum M_{外}=0,\quad 则\ \Delta L=0(或\ L=常量)$$

虽然角动量守恒定律是我们研究刚体定轴转动时推导出来的,但是它不仅仅适用于定轴转动的情况。对于任意非定轴转动,角动量守恒定律依然是成立的。多个物体组成的系统也满足角动量守恒定律,当系统受到的合外力矩等于零时,系统的角动量(系统内所有物体的角动量之和)守恒。

刚体的转动惯量是可以变化的。当一个刚体受到的合力矩等于零时,如果它在运动过程中转动惯量改变了,则根据角动量守恒定律,角速度就会随之变化。这个结论在生活中有很多有意思的实例。例如:花样滑冰运动员在冰上旋转,受到的合力矩近似为零,角动量守恒。运动员在旋转过程中如果将两臂从平伸变为放下紧贴身体,转动惯量减小了,则转动的角速度就会明显加快。

一个系统的角动量守恒,并不意味着系统内所有物体的角动量都守恒,各个物体的角动量依然可以变化,而且当一个物体的角动量发生变化时,其他物体的角动量也要跟着相应变化,以保持总角动量不变。

例 4-8 如图 4-16 所示,有一个人坐在可自由转动的转盘上,转轴的摩擦忽略不计,起初人的两臂伸直,人和转盘组成的系统相对中心轴的转动惯量为 J_0,初始角速度为 ω_0,然后人的双臂收缩,系统的转动惯量减小为 J_1,求此时的角速度。

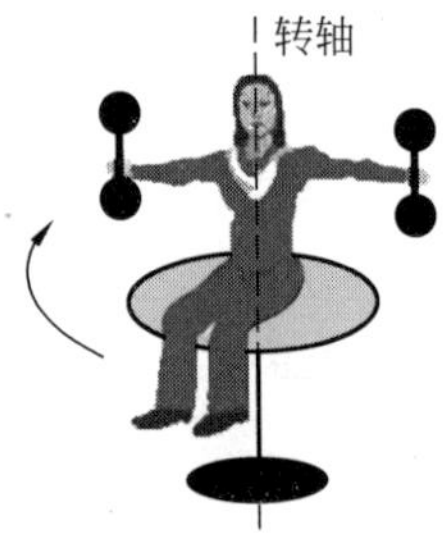

图 4-16　例 4-8 用图

解 人两臂伸缩前后,系统的角动量相等。设人的双臂收缩时的角速度为 ω,则有

$$J_0\omega_0=J_1\omega$$

解得

$$\omega=\frac{J_0\omega_0}{J_1}$$

一个刚体在角动量守恒的情况下,转动惯量增加,角速度减小;反之,转动惯量减小,角速度增大。

例 4-9 如图 4-17 所示,转动惯量分别为 J_1 和 J_2,转轴在同一中心线上的两飞轮靠近对接,因为两飞轮之间有摩擦,所以它们最后以相同的角速度一起转动;若对接前两飞轮的角速度大小分别为 ω_1,ω_2,方向相反,轮与转轴之间的摩擦忽略不计,求对接后两飞轮共同的角速度 ω。

解 两飞轮组成的系统所受合外力矩为零,角动量守恒,对接前后系统的角动量相等。

对接前系统的角动量为

$$L=L_1+L_2=-J_1\omega_1+J_2\omega_2\quad(取从左向右看逆时针为正方向)$$

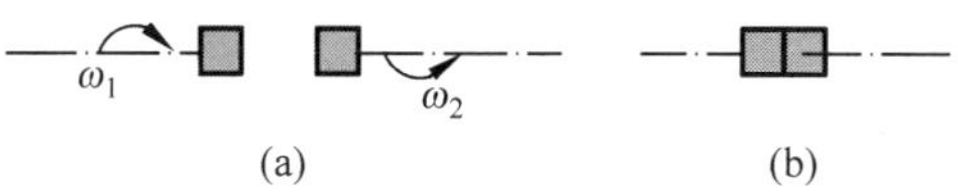

图 4-17　例 4-9 用图

对接后两飞轮合为一个整体，且转轴不变，所以转动惯量变为 J_1+J_2。设此时的角速度为 ω，则系统的角动量为 $(J_1+J_2)\omega$，即

$$-J_1\omega_1+J_2\omega_2=(J_1+J_2)\omega$$

解得共同角速度为

$$\omega=\frac{J_2\omega_2-J_1\omega_1}{J_1+J_2}$$

多个刚体组成的系统和质点与刚体组成的系统有一类特殊过程——**碰撞**，刚体和刚体发生碰撞或者质点与刚体发生碰撞。第 3 章研究过质点的碰撞问题，质点与质点发生碰撞由于内力远远大于外力，外力可以忽略不计，所以系统动量守恒。**质点与刚体发生碰撞或者刚体与刚体发生碰撞**，同样，由于内力矩远远大于外力矩，外力矩可以近似忽略不计，所以系统**角动量守恒**。同样地，这里的碰撞也可以分为**完全弹性碰撞、一般弹性碰撞和完全非弹性碰撞**。包含刚体的系统如果发生完全弹性碰撞，碰撞前后没有能量损失，不仅角动量守恒，机械能也守恒；如果发生完全非弹性碰撞，角动量守恒的同时，碰撞后两个物体共同运动，具有相同的角速度。

下面我们列出一个质点和刚体发生碰撞的典型例子。

例 4-10　如图 4-18(a)所示，一质量为 M，长为 L 的均匀细杆可绕通过一端的水平轴自由转动，杆与转轴之间的摩擦忽略不计，开始时杆自然下垂且静止。现有一质量为 m 的小球以水平速度 v 和细杆在 A 点发生完全非弹性碰撞，碰撞后球和杆黏在一起，A 点到转轴的距离为 $\frac{3L}{4}$，求碰撞后细杆的角速度和杆上摆的最大角度。

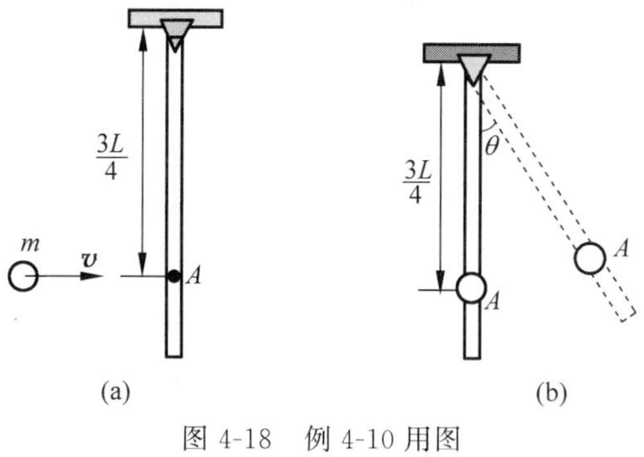

图 4-18　例 4-10 用图

解　整个过程可分为两个阶段：(1)小球和细杆碰撞的过程；(2)小球黏在细杆上和细杆一起上摆的过程。

碰撞时因为转轴对细杆有一冲击力作用，系统受到的合外力并不为零，动量不守恒，而且我们没有定义过转动刚体的动量，所以不能用动量守恒定律求解，而要代之以角动量守恒定律(冲击力通过转轴，力矩为零，系统受到的合外力矩为零，满足角动量守恒的条件)。取逆时针为正方向，碰撞前细杆静止，角动量为零，小球的角动量为 $mv\ \frac{3L}{4}$；设碰撞后角速度

为 ω，细杆的角动量为 $\frac{1}{3}ML^2\omega$，小球的角动量为 $m\left(\frac{3L}{4}\right)^2\omega$，碰撞前后系统角动量相等，则有

$$mv\frac{3L}{4}=\left[\frac{1}{3}ML^2+m\left(\frac{3L}{4}\right)^2\right]\omega$$

解得

$$\omega=\frac{36mv}{27mL+16ML}$$

之后，小球和细杆一起以此初角速度上摆，上摆过程系统机械能守恒，摆到最大角度时系统的动能全部转化为重力势能。设最大角度为 θ，细杆的重心高度上升了 $\frac{L}{2}(1-\cos\theta)$，其重力势能增加了 $Mg\frac{L}{2}(1-\cos\theta)$，小球的重力势能增加了 $mg\frac{3L}{4}(1-\cos\theta)$，所以有

$$\frac{1}{2}m\left(\frac{3L}{4}\omega\right)^2+\frac{1}{2}\left(\frac{1}{3}ML^2\right)\omega^2=Mg\frac{L}{2}(1-\cos\theta)+mg\frac{3L}{4}(1-\cos\theta)$$

解得 $\cos\theta=1-\frac{27m+16M}{72m+48M}\cdot\frac{\omega^2L}{g}$，再将 ω 代入此式，可得上摆的最大角度(略)。

需要注意的是，质点角动量 $L=rmv$，刚体的角动量 $L=J\omega$，两者的计算公式不相同。如果发生完全非弹性碰撞，碰后质点和刚体合为一体，质点和刚体的转动惯量也可以合并在一起，写为 $J'=mr^2+J$。如果不是完全非弹性碰撞，则转动惯量不能合并，不能用刚体动能代替系统动能。尤其是在机械能守恒部分，由于刚体的势能与重心处高度相关联，因此不能与质点合并计算，此时仅仅质点或刚体势能不能替换系统总势能。

角动量守恒在实际中的应用非常广泛，下面我们举两个例子。

奥运会跳水和体操项目都涉及空中翻转。人在空中不与任何物体接触时，如果不考虑空气阻力，可视为对自身旋转的转轴角动量守恒。跳水运动员起跳后，为了获得较大的角速度，会让身体蜷曲，让所有质量分布靠近转轴，以减小转动惯量。当接近水面时，会让身体呈一条直线伸展开，让质量分布远离转轴，以增加转动惯量，减小转速，如图 4-19 所示。

图 4-19 跳水过程

古代中国有个特殊的装置“被中香炉”，这个装置的结构与回转仪(也叫做陀螺)是相同的，其结构如图 4-20 所示。不管外面的环如何移动，里面的转子都不受到任何力矩作用(各轴承高度润滑，阻力忽略不计)，根据角动量守恒，它保持对称轴在空间的指向性不变。现在

回转仪已经应用在轮船、飞机、宇宙飞船和导弹上，不论在空间哪个位置，它都可以认准一个确定的方向，并且使它的转轴始终指向此方向而不变，从而起到导航的作用。

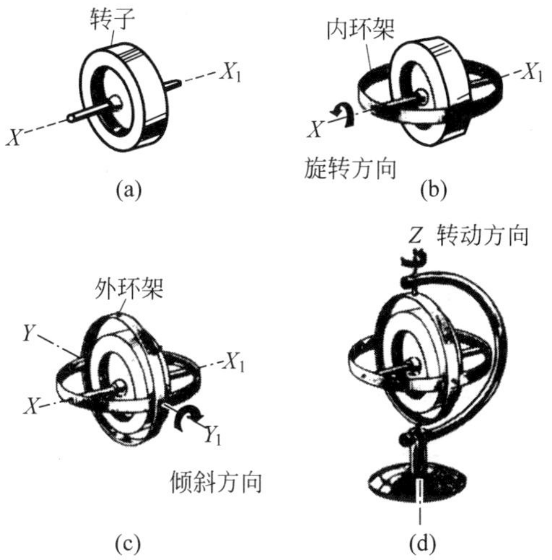

图 4-20　回转仪工作原理

思　考　题

4-1　在刚体作定轴转动时，可以把刚体的质量看成集中在质心吗？

4-2　试着自己搜集数据，计算地球绕太阳转动时的角动量。

4-3　对生鸡蛋和熟鸡蛋施加同样大小的力，使它们旋转，撤去力后哪个鸡蛋先停，为什么？

4-4　下雪天，地面被冰覆盖，怎样走最不容易摔跟头？

4-5　某脉冲星，半径为几千米，质量和太阳一样，假设它的自转周期为 50ms，估算该脉冲星的转动动能。

4-6　如要设计一款扳手，在材料的总质量不变的基础上，应该如何设计？

4-7　两个质量相同的小孩，分别抓着一条绕定滑轮的绳子两端，一个不动，一个用力向上爬。哪一个会先到达滑轮处？

4-8　刚体和质点组成的系统是否满足动量守恒定律？

4-9　为了避免门和墙壁发生碰撞，一般都会在门和墙壁上安装制动器，制动器一般安装在距离轴多远的位置？为什么？

习　题

4-1　有两个力作用在一个有固定转轴的刚体上，下列几种说法中，哪些是正确的？

(1) 这两个力都平行于转轴时，它们对轴的合力矩一定为零；

(2) 这两个力都垂直于转轴时，它们对轴的合力矩可能为零；

(3) 当这两个力的合力为零时，它们对转轴的合力矩也一定为零；

(4) 当这两个力对转轴的合力矩为零时,它们的合力也一定为零。

4-2　关于力矩的以下几种说法中,哪些是正确的?

(1) 对某个定轴转动的刚体而言,内力矩不会改变它的角加速度;

(2) 一对作用力和反作用力对同一转轴的力矩之和必为零;

(3) 质量相等,形状和大小不同的两个刚体,在相同力矩的作用下,它们的运动状态一定相同。

4-3　一半径为 0.5m 的飞轮在刚开始转动时的短时间内,其角速度与时间的平方成正比。在 $t=2.0$s 时测得轮边缘一点的速率为 4.0m/s。求:(1)该飞轮在 0.5s 时的角速度和角加速度;(2)轮边缘任意一点在 0.5s 时的切向加速度和法向加速度;(3)飞轮在 2.0s 时间内转过的角度。

4-4　如图所示,两质量均为 m,长度均为 l 的均匀细棒 A,B 放在光滑水平面上,可分别绕通过中点 O 和左端点 O' 的竖直轴转动,细棒与转轴之间的摩擦忽略不计,设它们在右端均受到一个方向与细棒垂直,大小为 F 的力作用,求它们各自的角加速度 β_A,β_B。

4-5　如图所示,一长为 l,质量为 m 的均匀细棒,可绕图中水平轴在竖直平面内旋转,不计细棒与转轴之间的摩擦,求细棒在水平位置、竖直位置和图中转过 θ 角位置的角加速度。

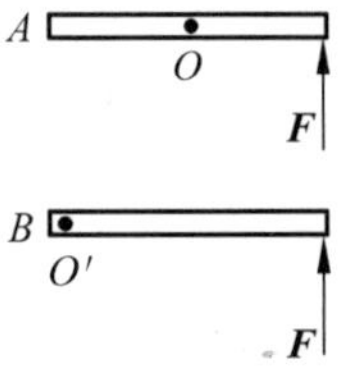

习题 4-4 图

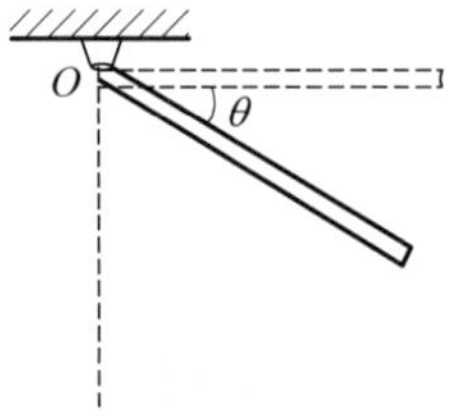

习题 4-5 图

4-6　用落体观察法测量飞轮的转动惯量,将半径为 R 的飞轮支承在中心点 O 上,然后在绕过飞轮的绳子一端挂一质量为 m 的物体,让物体从静止开始下落,带动飞轮转动。如经过时间 t,物体下落的距离为 s,求飞轮的转动惯量(假设转轴无摩擦)。

4-7　如图所示,两物体的质量分别为 m_1 与 m_2($m_1>m_2$),挂在绕定滑轮的绳子的两边,滑轮的转动惯量为 J,半径为 r,与转轴之间的摩擦忽略不计,绳子与滑轮间无相对滑动,求滑轮的角加速度和两物体的加速度。

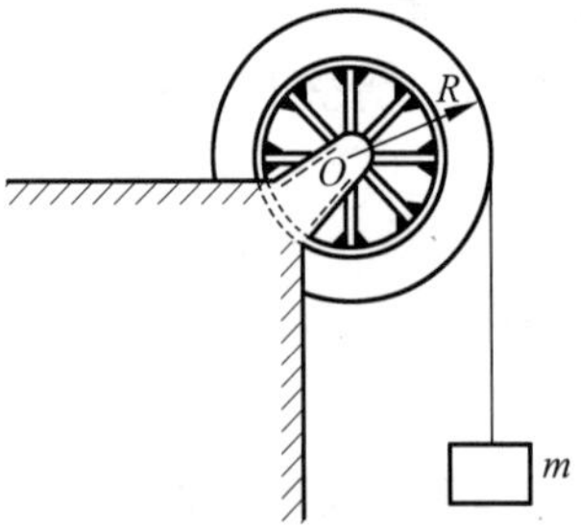

习题 4-6 图

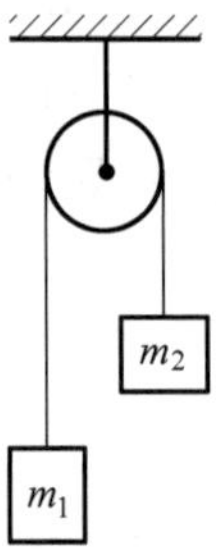

习题 4-7 图

4-8　电风扇接通电源后一般经过 5s 后达到额定转速 $n_0=300$r/min,而关闭电源后经过 16s 后风扇停止转动。已知电风扇叶片及其关联部件的转动惯量为 $0.5\mathrm{kg\cdot m^2}$，设启动时的电磁力矩 M 和转动时的摩擦力矩 M_f 均为常量。求电磁力矩的大小。

4-9　质量为 m 的人造卫星，在半径为 r 的圆轨道上运行，卫星对轨道圆心的角动量为 L，求它的动能。

4-10　恒星晚期在一定条件下，会发生超新星爆发，这时星体中有大量物质喷入星际空间，同时星体的内核却向里坍塌，成为体积很小的中子星。中子星是一种异常致密的星体，一汤勺量的中子星物质就有几亿吨的质量。设某恒星绕自转轴每 45 天转一圈，它的半径 R_0 约为 $2\times10^7\mathrm{m}$，如果此恒星爆发后坍塌成半径 R 仅为 $6\times10^3\mathrm{m}$ 的中子星，求中子星的角速度。(爆发前后的星体均看作匀质球体，质量损失忽略不计。)

4-11　某冲床上飞轮的转动惯量为 $4\times10^3\mathrm{kg\cdot m^2}$，当它的转速达到 30r/min 时，它的转动动能是多少？飞轮每冲一次，其转速降低 10r/min，求每冲一次对外做的功。

4-12　在自由旋转的水平圆盘边上，站着一质量为 m 的人(看作质点)。圆盘的半径为 r，转动惯量为 J，角速度 ω。如果人由盘边走到盘心，求此时的角速度，以及人和圆盘组成的系统的动能。

4-13　如图所示，弹簧的劲度系数 $k=2000\mathrm{N/m}$，滑轮的转动惯量为 $0.5\mathrm{kg\cdot m^2}$，半径 $r=30\mathrm{cm}$，当质量为 60kg 的物体落下 40cm 时，速率是多大？假设开始时物体静止且弹簧无伸长。

4-14　有一质量为 m_1，长为 L 的均匀细棒，静止平放在水平桌面上，可绕通过其一端的竖直轴自由转动，桌面对它的摩擦力矩为 M。另有一在桌面上运动的质量为 m_2 的小滑块，从侧面与棒的另一端相碰撞后反弹，已知小滑块在碰撞前后的速度大小分别为 v_1 和 v_2，方向均和棒垂直，求：(1)棒开始转动时的角速度；(2)碰撞后从棒开始转动到停止转动所用的时间。

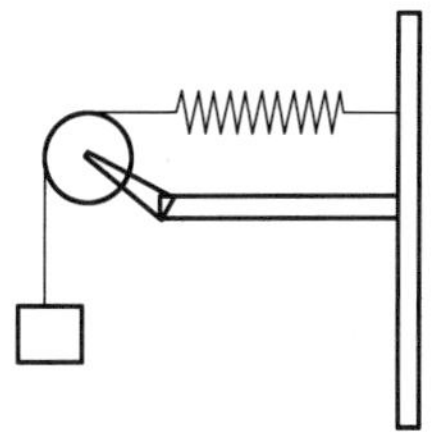

习题 4-13 图

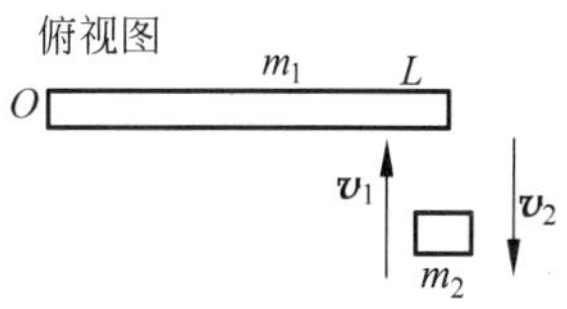

习题 4-14 图

第5章

机械振动

振动是物体的一种很普遍的运动形式。**物体在一定位置附近作周期性往复运动称为机械振动**(mechanical vibration)。例如,钟摆的运动,汽缸中活塞的运动,树在微风中的摇曳,心脏的跳动,琴弦振动发出声音,等等。一切发声体都在振动,音乐就是乐器激发的空气振动,它传播到耳朵里引起耳膜振动被听到;地震则是一种可能造成灾害的振动。振动在建筑、机械等工程设计,以及医疗保健(如心脏起搏器)、体育运动(如跳板)等方面都有重要应用。

振动不仅存在于机械运动中,广义而言,任何物理量在某一数值附近呈周期性变化都可以称为振动。例如,交流电中电流在某一电流值附近周期性变化。当电磁场中电场强度和磁感应强度都随时间周期性变化时称为**电磁振动**(electromagnetic vibration)。在晶体中,原子在晶格附近的热振动称为**晶格振动**(crystal lattice vibration)。虽然这些振动和机械振动的物理实质不同,但是都具有某种重复性或周期性,所以描述它们的数学形式是相同的。

波是振动的传播,机械振动在空间的传播形成机械波,绳波、水波、声波、地震波都属于机械波。电磁振动在空间的传播形成电磁波,光、无线信号和X光都属于电磁波。振动和波动是跨越物理不同领域的一种非常普遍而重要的运动形式。振动和波动的基本原理是声学、光学、电工学、无线电学、自动控制等科学技术部门的理论基础。

振动可以分为简单的振动和复杂的振动,其中,最简单的振动是简谐振动,一切复杂的振动都可以分解成简谐振动的叠加,即看作是简谐振动的合成。本章重点研究机械振动中的简谐振动,讨论它的运动学和动力学特征,最后讨论振动的合成规律。

5.1 简谐振动

5.1.1 简谐振动的描述

物体运动时,如果离开平衡位置的位移(或角位移)按余弦函数(或正弦函数)的规律随时间变化,这种运动称为**简谐运动**(**简谐振动**),简称为**谐振动**。弹簧振子是研究简谐振动的理想模型。如图5-1所示,在光滑水平面上,当物体在位置O时,弹簧具有自然长度,此时物体在水平方向所受的合外力为0，位置O为平衡位置。在弹簧的弹性限度内，当物体偏离平衡位置时，所受到的弹性力总是指向平衡位置，促使物体回到平衡位置，所以这样的力称为**回复力**。在返回平衡位置的过程中，物体得到速度，所以到达平衡位置时，虽然受力为零，但由于惯性，物体又离开平衡位置，如此往复，形成在平衡位置附近的振动。

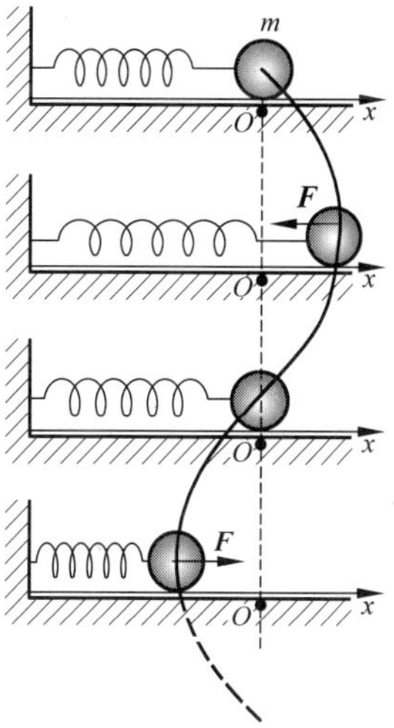

图5-1　弹簧振子的振动

以O为坐标原点，沿水平方向建立Ox坐标轴，由胡克定律可知，当物体位移为x时所受的弹性力为

$$F=-kx \tag{5-1}$$

其中，比例常数k为弹簧的劲度系数，它由弹簧本身的性质(如材料、形状、长短、粗细等)决定。负号表示力的方向始终与位移的方向相反，即指向平衡位置。这样的与x成正比的回复力称为线性回复力。根据牛顿第二定律，运动方程为

$$m\frac{\mathrm{d}^2x}{\mathrm{d}t^2}=-kx \tag{5-2}$$

对于给定的弹簧振子，k和m都是常量，而且都是正值，它们的比值可用另一常量ω的平方来表示，即

$$\frac{k}{m}=\omega^2$$

则式(5-2)可以写作

$$\frac{\mathrm{d}^2x}{\mathrm{d}t^2}+\omega^2x=0 \tag{5-3}$$

这就是简谐振动的**动力学方程式**，也是简谐振动的微分方程。

5.1.2　简谐振动的运动学

动力学方程式(5-3)的解为

$$x=A\cos(\omega t+\varphi_0) \tag{5-4}$$

这就是**简谐振动的运动方程**，其中，A和φ_0为两个积分常数，其物理意义和确定方法将在下面讨论。由式(5-4)可见，弹簧振子运动时，物体相对于平衡位置的位移按余弦(或正弦)函数关系随时间变化，故称为**简谐振动**。

将式(5-4)分别对时间求一阶、二阶导数，可得到作简谐振动的物体的速度v和加速度a：

$$v=\frac{\mathrm{d}x}{\mathrm{d}t}=-\omega A\sin(\omega t+\varphi_0)=\omega A\cos\left(\omega t+\varphi_0+\frac{\pi}{2}\right) \tag{5-5}$$

$$a=\frac{\mathrm{d}v}{\mathrm{d}t}=\frac{\mathrm{d}^2x}{\mathrm{d}t^2}=-\omega^2A\cos(\omega t+\varphi_0)=\omega^2A\cos(\omega t+\varphi_0+\pi) \tag{5-6}$$

由式(5-4)～式(5-6)可以作出如图5-2所示的函数图像，由图5-2可知，物体作简谐振动时，其位移、速度和加速度都呈周期性变化。其中，x-t图称为**振动曲线**。

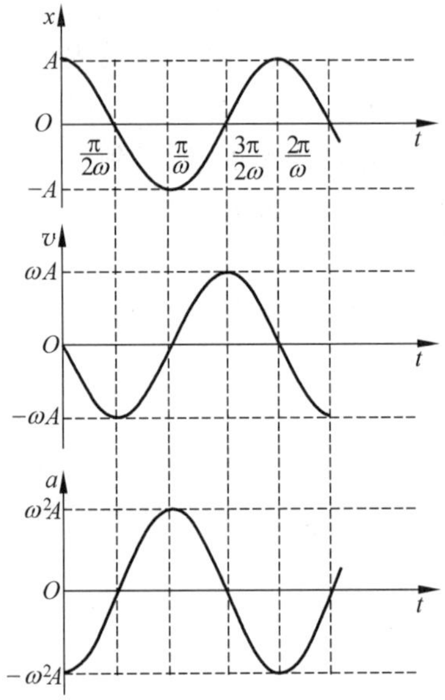

图 5-2 简谐振动的位移、速度与加速度

式(5-5)说明速度在周期性变化,可以写为

$$v = A'\cos(\omega t + \varphi_0')$$

其中,$A' = A\omega$,$\varphi_0' = \varphi_0 + \frac{\pi}{2}$。

同样,加速度也在周期性变化,可以写为

$$a = A''\cos(\omega t + \varphi_0'')$$

其中,$A'' = A\omega^2$,$\varphi_0'' = \varphi_0 + \pi$。

比较式(5-4)和式(5-6),还可以得出 $a = -\omega^2 x$,这个关系式说明简谐振动的加速度和位移方向相反,大小成正比。

由 $v = -\omega A\sin(\omega t + \varphi_0)$ 可知,当相位 $\varphi = \omega t + \varphi_0$ 在第一象限或第二象限时,正弦函数为正,而速度方程在正弦函数前面有个负号,所以相位在一、二象限,振动速度为负,沿着 x 轴负方向运动。由此类推,当相位在第三象限和第四象限时,振动速度为正。

5.1.3 振幅

在简谐振动方程式(5-4)中,因为 $\cos(\omega t + \varphi_0)$ 的值在 $+1$ 和 -1 之间,所以物体的振动范围在 $+A$ 和 $-A$ 之间,我们将**作简谐振动的物体离开平衡位置的最大位移的绝对值 A 称为振幅**,写为 $A = |x_{\max}|$。振幅描述的是振动的最大幅度,后面几节中会进一步讨论它和能量的关系。

5.1.4 周期 频率 角频率

物体完成一次完整振动所经历的时间称为周期,用 T 表示。物体在任意 t 时刻的位移

和速度与 $t+T$ 时刻的位移和速度完全相同，即

$$x=A\cos(\omega t+\varphi_0)=A\cos[\omega(t+T)+\varphi_0]=A\cos(\omega t+\varphi_0+\omega T)$$

满足上述方程的 T 的最小值应为 $\omega T=2\pi$，即

$$T=\frac{2\pi}{\omega} \tag{5-7}$$

对于弹簧振子，$\omega=\sqrt{\frac{k}{m}}$，所以弹簧振子的周期为

$$T=2\pi\sqrt{\frac{m}{k}}$$

周期的倒数 $\nu=1/T$，表示在**单位时间内物体所作完全振动的次数，称为振动频率**。它的单位名称是赫兹，符号为 Hz。显然有

$$\nu=\frac{\omega}{2\pi}$$

或

$$\omega=2\pi\nu$$

ω 等于物体在单位时间内所作完全振动次数的 2π 倍，称为振动的**角频率**或**圆频率**，单位是 rad/s（弧度每秒）。对于弹簧振子，有

$$\nu=\frac{1}{2\pi}\sqrt{\frac{k}{m}}$$

由于弹簧振子的质量和劲度系数是其本身的固有性质，所以振动周期和频率完全取决于振动系统本身的性质，因此也称为**固有周期**和**固有频率**。

周期、频率和角频率之间有如下关系：

$$\omega=\frac{2\pi}{T}=2\pi\nu \tag{5-8}$$

5.1.5 相位 初相位

质点在某一时刻的运动状态可以用该时刻的位置和速度来描述。对于简谐振动的物体，其位置和速度分别为 $x=A\cos(\omega t+\varphi_0)$ 和 $v=-\omega A\sin(\omega t+\varphi_0)$，当振幅 A 和角频率 ω 给定时，物体在 t 时刻的位置和速度可完全由 $\varphi=\omega t+\varphi_0$ 来确定，即 φ 是确定简谐振动状态的物理量，称为**相位**，单位为 rad（弧度）。

例如，图 5-1 中的弹簧振子，当相位 $\omega t_1+\varphi_0=-\pi/2$ 时，$x=0$，$v=\omega A$，即在 t_1 时刻物体在平衡位置，并且以速率 ωA 向右运动；而当相位 $\omega t_2+\varphi_0=\pi/2$ 时，$x=0$，$v=-\omega A$，即在 t_2 时刻物体同样也处在平衡位置，但是以速率 ωA 向左运动。可见在 t_1 和 t_2 两个时刻，由于振动的相位不同，物体的运动状态也不相同。在一个周期内，每一时刻物体的振动状态都不相同，这相当于相位经历从 0 到 2π（或从 $-\pi$ 到 $+\pi$）的变化。凡是位移和速度都相同的运动状态，它们所对应的相位相差为 0 或 2π 的整数倍。所以相位体现了周期性的特征，是用以描述运动状态的物理量。

当 $t=0$ 时，相位 $\varphi=\varphi_0$，它取决于**初始时刻**（即开始计时的起点）振动物体的振动状态，

故称 φ_0 为**初相位**,简称**初相**。例如,如果 $\varphi_0=0$,则在 $t=0$ 时,由式(5-5)和式(5-6)可得,$x_0=A$,$v_0=0$,表示在我们选定的初始时刻,物体正处于正方向最大位移处,且这一时刻的速率为零。

例 5-1 单摆是一个理想化的振动系统:它是由一根无弹性的轻绳挂一个很小的重物构成的,若把重物从平衡位置略微移开,那么重物就在重力的作用下,在竖直平面内来回摆动,如图 5-3 所示。如果忽略空气阻力,且摆动的角位移 θ 很小($\theta<5°$),试证明单摆作简谐振动。

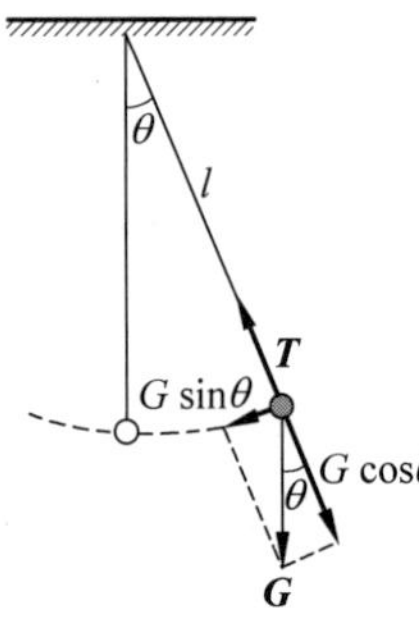

图 5-3 单摆

解 摆锤所受的力有重力 $\boldsymbol{G}=m\boldsymbol{g}$ 和绳的拉力 $\boldsymbol{T}$。取逆时针方向为角位移 θ 的正方向,当摆线与竖直方向成 θ 角时,忽略空气阻力,摆球所受的合力沿圆弧切线方向的分力,即重力在这一方向上的分力为

$$F_t=-mg\sin\theta$$

当 θ 很小($\theta<5°$)时,$\sin\theta\approx\theta$,所以 $F_t=-mg\sin\theta=-mg\theta$。

由牛顿第二定律可知,在切线方向上,有

$$F_t=ma_t=ml\beta=ml\frac{d^2\theta}{dt^2}=-mg\theta$$

可以推出

$$\frac{d^2\theta}{dt^2}+\frac{g}{l}\theta=0$$

由于 g 和 l 都是正值,因此可设 $\omega^2=\dfrac{g}{l}$,则上式变为

$$\frac{d^2\theta}{dt^2}+\omega^2\theta=0$$

这与式(5-3)形式上完全一致,可见单摆的运动具有简谐振动的特征,因此也是简谐振动。比较上式与式(5-3),可得单摆的角频率和周期分别为

$$\omega=\sqrt{\frac{g}{l}}\qquad T=2\pi\sqrt{\frac{l}{g}}$$

单摆的周期取决于摆长和重力加速度,利用上式,可以通过实验测量单摆的周期以确定该地点的重力加速度。

5.1.6 由初始条件求振幅和初相位

综上所述,简谐振动方程 $x=A\cos(\omega t+\varphi_0)$ 中的角频率 ω 由振动系统本身的性质所决定,那么,在角频率已经确定的情况下,如果知道了 $t=0$ 时物体相对平衡位置的位移 x_0 和速度 v_0,就可以确定振动的振幅和初相位。将位移和速度代入式(5-4)和式(5-5),有

$$\begin{cases}x_0=A\cos\varphi_0\\ v_0=-\omega A\sin\varphi_0\end{cases}\tag{5-9}$$

由此两式可求得振幅和初相位:

$$A=\sqrt{x_0^2+\frac{v_0^2}{\omega^2}} \tag{5-10}$$

$$\varphi_0=\arctan\left(-\frac{v_0}{\omega x_0}\right) \tag{5-11}$$

振动物体在 $t=0$ 时的位移 x_0 和速度 v_0 称为**振动的初始条件**，由初始条件可以确定简谐振动表达式的两个常数。因为在 0 和 2π 之间有两个 φ_0 值的正切函数值相同，所以由式(5-11)得到的 φ_0 值，还需代回到式(5-9)中以判断取舍。

例 5-2　一轻弹簧右端连着一物体，弹簧的劲度系数 $k=0.72\text{N}\cdot\text{m}^{-1}$，物体的质量 $m=20\text{g}$。把物体从平衡位置向右拉到 $x=0.05\text{m}$ 处停下后再释放。(1)求简谐振动方程；(2)求物体从初位置运动到第一次经过 $A/2$ 处时的速度；(3)如果物体在 $x=0.05\text{m}$ 处时的速度不等于零，而是具有向右的 $v_0=0.30\text{m}\cdot\text{s}^{-1}$ 的速度，求其运动方程。

解　(1) 求物体的简谐振动方程，就需要确定角频率 ω、振幅 A 和初相位 φ_0。先求 ω，即

$$\omega=\sqrt{\frac{k}{m}}=6.0\text{s}^{-1}$$

振幅和初相由初始条件 $x_0=0.05\text{m}, v_0=0$ 决定。由式(5-10)和式(5-11)得

$$A=\sqrt{x_0^2+\frac{v_0^2}{\omega^2}}=x_0=0.05\text{m}$$

$$\tan\varphi_0=-\frac{v_0}{\omega x_0}=0,\quad \varphi_0=0 \text{ 或 } \pi$$

将 $t=0$ 代入简谐振动方程 $x=A\cos(\omega t+\varphi_0)=A\cos\varphi_0=A$ 中，可得 $\varphi_0=0$。将 ω，A 和 φ_0 代入简谐振动方程 $x=A\cos(\omega t+\varphi_0)$ 中，可得物体的简谐振动方程为

$$x=0.05\cos 6.0t(\text{m})$$

(2) 求 $x=A/2$ 处的速度，需要先求出从初始位置第一次运动到 $A/2$ 处时的相位。在 $x=A\cos(\omega t+\varphi_0)$ 中，因为 $\varphi_0=0$，令 $x=A/2$，可得

$$\cos\omega t=\frac{x}{A}=\frac{A/2}{A}=\frac{1}{2},\quad \omega t=\frac{\pi}{3} \text{ 或 } \frac{5\pi}{3}$$

物体向左运动，振动速度为负，相位在第一象限或第二象限，可以得到物体由初始位置 $x=A$ 第一次运动到 $x=A/2$ 时的相位为 $\omega t=\frac{\pi}{3}$，将 A，ω 和 ωt 的值代入速度公式可得

$$v=-A\omega\sin\omega t=-0.26\text{m}\cdot\text{s}^{-1}$$

负号表示速度方向沿 Ox 轴负方向。

(3) 由 $x_0=0.05\text{m}, v_0=0.30\text{m}\cdot\text{s}^{-1}$ 可知，振幅和初相分别为

$$A'=\sqrt{x_0^2+\frac{v_0^2}{\omega^2}}=0.0707\text{m}$$

$$\tan\varphi'_0=-\frac{v_0}{\omega x_0}=-1,\quad \varphi'_0=-\frac{\pi}{4} \text{ 或 } \frac{3\pi}{4}$$

因为此时物体具有向右的初速度，振动速度为正，相位在第四象限或第三象限，则 $\varphi'_0=-\pi/4$，故简谐振动方程为

$$x=0.0707\cos\left(6.0t-\frac{\pi}{4}\right)(\text{m})$$

5.2 旋转矢量

为直观地领会简谐振动方程中 A,ω,φ 三个物理量的意义,并为后面讨论简谐振动的叠加提供简洁直观的方法,本节介绍简谐振动的旋转矢量图表示法。这种图示法的依据是,充分利用匀速圆周运动是周期性运动的特性。

如图 5-4 所示,由 Ox 轴的原点 O 作一矢量 $\boldsymbol{A}$,矢量的模等于振动的振幅 A,矢量以数值等于角频率 ω 的角速度在 Oxy 平面内绕 O 点作**逆时针方向**的匀速转动,这个矢量称为**旋转矢量**,可以写为

$$\boldsymbol{A}=|\boldsymbol{A}|\cos(\omega t+\theta_0)\boldsymbol{i}+|\boldsymbol{A}|\sin(\omega t+\theta_0)\boldsymbol{j}$$

旋转矢量在 x 轴的投影为

$$x=|\boldsymbol{A}|\cos(\omega t+\theta_0)$$

设在 $t=0$ 时,矢量 $\boldsymbol{A}$ 的矢端在 M_0 点,它与 Ox 轴的夹角 θ_0 等于简谐振动的初相位 φ_0,经过时间 t,矢量 $\boldsymbol{A}$ 沿逆时针方向转过了角度 ωt,它与 Ox 轴的夹角为 $\omega t+\varphi_0$,等于简谐振动在该时刻的相位,此时矢量 $\boldsymbol{A}$ 的矢端在 M 点,它在 Ox 轴上的投影点 P 的位移是

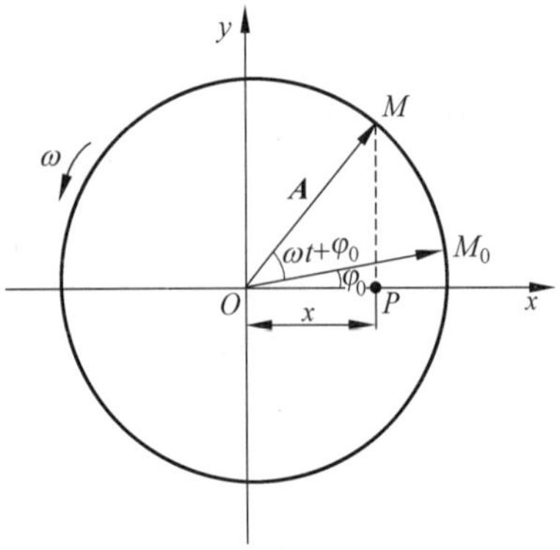

图 5-4 旋转矢量图

$$x=A\cos(\omega t+\varphi_0)$$

这正是简谐振动方程。可见,作匀速转动的矢量 $\boldsymbol{A}$,其矢端 M 在 Ox 轴上的投影点 P 的运动是简谐振动,可以用它来表示物体在 Ox 轴上的简谐振动。矢量 $\boldsymbol{A}$ 以角速度 ω 旋转,旋转矢量本身并不作简谐振动,但该矢量以匀角速度转动是个周期性运动,这样,该矢量的矢端在 Ox 轴上的投影点的运动就具有周期性,我们利用旋转矢量矢端在 Ox 轴上的投影点的运动,来形象地展示简谐振动的规律。

简谐振动的旋转矢量法(又称为简谐振动的矢量表示法或几何表示法):一个圆心在坐标原点,在 Oxy 平面沿着逆时针转动的旋转矢量,当旋转矢量的几何长度等于简谐振动的振幅,角速度等于简谐运动的角频率,初始角位置对应于简谐振动的初相位时,旋转矢量在 x 轴上的投影就是简谐振动。

例 5-3 图 5-5 为一个简谐振动的振动曲线图,已知在 B 点,$x=0.5A$,在 C 点,$x=-\frac{\sqrt{2}}{2}A$,请画出 B,C 两点对应的旋转矢量。

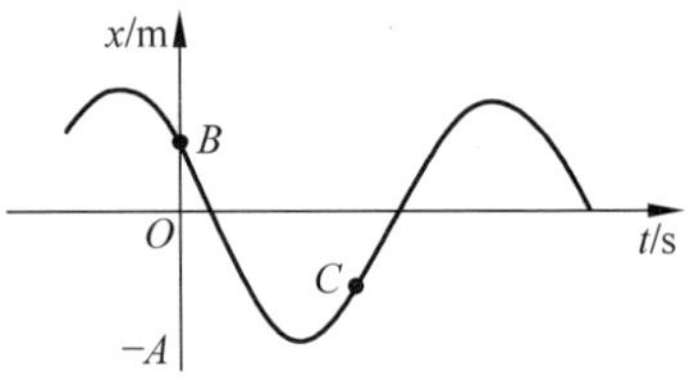

图 5-5 例 5-3 用图

解 方法一,量出振幅并画圆,如图 5-6 所示,过 B 和 C 两点画平行线,各自与圆相交于两点。根据振动曲线可知,B 点下一时刻是到平衡位置,而不是正的最大位移处,所以选择左边的交点。同样地,C 点下一时刻是到平衡位置,而不是负的最大位移处,所以选择右边的交点。最后旋转 90°得到旋转矢量图。这个方法的优点是直观且易理解,缺点是容易出错,所以我们一般推荐方法二。

方法二,如图 5-7 所示,先画一个参考圆,圆的半径和振幅一致,然后过圆心画水平 x

轴，圆心为坐标原点 O。圆与 x 轴有两个交点对应 A 和 $-A$。然后找到 $x=0.5A$ 画一垂线，与参考圆相交的两个点分别在第一象限和第四象限，根据振动曲线可知，B 点下一时刻会向下运动，振动速度为负，所以选择第一象限的这个交点为 B 点的旋转矢量。由此类推，根据振动曲线可知，C 点下一时刻会向 x 轴正方向运动，所以 C 点的速度为正，在第三象限或第四象限。找到 $x=-\frac{\sqrt{2}}{2}A$ 画一垂线，与参考圆相交于第二象限和第三象限的两个点，我们选速度为正的第三象限的这个交点，由此可画出 C 点对应的旋转矢量。

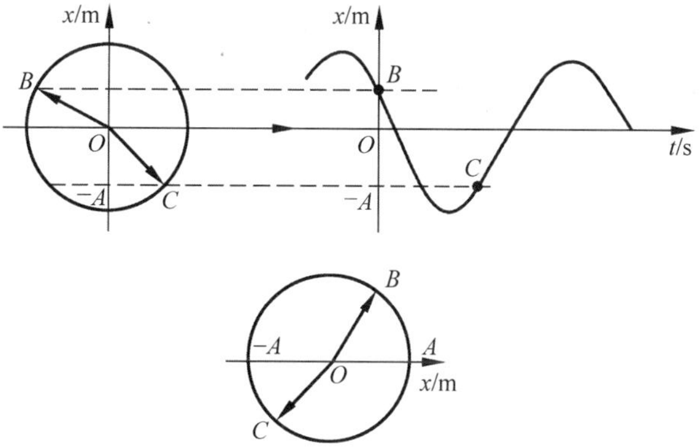

图 5-6　旋转矢量法和振动曲线的对应关系

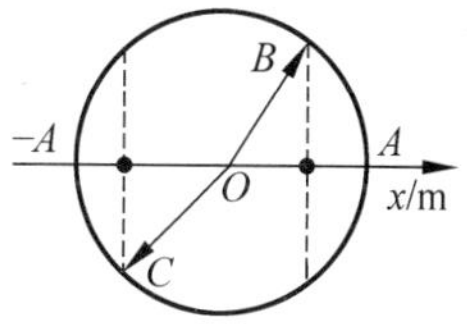

图 5-7　旋转矢量法示意图

旋转矢量法只是为了直观描述简谐振动而引用的数学工具，可以根据实际情况决定是否采用旋转矢量法。它的优势是不管对于第 5 章的振动，还是对于第 6 章的波动，利用它都能很快地求出相位（和初相位），甚至振动的合成和波的干涉部分题目也可以用旋转矢量法求解。

利用旋转矢量法还可以方便地比较同一直线上两个同频率的简谐振动步调上的差异。

设有以下两个同频率的简谐振动：

$$x_1=A_1\cos(\omega t+\varphi_1)$$

$$x_2=A_2\cos(\omega t+\varphi_2)$$

它们的相位差用 $\Delta\varphi$ 表示，

$$\Delta\varphi=(\omega t+\varphi_2)-(\omega t+\varphi_1)=\varphi_2-\varphi_1 \tag{5-12}$$

两个同频率的简谐振动在任意时刻的相位差都等于初相差而与时间无关。这表示在任何时刻旋转矢量 $\boldsymbol{A}_2$ 和 $\boldsymbol{A}_1$ 的夹角不变。

如果 $\Delta\varphi=\varphi_2-\varphi_1>0$，我们称 x_2 振动超前 x_1 振动 $\Delta\varphi$，或者说 x_1 振动落后于 x_2 振动，图 5-8(a)所示的是 $\Delta\varphi>0$ 的情况，即 x_2 振动比 x_1 振动超前 $\Delta\varphi$ 的恒定相位差。

如果 $\Delta\varphi=\varphi_2-\varphi_1<0$，我们称 x_1 振动超前 x_2 振动 $|\Delta\varphi|$。在这种说法中，由于相位差的周期是 2π，因此我们把 $|\Delta\varphi|$ 的值限制在 π 以内。例如，当 $\Delta\varphi=3\pi/2$ 时，如图 5-8(b)所示，我们通常不说 x_2 振动超前 x_1 振动 $3\pi/2$，而改写成 $\Delta\varphi=3\pi/2-2\pi=-\pi/2$，并称 x_2 振动落后 x_1 振动 $\pi/2$，或称 x_1 振动超前 x_2 振动 $\pi/2$。

如果 $\Delta\varphi=0$（或者 2π 的整数倍），则两个振动将同时到达正的最大位移处，同时到达平衡位置，也同时到达负的最大位移处，两个振动步调相同，称这两个振动**同相**。

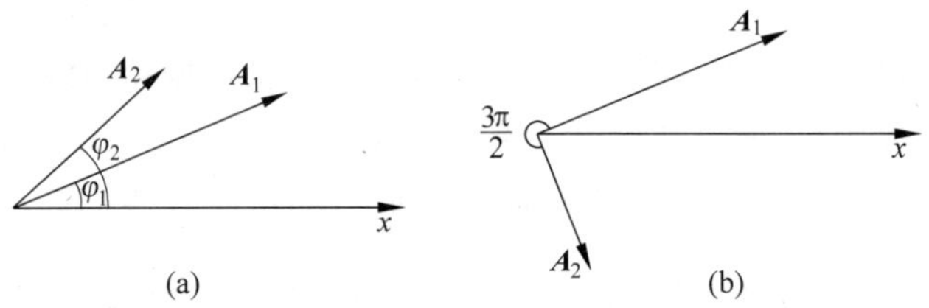

图 5-8　两个简谐振动的相位差

如果 $\Delta\varphi=\pi$(或者 π 的奇数倍)，当其中一个振动到达正的最大位移处时，另一个却到达负的最大位移处，两个振动的步调完全相反，称这两个振动**反相**。如图 5-9 所示，x_2 与 x_1 同相，x_3 与 x_1 反相。

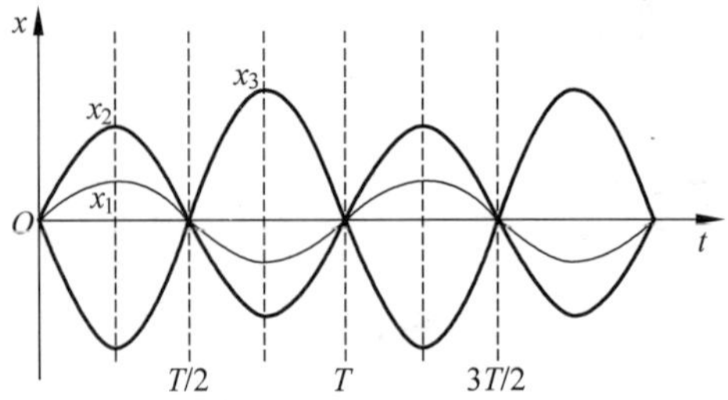

图 5-9　同相与反相

5.3　简谐振动的能量

现在仍以图 5-1 中的弹簧振子为例来讨论振动系统的能量。设在某一时刻，物体的位移为 x，速度为 v，由式(5-4)和式(5-5)可得系统的动能和弹性势能分别为

$$E_k=\frac{1}{2}mv^2=\frac{1}{2}m\omega^2A^2\sin^2(\omega t+\varphi_0) \tag{5-13}$$

$$E_p=\frac{1}{2}kx^2=\frac{1}{2}kA^2\cos^2(\omega t+\varphi_0) \tag{5-14}$$

可见动能和势能都随时间改变，但动能和势能发生周期性转换：在平衡位置时，振子的动能最大、势能为零；离开平衡位置时，势能增大、动能减小；到最大位移时，势能最大、动能为零；返回平衡位置时，动能增大、势能减小。

系统的总机械能为

$$E=E_k+E_p=\frac{1}{2}m\omega^2A^2\sin^2(\omega t+\varphi_0)+\frac{1}{2}kA^2\cos^2(\omega t+\varphi_0)$$

因为 $\omega^2=k/m$，所以

$$E=\frac{1}{2}m\omega^2A^2=\frac{1}{2}kA^2$$

可见，弹簧振子简谐振动的能量与振幅的二次方成正比，这点对于任一简谐振动系统都是成立的。振幅不仅描述了简谐振动的运动范围，也表征了振动系统总能量的大小。**弹簧振子的总能量不随时间改变，系统的机械能守恒**，可写为

$$E = E_k + E_p = \frac{1}{2}mv^2 + \frac{1}{2}kx^2 = \frac{1}{2}kA^2 \tag{5-15}$$

这是因为弹簧振子在简谐振动的过程中，只有系统的保守内力（弹性力）做功，在弹簧振子做简谐振动的过程中，动能与势能不断相互转换，而总能量保持恒定，如图 5-10 所示（设 $\varphi_0=0$）。

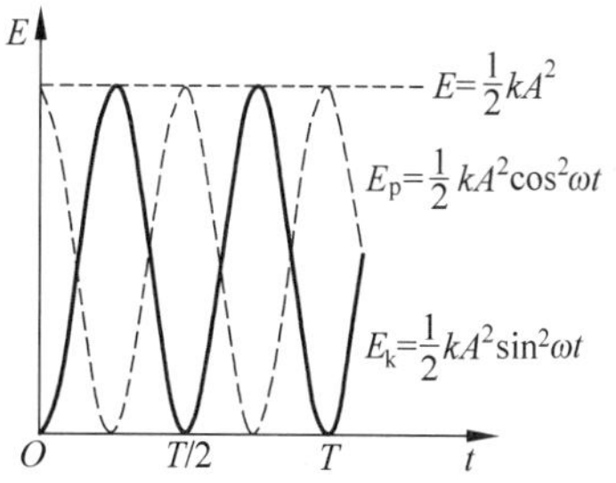

图 5-10 弹簧振子动能与势能转换

例 5-4 一质量为 0.01kg 的物体，以振幅 0.01m 作简谐振动，加速度的最大值为 $0.04\text{m}\cdot\text{s}^{-2}$。求：（1）振动的周期；（2）振动的总能量；（3）物体在何处时，其动能和势能相等？

解 （1）由 $a_{max}=A\omega^2$，得 $\omega=\sqrt{\frac{a_{max}}{A}}=2\text{s}^{-1}$，所以

$$T=\frac{2\pi}{\omega}=3.14(\text{s})$$

（2）因物体通过平衡位置时速度最大，动能最大，势能为零，故总能量为

$$E=E_{k_{max}}=\frac{1}{2}mv_{max}^2=\frac{1}{2}m\omega^2A^2=2\times10^{-6}(\text{J})$$

（3）当 $E_k=E_p$ 时，$E_p=\frac{1}{2}kx^2=\frac{1}{2}E$，故 $x^2=E/k=\frac{m\omega^2A^2/2}{m\omega^2}=A^2/2$，所以

$$x=\pm A/\sqrt{2}=\pm7.07\times10^{-3}(\text{m})$$

5.4 一维简谐振动的合成 拍

在实际问题中，常会遇到一个质点同时参与几个振动的情况。例如，当两个声波同时传到某一点时，该点处的空气质点就将同时参与两个振动，根据运动叠加原理，这时质点的运动实际上就是这两个振动的合成。一般的振动合成经常比较复杂，下面讨论几种简单的简谐振动的合成。

5.4.1 同方向、同频率简谐振动的合成

设一质点同时参与了两个同方向、同频率的简谐振动，它们的振动方向均沿 x 轴方向，频率均为 ω，振幅分别为 A_1 和 A_2，初相位分别为 φ_{10} 和 φ_{20}，在任意时刻 t，这两个振动的位移分别为

$$x_1=A_1\cos(\omega t+\varphi_{10}),\quad x_2=A_2\cos(\omega t+\varphi_{20})$$

因为振动是同方向的，所以这两个简谐振动在任一时刻的合位移 x 仍然应该在一条直线上，而且等于这两个分振动位移的代数和，即

$$x=x_1+x_2=A_1\cos(\omega t+\varphi_{10})+A_2\cos(\omega t+\varphi_{20})$$

可以将余弦函数展开再重新并项，得

$$x=A_1\cos\varphi_{10}\cos\omega t-A_1\sin\varphi_{10}\sin\omega t+A_2\cos\varphi_{20}\cos\omega t-A_2\sin\varphi_{20}\sin\omega t$$

$$=(A_1\cos\varphi_{10}+A_2\cos\varphi_{20})\cos\omega t-(A_1\sin\varphi_{10}+A_2\sin\varphi_{20})\sin\omega t$$

把上式中 $\cos\omega t$ 和 $\sin\omega t$ 前面的系数分别记作 $A\cos\varphi_0$ 和 $A\sin\varphi_0$，得

$$\begin{cases}A\cos\varphi_0=A_1\cos\varphi_{10}+A_2\cos\varphi_{20}\\A\sin\varphi_0=A_1\sin\varphi_{10}+A_2\sin\varphi_{20}\end{cases}$$

由此得到

$$x=A\cos\varphi_0\cos\omega t-A\sin\varphi_0\sin\omega t=A\cos(\omega t+\varphi_0)$$

同方向、同频率的两个简谐振动合成后仍然是一个简谐振动，合成前后频率不变。合振动的振幅和初相位由分振动的振幅和初相位共同决定。

解上述方程可得

$$A=\sqrt{A_1^2+A_2^2+2A_1A_2\cos(\varphi_{20}-\varphi_{10})} \tag{5-16}$$

$$\tan\varphi_0=\frac{A_1\sin\varphi_{10}+A_2\sin\varphi_{20}}{A_1\cos\varphi_{10}+A_2\cos\varphi_{20}} \tag{5-17}$$

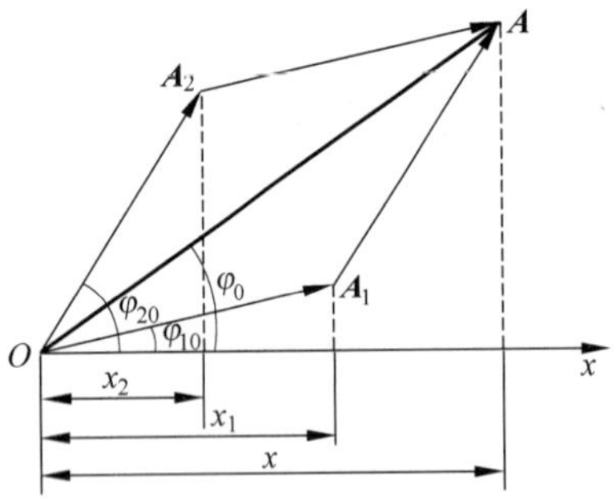

图 5-11　简谐振动的合成

合振动的振幅和初相位也可用旋转矢量法求出。如图 5-11 所示，用 $\boldsymbol{A}_1$ 和 $\boldsymbol{A}_2$ 代表两振动的旋转矢量。在开始($t=0$)时，它们与 Ox 轴的夹角分别为 φ_{10} 和 φ_{20}，它们在 Ox 轴上的投影分别为 x_1 和 x_2。由平行四边形法则可得，合矢量 $\boldsymbol{A}=\boldsymbol{A}_1+\boldsymbol{A}_2$。由于 $\boldsymbol{A}_1$ 和 $\boldsymbol{A}_2$ 均以角速度 ω 匀速旋转，因此它们的合矢量 $\boldsymbol{A}$ 也以相同的角速度旋转，且转动时长度保持不变，表明合矢量 $\boldsymbol{A}$ 所代表的合振动是频率与分振动相同的简谐振动。从图 5-11 可以看出，任一时刻合矢量 $\boldsymbol{A}$ 在 Ox 轴上的投影 $\boldsymbol{x}=\boldsymbol{x}_1+\boldsymbol{x}_2$，因此合矢量 $\boldsymbol{A}$ 即为合振动所对应的旋转矢量，而开始时合矢量 $\boldsymbol{A}$ 与 Ox 轴的夹角即为合振动的初相位 φ_0，由图 5-11 可得合位移为

$$x=A\cos(\omega t+\varphi_0)$$

设相位差 $\Delta\varphi=\varphi_{20}-\varphi_{10}$，利用余弦定理可知

$$A=\sqrt{A_1^2+A_2^2-2A_1A_2\cos(\pi-\Delta\varphi)}$$

所以合振幅可表示为

$$A=\sqrt{A_1^2+A_2^2+2A_1A_2\cos\Delta\varphi} \tag{5-18}$$

从式(5-18)可知，用旋转矢量法求合振动振幅的结果和解析法的结果一致。用旋转矢量法求合振动的初相位也可以得出式(5-17)的结果。两种方法中，旋转矢量法更快、更直观。

现在来讨论振动合成的结果的物理意义，从式(5-18)可以看出，合振动的振幅与两个分振动的相位差 $\Delta\varphi=\varphi_{20}-\varphi_{10}$ 有关。下面讨论两个特例，将来在研究声、光等波动过程的干涉和衍射现象时，这两个特例会经常用到。

(1) 当两分振动相位相同，即相位差 $\Delta\varphi=\pm 2k\pi(k=0,1,2,\cdots)$ 时，$\cos\Delta\varphi=1$，合振幅 $A=\sqrt{A_1^2+A_2^2+2A_1A_2}=A_1+A_2$。

此时合振动的振幅等于两个分振动的振幅之和，合成结果为振动相互加强，同时该振幅

也是合振动振幅可能达到的最大值。这种情况称为**振动加强**。

(2) 当两分振动相位相反，即相位差 $\Delta\varphi=\pm(2k+1)\pi(k=0,1,2,\cdots)$时，$\cos\Delta\varphi=-1$，合振幅 $A=\sqrt{A_1^2+A_2^2-2A_1A_2}=|A_1-A_2|$。

此时合振动的振幅等于两个分振动的振幅之差的绝对值，合成结果为振动相互减弱，该振幅也是合振幅可能达到的最小值。这种情况称为**振动相消**。振动相消还有一种特殊情况，如果 $A_1=A_2$，则 $A=0$，振动合成的结果使质点处于静止状态，称之为**完全相消**。

在一般情况下，$\varphi_2-\varphi_1$ 可以是任意值，合振幅值在 A_1+A_2 和$|A_1-A_2|$之间。

*5.4.2　多个同方向、同频率简谐振动的合成

以上用旋转矢量法求简谐振动合成的方法，可以推广到 N 个简谐振动的合成情况。这里只讨论一种重要的特殊情况，即这 N 个简谐振动不仅振动方向相同，频率相同，振幅相同，而且依次间的相位差恒为 $\Delta\varphi$。如果选择适当的计时起点，使某个简谐振动的初相位为零，则可写出这 N 个简谐振动分别为

$$
\begin{aligned}
x_1&=A_1\cos\omega t\\
x_2&=A_2\cos(\omega t+\Delta\varphi)\\
x_3&=A_3\cos(\omega t+2\Delta\varphi)\\
&\vdots\\
x_N&=A_N\cos[\omega t+(N-1)\Delta\varphi]
\end{aligned}
$$

其中，$A_1=A_2=\cdots=A_N=A_0$。由前面的讨论可以得知，这 N 个简谐振动的合振动仍然是简谐振动，设其表达式为 $x=A\cos(\omega t+\varphi_0)$。

下面讨论两种特殊情况下的合成：

若 $\Delta\varphi=2k\pi(k=0,\pm1,\pm2,\cdots)$，即这 N 个简谐振动都是同相位的，在矢量图中就是这 N 个矢量$\boldsymbol{A}_1,\boldsymbol{A}_2,\cdots,\boldsymbol{A}_N$ 的方向都相同，如图 5-12(a)所示，因此这时合振动的振幅最大，$A=NA_0$。

若 $\Delta\varphi=2k'\pi/N(k'=0,\pm1,\pm2,\cdots$，但不含 N 的整数倍)，这时，在矢量图中 N 个矢量依次相接而构成了一个闭合的图形，如图 5-12(b)所示，显然，合振幅应该为零。

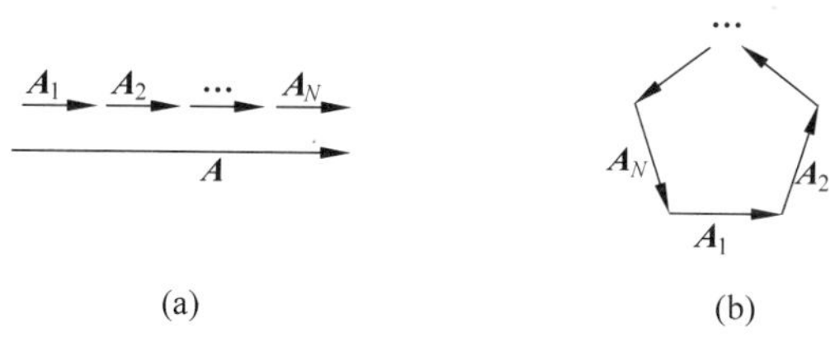

图 5-12　多个简谐振动合成

*5.4.3　两个同方向、不同频率简谐振动的合成　拍

两个同方向、不同频率的简谐振动的合成，一般比较复杂。从旋转矢量图看，因为角频率 ω_1 与 ω_2 不同，所以 $\boldsymbol{A}_1$ 和 $\boldsymbol{A}_2$ 的夹角就要随时间变化，其合矢量 $\boldsymbol{A}$ 也将随时间变化，因此

合运动不再是简谐振动。这里只讨论两个简谐振动的频率 ν_1,ν_2 都比较大，而两频率之差却很小，即 $|\nu_2-\nu_1|\ll|\nu_2+\nu_1|$ 的情况。

设两个简谐振动的初相位相同，可以将两个简谐振动的振动方程写为

$$x_1=A_1\cos(\omega_1 t+\varphi_0)$$

$$x_2=A_2\cos(\omega_2 t+\varphi_0)$$

合振动的位移为

$$x=x_1+x_2=A_1\cos(\omega_1 t+\varphi_0)+A_2\cos(\omega_2 t+\varphi_0)$$

为简化起见，设两个简谐振动的振幅也相同，即 $A_1=A_2=A$，则上式可以写成

$$x=\left(2A\cos\frac{\omega_2-\omega_1}{2}t\right)\cos\left(\frac{\omega_2+\omega_1}{2}t+\varphi_0\right)$$

其中，可将 $\frac{\omega_2+\omega_1}{2}$ 看成是合振动的角频率，$\left|2A\cos\frac{\omega_2-\omega_1}{2}t\right|$ 看成是合振动的振幅，其数值在 $0\sim 2A$ 范围内。由于 $|\omega_2-\omega_1|\ll|\omega_2+\omega_1|$，因此合振动的振幅随时间缓慢地周期性变化，从而出现振幅时而大时而小的现象，如图 5-13 所示。这种**频率较大而频率之差很小的两个同方向简谐振动合成时，其合振动的振幅时而加强时而减弱的现象叫做拍**。

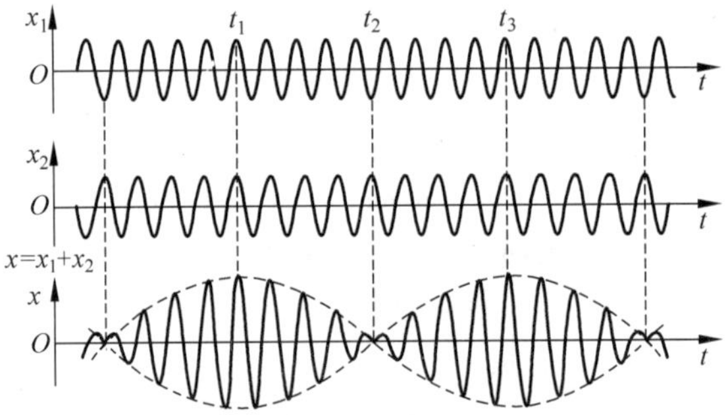

图 5-13 拍

由于合振动的振幅 $\left|2A\cos\frac{\omega_2-\omega_1}{2}t\right|$ 总是正值，而余弦函数的绝对值以 π 为周期，因此合振动振幅变化的周期 T 可以由 $\left|\frac{\omega_2-\omega_1}{2}\right|T=\pi$ 决定，故振幅变化的频率，即**拍频**为

$$\nu_{拍}=\frac{1}{T}=\left|\frac{\omega_2-\omega_1}{2\pi}\right|=|\nu_2-\nu_1|$$

拍频等于两分振动频率之差。

拍现象也可以从简谐振动的旋转矢量合成图示法得到说明。设 $\omega_2>\omega_1$，即 $\boldsymbol{A}_2$ 比 $\boldsymbol{A}_1$ 转得快，单位时间内 $\boldsymbol{A}_2$ 比 $\boldsymbol{A}_1$ 多转 $\nu_2-\nu_1$ 圈，在单位时间内，两个矢量恰好相重(在相同方向)和相背(在相反方向)的次数都是 $\nu_2-\nu_1$ 次，也就是合振动将加强和减弱各 $\nu_2-\nu_1$ 次，这样就形成了合振幅时而加强时而减弱的拍现象，拍频等于 $\nu_2-\nu_1$。

我们最容易听到声音的拍，乐器两个频率相差很小的音叉会形成悠扬的颤音，实际不仅机械振动有拍，电磁振动也可以产生拍。有人利用频率相差很微小的光波叠加，通过仪器测量出产生在微波范围内的拍频。

拍现象在技术上有很多重要应用，例如，管乐器中的双簧管就是利用两个簧片振动频率

的微小差别产生颤动的拍音；调整乐器时，使它和标准音叉出现的拍音消失来校准乐器；还可以用来测量频率：如果已知一个高频振动频率，使它和另一个频率相近但未知的振动叠加，测量合振动的拍频，就可以求出未知的频率。拍现象常用于汽车速度监视器、地面卫星的跟踪等。此外，在各种电子学测量仪器中，也常常用到拍现象。

*5.4.4　互相垂直的同频率简谐振动的合成

设两个同频率的质点，一个沿着 x 轴振动，一个沿着 y 轴振动，分振动方程分别为

$$x=A_1\cos(\omega t+\varphi_{10}),\quad y=A_2\cos(\omega t+\varphi_{20})$$

消去时间 t 得到合振动的轨迹方程：

$$\frac{x^2}{A_1^2}+\frac{y^2}{A_2^2}-\frac{2xy}{A_1A_2}\cos(\varphi_{20}-\varphi_{10})=\sin^2(\varphi_{20}-\varphi_{10})$$

它是一个椭圆方程，其形状由两分振动的振幅及相位差 $\varphi_2-\varphi_1$ 的值决定。

5.5　阻尼振动　受迫振动　共振

5.5.1　阻尼振动

前面所讨论的简谐振动，都是物体在弹性力或准弹性力的作用下振动，没有考虑摩擦阻力等因素的影响，所以在振动过程中振动系统的机械能是守恒的。由于系统的能量与振幅的平方成正比，因此振幅始终不变，这种振动也称为**无阻尼自由振动**。

然而，实际振动总要受到阻力的作用，由于要克服阻力做功，振动系统的能量就会不断减小，例如，弹簧振子会受到摩擦力和空气阻力，它们都会使振动能量转换为内能；此外，振动还会以波的形式向四周辐射能量，所以，如无其他能量补充，振动系统的能量会逐渐衰减，振动也会随之减小。这种振幅随时间减小的振动称为**阻尼振动**（又称为减幅振动）。

在阻尼振动中，物体受到线性回复力 $-kx$ 和阻力 f 共同作用。在速度不太大时，物体所受的阻力大小与速率大小成正比。又因为阻力总是与速度方向相反，所以可将阻力写为

$$f=-\gamma v=-\gamma\frac{\mathrm{d}x}{\mathrm{d}t}$$

其中，γ 为正的比例常量，它的大小由物体的形状、大小、表面情况，以及周围介质的性质决定。

质量为 m 的物体，在弹性力和上述阻力作用下运动时，运动方程为

$$m\frac{\mathrm{d}^2x}{\mathrm{d}t^2}=-kx-\gamma\frac{\mathrm{d}x}{\mathrm{d}t} \tag{5-19}$$

令 $\omega_0^2=k/m$，$2\beta=\gamma/m$，这里，ω_0 为系统的固有角频率，β 称为阻尼系数。将之代入式(5-19)可得

$$\frac{\mathrm{d}^2x}{\mathrm{d}t^2}+2\beta\frac{\mathrm{d}x}{\mathrm{d}t}+\omega_0^2x=0 \tag{5-20}$$

这是一个微分方程。当阻力较小，以致 $\beta<\omega_0$ 时，方程(5-20)的解为

$$x=A_0e^{-\beta t}\cos(\omega t+\varphi_0) \tag{5-21}$$

其中,$\omega=\sqrt{\omega_0^2-\beta^2}$,$A_0$ 和 φ_0 是由初始条件决定的常量。

下面分析式(5-21)所描述的运动的特征。式(5-21)由两个因子组成,$A_0e^{-\beta t}$ 表示振幅随时间不断衰减,$\cos(\omega t+\varphi_0)$则表示以 ω 为角频率的周期性变化,两因子相乘表示物体作振幅不断衰减的往复运动,而且 β 越大,即阻尼越大,振幅衰减得越快,物体将较快地趋于静止。物体的位移随时间变化的曲线如图 5-14 所示。

因为物体的振动状态并不是每经过一段时间便完全重复出现,所以阻尼振动显然不是简谐振动。但由于 $\cos(\omega t+\varphi_0)$是周期性变化的,它使得物体连续两次以相同运动方向通过平衡位置的时间间隔是相同的,因此我们将函数 $\cos(\omega t+\varphi_0)$的周期叫做阻尼振动的周期,其大小为

$$T=\frac{2\pi}{\omega}=\frac{2\pi}{\sqrt{\omega_0^2-\beta^2}}$$

很明显,阻尼振动的周期比振动系统的固有周期要长,这种阻尼作用较小的情况称为欠阻尼,如图 5-15 中的 a 所示。阻尼作用过大,即 $\beta>\omega_0$ 时,物体只能以非周期性运动的方式缓慢地回到平衡位置。如图 5-15 中的 b 所示,这种情况称为过阻尼。

如果阻尼作用使得 $\beta=\omega_0$,则物体刚好处于从欠阻尼运动转变为过阻尼运动的临界状态,最后也回到平衡位置。这种情况称为临界阻尼,如图 5-15 中的 c 所示。与过阻尼相比,这种非周期性运动回到平衡位置的时间最短。因此,当物体偏离平衡位置时,如果要求它在不发生振动的情况下,最快地恢复到平衡位置,常用施加临界阻力的方法。

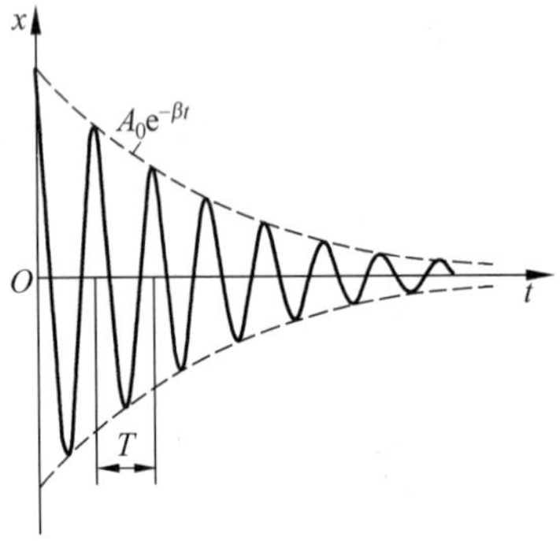

图 5-14 阻尼振动

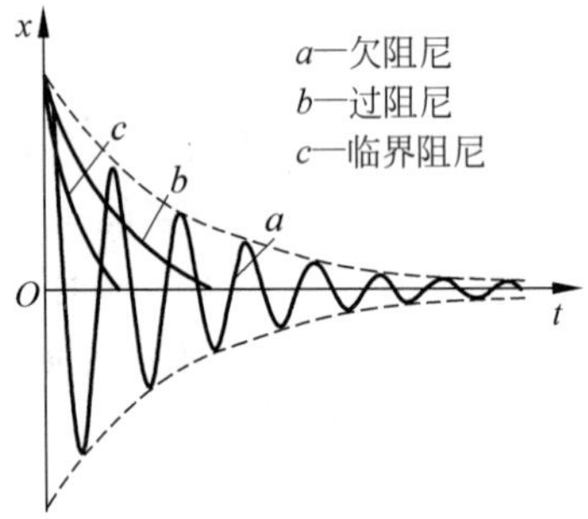

图 5-15 三种阻尼的比较

5.5.2 受迫振动

阻力总是客观存在的,对于实际的振动系统,如果没有能量的不断补充,振动最后总是要停止下来。为了获得稳定的振动,通常对振动系统作用一个周期性的外力。这种周期性的外力称为策动力。物体在策动力的作用下的振动就叫做受迫振动。许多实际的振动都属于受迫振动,如声波引起的耳膜的振动、马达转动导致基座的振动等。

为简单起见,假设策动力有如下形式:

$$F=F_0\cos\omega t$$

其中，F_0 为策动力的幅值，ω 为策动力的角频率。物体在弹性力、阻力和策动力的作用下，其运动方程为

$$m\frac{\mathrm{d}^2x}{\mathrm{d}t^2}=-kx-\gamma\frac{\mathrm{d}x}{\mathrm{d}t}+F_0\cos\omega t \tag{5-22}$$

令

$$\omega_0^2=\frac{k}{m},\quad 2\beta=\frac{\gamma}{m}$$

则式(5-22)可改写为

$$\frac{\mathrm{d}^2x}{\mathrm{d}t^2}+2\beta\frac{\mathrm{d}x}{\mathrm{d}t}+\omega_0^2x=\frac{F_0}{m}\cos\omega t$$

该微分方程的解为

$$x=A_0\mathrm{e}^{-\beta t}\cos(\sqrt{\omega_0^2-\beta^2}\,t+\varphi_0')+A\cos(\omega t+\varphi_0) \tag{5-23}$$

式(5-23)表明，受迫振动可以看成是两个振动的合成。第一个振动是由第一项表示的减幅振动，经过一段时间后，这一分振动就减弱到可以忽略不计了。第二个振动是由第二项表示的振幅不变的振动，是受迫振动达到稳定状态时的等幅振动。因此受迫振动达到稳定状态后，振动表达式为

$$x=A\cos(\omega t+\varphi_0) \tag{5-24}$$

将式(5-24)代入式(5-22)可以得出，此等幅振动的频率 ω 就是策动力的频率，其中，

$$A=\frac{F_0/m}{[(\omega_0^2-\omega^2)^2+4\beta^2\omega^2]^{1/2}} \tag{5-25}$$

$$\tan\varphi_0=\frac{-2\beta\omega}{\omega_0^2-\omega^2} \tag{5-26}$$

值得注意的是，A 和 φ_0 与振子的初始状态无关，而是依赖振子的性质、阻尼的大小和策动力的特征。

5.5.3 共振

由式(5-25)可知，受迫振动的振幅与策动力的频率有关，当策动力的频率达到某一值时，振幅达到最大值。用求极值的方法可以求出使振幅达到极大值的角频率为

$$\omega_r=\sqrt{\omega_0^2-2\beta^2} \tag{5-27}$$

相应的最大振幅为

$$A_r=\frac{F_0/m}{2\beta\sqrt{\omega_0^2-\beta^2}}$$

在弱阻尼，即 $\beta\ll\omega_0$ 的情况下，由式(5-27)可以看出，当 $\omega_r=\omega_0$，即策动力的频率等于振动系统的固有频率时，振幅达到最大值。我们把这种振幅达到最大值的现象叫做**共振**。

应当说明的是，一般情况下，可以证明，当策动力的频率正好等于系统的固有频率时，受迫振动的速度幅值达到极大值，这叫做**速度共振**。上面讲的振幅达到极大值的现象叫做**位移共振**。在弱阻尼情况下，两者可以不加区别。

受迫振动的振幅随策动力变化的情况如图 5-16 所示。

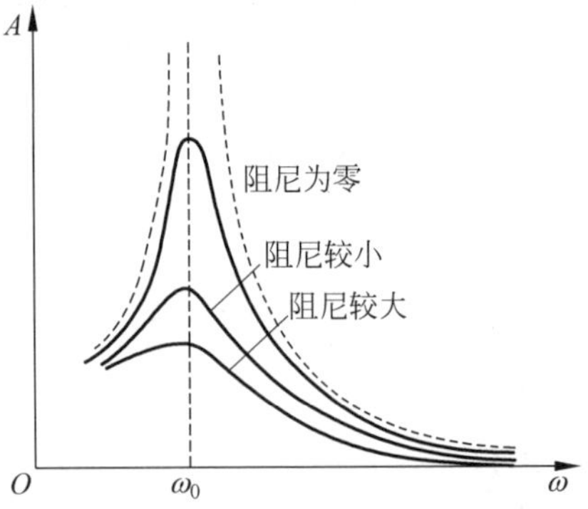

图 5-16　共振频率

在共振情况下，由式(5-26)可得 $\varphi_0=-\frac{\pi}{2}$。这时，振动速度为

$$v=\frac{\mathrm{d}x}{\mathrm{d}t}=\omega A\cos\left(\omega t+\varphi_0+\frac{\pi}{2}\right)=\omega A\cos\omega t$$

这说明共振时，振动速度与策动力同相，因此策动力总是对系统做正功，系统能最大限度地从外界得到能量。这就是共振时振幅最大的原因。

共振现象广泛存在于日常生活和工业技术中，共振现象有其有利的一面，例如钢琴、小提琴等乐器的木质琴身，就是利用了共振现象使琴身成为一共鸣盒，将优美悦耳的声音发送出去，以提高音响效果。收音机的调谐装置也是利用了电磁共振现象，以接收某一频率的电台广播。核磁共振利用共振现象对人体进行检查等。

但共振现象也有其危害性，例如，共振时振动系统的振幅过大，建筑物、机器设备等就会受到严重的损坏。1906 年，俄国骑兵步伐一致地通过彼得堡的一座桥时，马队步伐和桥产生共振导致桥梁坍塌。1940 年，华盛顿的塔科玛悬索桥因为在大风中产生共振而坍塌，如图 5-17 所示。

图 5-17　塔科玛悬索桥因共振而坍塌

思　考　题

5-1　拍皮球是否是简谐振动，为什么？

5-2　单摆幅度很大的时候是否是简谐振动？

5-3　假设你手上有弹簧秤和一个已知劲度系数的弹簧，如何在宇宙飞船中测量物体的质量？

5-4　电视节目中有盲人可以通过自己说话判断附近的人有没有拿包或者篮子，你觉得这可能吗？为什么？

5-5　如果你需要设计一款摆钟，如何设计？

习　　题

5-1　质量为10g的小球与轻弹簧相连组成的系统，按照 $x=0.5\cos\left(8\pi t+\frac{\pi}{3}\right)$ 的规律振动，其中，t 以 s 为单位，x 以 cm 为单位。(1)求振动系统的角频率、周期、振幅、初相位、速度的最大值、加速度的最大值，以及小球受力的最大值；(2)求 $t=2\text{s}$，10s 时的相位；(3)分别画出位移、速度、加速度与时间的关系曲线。

5-2　有一个和轻弹簧相连的小球，沿 x 轴作振幅为 A 的简谐振动。该振动的表达式用余弦函数表示。若在 $t=0$ 时，球的运动状态分别为：(1)$x_0=-A$；(2)过平衡位置向 x 轴正方向运动；(3)过 $x=A/2$ 处，且向 x 轴负方向运动。试利用旋转矢量法分别确定相应的初相位。

5-3　作简谐振动的小球的速度最大值 $v_m=3\text{cm/s}$，振幅 $A=2\text{cm}$，若从速度为正的最大值的某时刻开始计算时间，求：(1)振动的周期；(2)加速度的最大值；(3)振动表达式。

5-4　一远洋货轮，质量为 m，浮在水面时其水平截面积为 S。设在水面附近货轮的水平截面积近似相等，水的密度为 ρ，且不计水的黏滞阻力，证明货轮在水中作的振幅较小的竖直自由运动是简谐振动，并求其振动周期。

5-5　固体中原子在常温下的振动频率约为 10THz($1\text{THz}=10^{12}\text{Hz}$)，假设原子间以类似“弹簧”的作用相连。若在这种情况下，一个银原子以上述频率振动，而其他原子保持静止，试求该简谐振动的“劲度系数”k。(1mol 银有 6.02×10^{23} 个原子，其摩尔质量为 0.108kg。)

5-6　已知弹簧振子的振幅 $A=2.0\times10^{-2}\text{m}$，周期 $T=0.5\text{s}$。当 $t=0$ 时，(1)物体在负方向的端点；(2)物体在平衡位置，向正方向运动；(3)物体在 $1.0\times10^{-2}\text{m}$ 处，向负方向运动。求以上各情况的振动表达式。

5-7　质量为10g的物体沿着 x 轴作简谐振动，振幅 $A=10\text{cm}$，周期 $T=4.0\text{s}$，$t=0$ 时物体的位移 $x_0=-5.0\text{cm}$，且物体朝着 x 轴负方向运动，求：(1)$t=1.0\text{s}$ 时物体的位移；(2)$t=1.0\text{s}$ 时物体所受的力；(3)$t=0$ 之后何时物体第一次到达 $x=5.0\text{cm}$ 处；(4)物体第二次和第一次经过 $x=5.0\text{cm}$ 处的时间间隔。

5-8　由质量为 M 的木块和劲度系数为 k 的轻质弹簧组成一在光滑水平台上运动的弹簧振子，如图所示。开始时木块静止在 O 点，一质量为 m 的子弹以速率 v_0 沿水平方向射入木块并嵌在其中，然后木块(内有子弹)作简谐振动，若以子弹射入木块并嵌在木块中时开始计时，试写出系统的振动方程，取 x 轴如图所示。

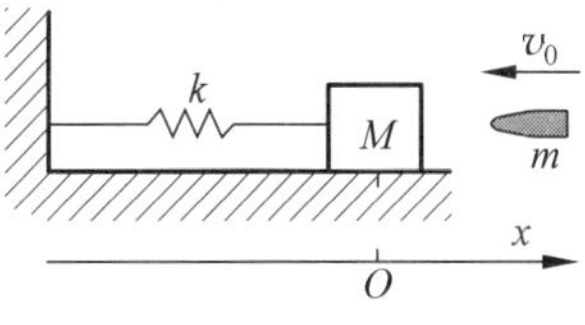

习题5-8图

5-9　一轻弹簧的劲度系数为 k，其下端悬有一质量为 m_1 的盘子，现有一质量为 m_2 的物体，从离盘底 h 高度处下落到盘底并和盘子黏在一起，于是盘子开始振动。问：(1)此时的振动周期与空盘作振动的周期有何不同?(2)此时的振幅为多少?

5-10　有一单摆,摆线长 l,最大摆角为 θ_0,如图所示。(1)求摆的角频率与周期;(2)设开始时摆角最大,试写出此单摆的运动方程。

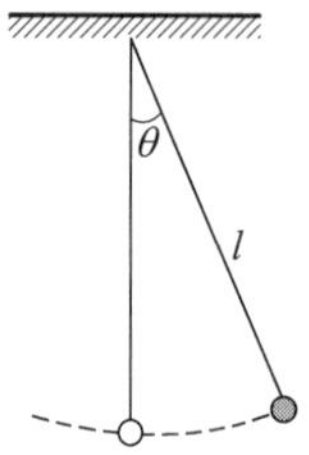

习题 5-10 图

5-11　在竖直平面内一段半径为 R 的光滑圆弧形轨道上,放置一物体,使之静止于轨道的最低处,然后轻碰一下此物体,使之沿圆弧形轨道来回小幅度运动。试证明:(1)此物体作简谐振动;(2)简谐振动的周期 $T=2\pi\sqrt{R/g}$。

5-12　两个质点平行于同一直线并排作同频率、同振幅的简谐振动。在振动过程中,每当它们经过振幅一半的地方时相遇,而运动方向相反。求它们的相位差。

5-13　一劲度系数为 $k=25\text{N/m}$ 的弹簧振子,当振子以初动能 0.2J 和初势能 0.6J 振动时,(1)振幅多大?(2)位移是多大时,势能和动能相等?(3)位移是振幅的一半时,势能多大?

5-14　将一劲度系数为 k 的轻弹簧上端固定悬挂起来,下端挂一质量为 m 的小球,平衡时弹簧的伸长为 b。试写出以此平衡位置为原点的小球的动力学方程,从而证明小球将作简谐振动,并求出其振动周期。若它的振幅为 A,它的总能量是否是 $\frac{1}{2}kA^2$?(总能量包括小球的动能、重力势能和弹性势能,两种势能均取平衡位置为势能零点。)

5-15　一质点同时参与两个在同一直线上的简谐振动,其表达式分别为

$$x_1=0.12\cos\pi\left(t+\frac{1}{3}\right),\quad x_2=0.15\cos\pi\left(t+\frac{1}{6}\right)$$

试写出合振动的表达式。

5-16　有两个同方向的简谐振动,它们的表达式分别为

$$x_1=0.05\cos\left(10t+\frac{3}{4}\pi\right),\quad x_2=0.06\cos\left(10t+\frac{1}{4}\pi\right)$$

(1) 求它们的合振动的振幅和初相位;(2)若另有一振动 $x_3=0.07\cos(10t+\varphi_0)$,问 φ_0 为何值时,x_1+x_3 的振幅为最大;φ_0 为何值时,x_2+x_3 的振幅为最小?

5-17　一弹簧振子作简谐振动,振幅 $A=0.2\text{m}$,如弹簧的劲度系数 $k=2.0\text{N/m}$,所系物体的质量 $m=0.5\text{kg}$,(1)当物体的动能和势能相等时,物体的位移是多少?(2)设 $t=0$ 时,物体在正的最大位移处,达到动能和势能相等处的时间是多少?(在一个周期内。)

5-18　两个同方向的简谐振动,周期相同,振幅 $A_1=0.05\text{m}$,$A_2=0.07\text{m}$,合成一个振幅为 $A=0.09\text{m}$ 的简谐振动。求这两个分振动的相位差。

5-19　当两个同方向的简谐振动合成一个振动时,其振动表达式为 $x=A\cos(2.1t)\cos(50.0t)$,其中,t 以 s 为单位。求各分振动的角频率和合振动的拍的周期。

第6章

机　械　波

在研究振动的基础上，本章进一步研究振动的传播过程——**波动**（wave）。波动是物质的一种常见的运动形式。波无处不在，我们用电磁波中的可见光照明，我们听到的音乐和声音是声波，我们每天用手机、计算机等电器接收和发射电磁波信号，所以研究波的运动规律非常重要。

最普通的波是**机械波**（mechanical wave）和**电磁波**（electromagnetic wave）。**机械振动在弹性介质中的传播过程称为机械波**，如绳子上的波、水面波、地震波等。**变化电场和磁场在空间的传播称为电磁波**，如无线电波、光波、X 射线等。

除常见类型的波，温度变化的传递构成温度波，晶体点阵振动的传递构成点阵波，自旋磁矩的扰动在铁磁体内传播时形成自旋波。虽然各种类型的波本质上不同，各有特殊的性质与规律，但是它们都具有波动的共同特征，例如，都具有一定的传播速度，都伴随着能量的传播，都能产生干涉和衍射等现象。

本章主要讨论机械波的基本规律，包括机械波的形成、波函数和波的能量，以及惠更斯原理及其在波的衍射、干涉等方面的应用，还将简要介绍声波（sound wave）、超声波（supersonic wave）、次声波（infrasonic wave）、驻波（standing wave）及多普勒效应（Doppler effect）等。本章虽然只讨论机械波，但是机械波的许多基本规律和基本公式对电磁波和其他类型的波也是适用的。

6.1　机械波的产生和传播

6.1.1　机械波的形成

机械波是机械振动在弹性介质中的传播。因此，机械波的产生首先要有作机械振动的物体，也就是**波源**；其次还必须有能够传播这种振动的**弹性介质**（又称为弹性媒质）。在弹性介质中，各个质点之间存在着相互作用的弹性力。如果介质中某个质元（或质点）A 在外界扰动下离开其平衡位置，邻近质元对该质元的作用力是指向平衡位置的回复力，由于惯性，该质元就会在平衡位置附近振动起来；同时，这一回复力的反作用力又会迫使邻近质元离开其平衡位置开始振动，这又会带动更远的质元振动。这样，介质中一个质元的振动引起邻近质元的振动,邻近质元的振动又引起较远质元的振动,于是振动就以一定的速度由近及远地向各个方向传播出去,形成波动。

按振动方向和波的传播方向的关系,一般把波分为横波和纵波。**振动方向与波的传播方向垂直的波称为横波(transverse wave)。振动方向与波的传播方向平行的波称为纵波(longitudinal wave)**。电磁波是横波,声波是纵波。

横波可以通过弹性绳来演示,如图 6-1 所示,绳一端固定,另一端用手拉直并使之上下振动,就会在绳上形成横波。设想绳由许多质元(图中画了 18 个)构成,在 $t=0$ 时,各质元都在各自的平衡位置上,此时质元 1 在手的作用下,由平衡位置向上运动,由于弹性力的作用,质元 1 带动质元 2,质元 2 带动质元 3……这样就使各质元先后上下振动起来。图中画出了不同时刻各质元的振动状态。设手(波源)的振动周期为 T,经 $t=T/4$,质元 1 的初始振动状态传到质元 4;$t=T/2$ 时,质元 1 的初始振动状态传到质元 7……;$t=T$ 时,质元 1 完成一次全振动,其初始振动状态则传到了质元 13,此时质元 1 与质元 13 的振动状态相同,它们之间形成一个完整波形,其空间距离即为一个波长 λ,以后每经过一个周期,就向前传出一个完整波形。由图 6-1 可以看出,振动方向与波的传播方向垂直,机械横波形成凸起的波峰和凹下的波谷相间的区域并向前传播。

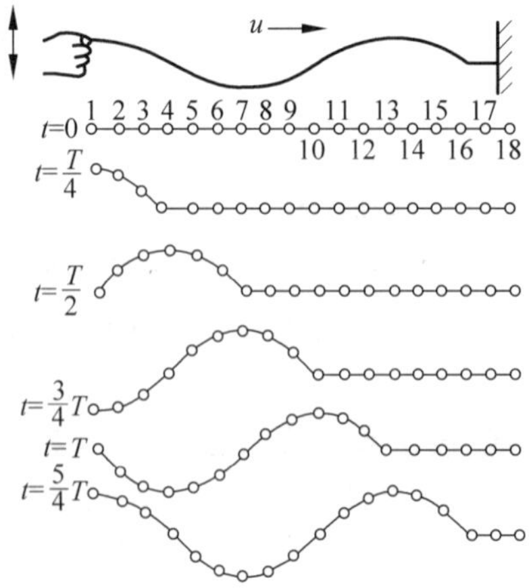

图 6-1 横波的传播

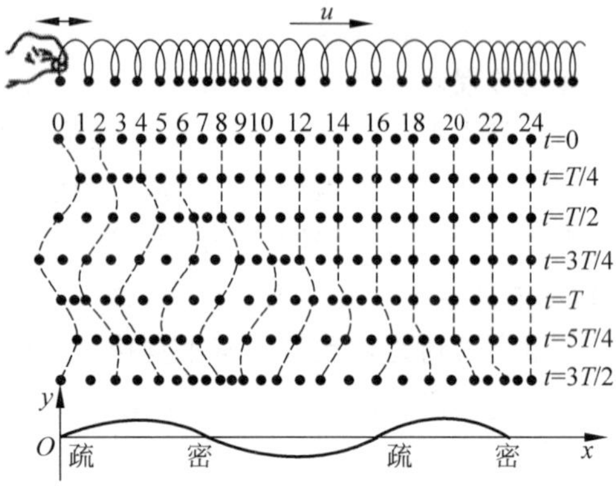

图 6-2 纵波的传播

纵波可以用水平放置的弹簧来演示,如图 6-2 所示。弹簧可看作由许多质元组成,在弹簧一端沿弹簧长度方向轻轻前后振动,由于质元间回复力的作用,质元 1 的振动就会带动各质元先后在各自的平衡位置附近前后振动起来,振动就沿弹簧传播出去。图中画出了不同时刻各质元的振动状态,可以看出,振动方向与波的传播方向平行,机械纵波形成稠密和稀疏相间的区域并向前传播。

应当注意的是,**波动只是振动状态的传播**,是"上游"的质点带动"下游"的质点振动,某时刻某质点的振动状态将在较晚的时刻于"下游"某处出现。**弹性介质中的各个质点只是在它们各自的平衡位置附近振动,并不随着波前进**。由于振动状态常用相位来表示,因此**振动状态的传播也可以用相位的传播来说明**。比较各质元的振动的相位,可以看出,**波源的相位最大,沿着波的传播方向,各质元的相位依次落后**。对于振动在介质中的传播,为了突出传播的特点,又叫做行波,取其"行走"的意思。

6.1.2　波线　波面

在介质中有波形成时，各个质元的相位关系，以及传播方向常用几何图形加以直观地描述。波源在弹性介质中振动时，振动将向各个方向传播，沿着波的传播方向画一些带箭头的线，称为**波线**(wave line)。将不同波线上相位相同的点所连成的曲面称为**波面**，也称为**同相面**(wave surface)或**波阵面**(wave front)，如图 6-3 所示。在某个时刻，振动到达的各点构成的面显然也是一个同相面，由于这个波面在最前方，所以又称为**波前**。

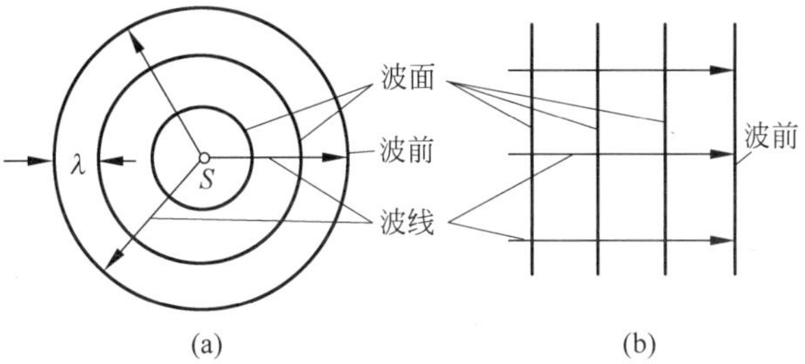

图 6-3　波线　波面与波前
(a) 球面波；(b) 平面波

波前是球面的波，称为**球面波**；波前是平面的波，称为**平面波**。在离波源比较远的小区域内，球面波的一部分可以当作平面波来处理。在各向同性的介质中，波线与波面垂直。

6.1.3　波长　周期　频率和波速

简谐波传播时，不仅具有**时间周期性**，还具有**空间周期性**。时间周期性用周期和频率或角频率来描述，空间周期性用波长来描述。**沿着波的传播方向上两个相邻的振动状态完全相同的质点，即振动相位差为 2π 的两个质点间的距离，为一个完整波形的长度，称为波长**(wave length)。用 λ 表示。横波上两个相邻波峰之间或两个相邻波谷之间的距离，都是一个波长；纵波上两个相邻的密部之间或两个相邻的疏部之间的距离也是一个波长。

我们以横波为例，图 6-4 的纵坐标 y 轴为振动方向，$y=0$ 为其平衡位置，波长如图所示。

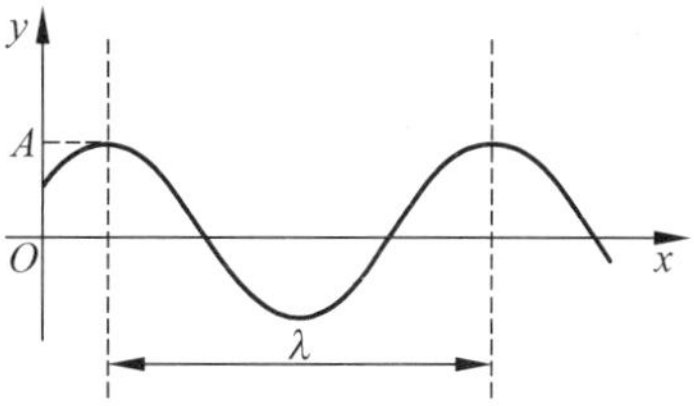

图 6-4　波长

波前进一个波长的距离所需要的时间，或一个完整的波形通过波传播方向上某点所需要的时间，称为波的周期，用 T 表示。周期的倒数称为波的**频率**，用 ν 表示，即 $\nu=1/T$。根据周期的定义，显然，频率等于单位时间内波动所传播的完整波形的数目。由于波源作一次完整周期性振动，波就前进一个波长的距离，因此波的周期(或频率)等于波源的振动周期(或频率)。机械波的频率和周期与介质无关，等于波源的振动周期和频率，也就是说在不同介质中传播时，波的周期和频率不变。

某一振动状态(振动相位)在单位时间内所传播的距离称为波速(wave velocity)，用 u 表示。波速的大小取决于波的种类和介质，在不同的介质中，波速是不同的。在标准状态下，声波在0℃空气中的传播速度为331m/s，而在氢气中的传播速度为1263m/s。同样是地震波，横波(S波)在地壳中的传播速度为3.2～4.0km/s，纵波(P波)传播速度为5.5～7km/s。同一种介质中，同一种波的传播速度u为常量，在一个周期内，波传播了一个波长的距离，所以

$$u=\frac{\lambda}{T} \tag{6-1}$$

或

$$u=\lambda\nu \tag{6-2}$$

由于振动状态用相位来表示，因此波速就是波的相位的传播速度，所以又称为**相速**(phase velocity)。式(6-1)可以写为$\lambda=uT$，虽然周期大小与介质无关，但是由于波速大小与介质有关，因此波长的大小会受介质影响。实际生活中，很多波都是很复杂的，本章只讨论所有波中最简单、最基本的形式——**简谐波**(simple harmonic wave)(余弦波或正弦波)，其他复杂的波可以看成简谐波的合成结果。

6.2 平面简谐波的波函数

6.2.1 平面简谐波的波函数

机械波是振动状态的传播，是弹性介质内大量质点参与的一种集体运动形式，所以要描述机械波，就要定量描述波场中各点的振动状态随时间的变化关系，这样的关系式称为波函数。设振动量为ξ，则在任意位置$\boldsymbol{r}$和任意时刻t的振动状态可以用波函数$\xi(\boldsymbol{r},t)$表示：

$$\xi(\boldsymbol{r},t)=f(\boldsymbol{r},t)=f(x,y,z,t)$$

波函数的表示式一般是比较复杂的。本节只研究一种最简单、最基本的波，即平面简谐波。**简谐振动在介质中传播形成的波称为简谐波**。如果简谐波的波面为平面，则这样的波称为**平面简谐波**。显然，它是最简单、最基本的一种波动形式，一些复杂的波都可以表示为若干频率不同的平面简谐波的叠加。为简便起见，假设这种波在均匀的、不吸收波的能量的无限大介质中传播。

平面简谐波传播时，因为波面是平面，所以在任意时刻处在同一波面上的各点具有相同的振动状态；又因为波面与波线垂直，所以只要知道任意一条波线上各点的振动状态，就可以知道所有点的振动状态，即知道了整个平面波的波动情况。

设一平面简谐波以速度u向前传播，现以波线上某点O为坐标原点，以波的传播方向为x轴正方向建立坐标系，这样x轴上各点就表示波线上各质点的平衡位置到坐标原点的距离，用与x轴垂直的y轴来表示各质点振动时离开平衡位置的位移。如图6-5所示。O处质点作简谐振动，为简便起见，先设其初相位为零，则其在任意时刻t的运动方程为

$$y_O=A\cos\omega t$$

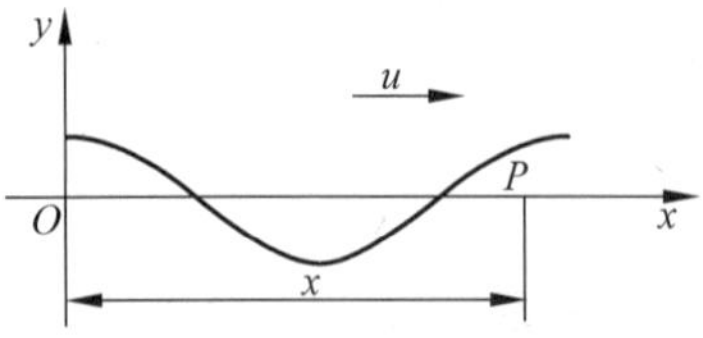

图6-5　t时刻的波形图

其中，A是振幅，ω是角频率。为了找出波动过程中任一质点在任一时刻的位移，我们在Ox轴正方向上任取一点P，P点距O点的距离为x。显然，当振动从O点传到P点时，P点处的质点将以相同的振幅和频率重复O点处的振动，只是相位要比O点落后。因为振动从O点

以波速 u 传到 P 点所需要的时间为 $t=x/u$，所以 P 点处质点的振动在时间上比 O 点落后 t，在相位上落后 ωt。若在 t 时刻，O 点振动的相位为 ωt，则此时 P 点振动的相位就是 $\left(\omega t-\omega \dfrac{x}{u}\right)$，因此，用同一时间坐标 t，P 点处质点在 t 时刻的位移大小为

$$y_P = A\cos\omega\left(t-\frac{x}{u}\right)$$

上面假设 O 点振动的初相位为零，若 O 点振动的初相位为 φ_0，即 O 点的振动方程为

$$y_O = A\cos(\omega t+\varphi_0)$$

由此可得，P 点处质点在 t 时刻的位移大小为

$$y_P = A\cos\left[\omega\left(t-\frac{x}{u}\right)+\varphi_0\right] \tag{6-3}$$

式(6-3)就是平面简谐波的波函数的常见形式之一，其中，相位 $\varphi=\omega\left(t-\dfrac{x}{u}\right)+\varphi_0$ 既是 t 的函数，又是 x 的函数。由于 P 点是波线上任意取的一点，因此式(6-3)可以表示 Ox 轴上所有质点的振动，从而描绘出 Ox 轴上各点随时间振动的整体情况，称为沿 Ox 轴正方向传播的平面简谐波的**波函数**，也称为平面简谐波的**波动方程**。

因为 $\omega=2\pi/T=2\pi\nu$，$u=\lambda/T$，所以式(6-3)还可以写成以下形式：

$$y = A\cos\left(\omega t-\frac{2\pi}{\lambda}x+\varphi_0\right)$$

$$y = A\cos\left[2\pi\left(\frac{t}{T}-\frac{x}{\lambda}\right)+\varphi_0\right]$$

取 $k=\dfrac{2\pi}{\lambda}$，k 叫做**角波数**，则式(6-3)还可以写为

$$y = A\cos(\omega t-kx+\varphi_0)$$

如果平面简谐波沿着图 6-5 中的 Ox 轴**负方向**传播，则原点 O 的振动是由 P 点传过来的，因此 P 点的振动就比 O 点超前一段时间 x/u，相位领先 $\omega x/u$，所以波动方程应为

$$y = A\cos\left[\omega\left(t+\frac{x}{u}\right)+\varphi_0\right] \tag{6-4}$$

或者写为下面三种常用的形式：

$$y = A\cos\left(\omega t+\frac{2\pi}{\lambda}x+\varphi_0\right)$$

$$y = A\cos\left[2\pi\left(\frac{t}{T}+\frac{x}{\lambda}\right)+\varphi_0\right]$$

$$y = A\cos(\omega t+kx+\varphi_0)$$

总结以上情况，我们最后把波函数写成以下两种常见形式：

$$y = A\cos\left(\omega t\mp\frac{2\pi}{\lambda}x+\varphi_0\right) \tag{6-5}$$

$$y = A\cos\left[\omega\left(t\mp\frac{x}{u}\right)+\varphi_0\right] \tag{6-6}$$

负号表示沿 x 轴正方向传播的波，正号表示沿 x 轴负方向传播的波。式(6-5)适合已知波长求波函数，式(6-6)适合已知波速求波函数。

6.2.2 波函数的物理意义

为了理解波动方程的物理意义,现讨论下面三种情况。

(1) 当 x 一定时,即考察波线上某一点(如取 $x=x_1$),则位移 y 将只是时间 t 的余弦函数,由式(6-3)给出

$$y_{x_1}=A\cos\left[\omega\left(t-\frac{x_1}{u}\right)+\varphi_0\right] \tag{6-7}$$

式(6-7)表明 x_1 处质点正在作周期为 T,初相位为 $-\frac{\omega x_1}{u}+\varphi_0$ 的简谐振动,而初相位 $-\frac{\omega x_1}{u}+\varphi_0$ 随着质点的位置不同而不同。式(6-7)对应 y-t 曲线是 x_1 处质点的振动曲线,如图 6-6 所示。

(2) 当 t 一定时,即对应于某一确定的时刻(如取 $t=t_1$),则位移 y 将只是位置 x 的余弦函数,由式(6-3)给出

$$y_{t_1}=A\cos\left[\omega\left(t_1-\frac{x}{u}\right)+\varphi_0\right] \tag{6-8}$$

其中,变量为 y 和 x,其他都是常量,表示在给定时刻 t_1,波线上具有不同坐标 x 的各振动质点的位移分布情况,即表示在给定时刻的波形。和式(6-8)对应的 y-x 图像叫做**波形曲线**,如图 6-7 所示。

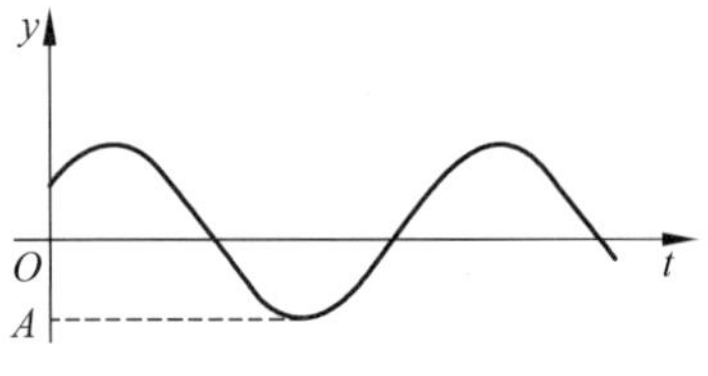

图 6-6 $x=x_1$ 处质点的振动曲线

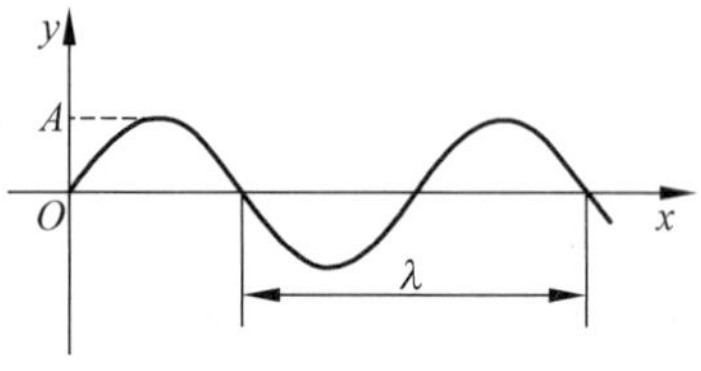

图 6-7 $t=t_1$ 时刻的波形曲线

波形曲线相当于波在运动过程中某一时刻我们给它拍照,在拍照瞬间看到的曲线,它描述的是某一瞬间波的整体形状。波形曲线和振动曲线的区别看横坐标,横坐标是时间 t 就是振动曲线,横坐标是 x 就是波形曲线。

在波的传播过程中,后面的质点的相位总是落后于前面质点的相位,我们假设在同一时刻,距离坐标原点分别为 x_1 和 x_2 的任意两个质点,由波形方程式(6-8)可知,它们的相位是不同的,即存在一定的相位差,并且此相位差不随时间改变。由波函数式(6-3)可得,两个质点的相位分别为

$$\varphi_1=\omega\left(t-\frac{x_1}{u}\right)+\varphi_0=2\pi\left(\frac{t}{T}-\frac{x_1}{\lambda}\right)+\varphi_0$$

$$\varphi_2=\omega\left(t-\frac{x_2}{u}\right)+\varphi_0=2\pi\left(\frac{t}{T}-\frac{x_2}{\lambda}\right)+\varphi_0$$

相位差为

$$\Delta\varphi = \frac{2\pi}{\lambda}(x_2 - x_1) = \frac{2\pi}{\lambda}\Delta x \tag{6-9}$$

其中，Δx 为**波程差**。6.4 节我们讨论波的干涉时，两列波的方向不在同一直线上时，会用 r_1，r_2 替换 x_1，x_2，这时，波程差用 $\Delta r = r_2 - r_1$ 表示，波程差描述的是波传播距离的差值。

式(6-9)说明，波线上波程每相差一个波长，它们的相位就相差 2π 弧度，两点的振动状态也完全相同。

(3) 当 t 和 x 都变化时，波动方程表示出波线上所有质点在各个时刻的位移情况。图 6-8 分别给出了 t 时刻和 $t+\Delta t$ 时刻两个相邻的波形曲线。由图 6-8 可见，两时刻的波形形状完全相同，只不过 $t+\Delta t$ 时刻的波形曲线比 t 时刻的波形曲线向前推进了一段距离 $\Delta x = u\Delta t$，波速 $u = \Delta x / \Delta t$ 就是波形向前传播的速度。所以，波动方程描述了波形的传播，即描述了行进中的波(**行波**)。

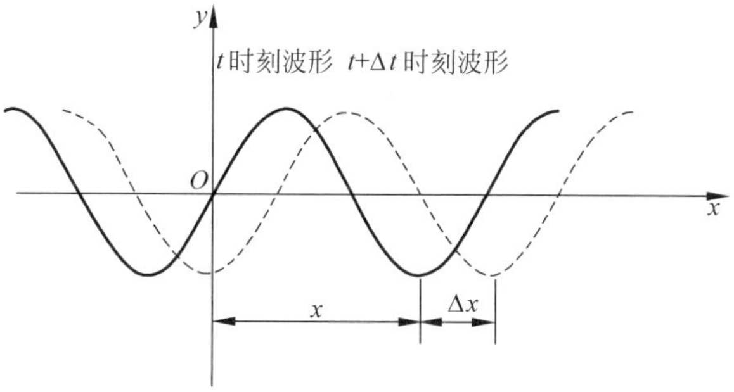

图 6-8 波形的传播

波形曲线是第 6 章新出现的曲线，图 6-9 是某一时刻的波形曲线，从图中我们可知振幅 A，还可以看出一个完整的波形对应的几何距离，即波长 λ，但是我们看不出波速、周期和相位。下面以图 6-9 为例，讨论如何根据波形曲线求相位。

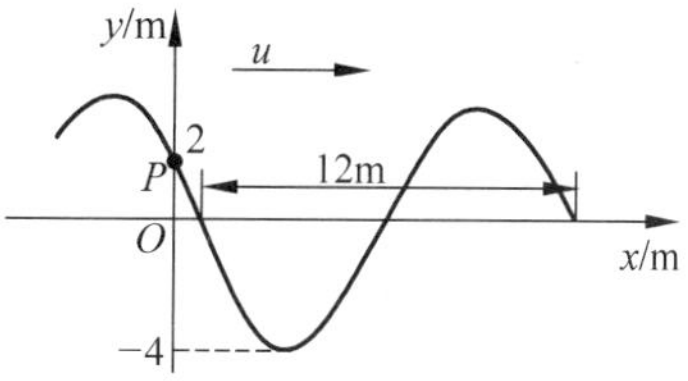

图 6-9 根据 y-x 波形曲线求相位

相位的求法涉及振动速度的正负，从波形曲线判定振动速度的正负需要回顾波传播的基本原理。在波的传播过程中，后面的质点跟随前面的质点运动，以 P 点为例，P 点是跟随左边的质点运动，还是跟随右边的质点运动，我们要看波源在左边还是右边。假设这是一列沿着 x 轴正方向传播的正向波，则波源在左边，P 点跟随左边的质点运动。因为 P 点左边的质点在它上方，所以 P 点下一时刻会向 y 轴正方向运动，也就是说振动速度为正。如果这是一列沿着 x 负方向传播的波，则波源在右边，P 点跟随右边的质点运动，振动速度为负。

例 6-1 一列沿 x 轴正方向传播的波在 $t=1\text{s}$ 时的波形曲线如图 6-9 所示，已知波速 $u = 6\text{m/s}$，求该波的波函数。

解 设波函数为 $y = A\cos\left(\omega t - \frac{2\pi}{\lambda}x + \varphi_0\right)$，振幅 $A = 4\text{m}$，$\lambda = 12\text{m}$，$T = \frac{\lambda}{u} = 2\text{s}$，$\omega = \frac{2\pi}{T} = \pi\text{rad/s}$。

坐标原点 $x=0$，在 $t=1\text{s}$ 时，相位 $\varphi=\omega t-\dfrac{2\pi}{\lambda}x+\varphi_0=\omega+\varphi_0=\pi+\varphi_0$。

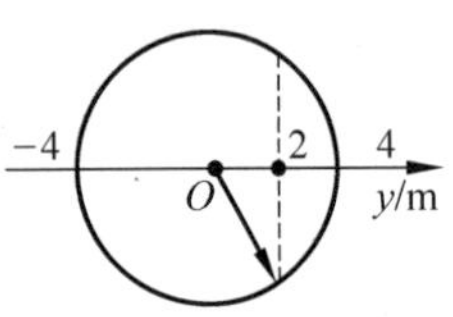

图 6-10　旋转矢量法

画出 $x=0$，在 $t=1\text{s}$ 时的旋转矢量图(见图 6-10)，过 $y=2$ 画垂线，与参考圆相交于两点，分别对应两个旋转矢量：

$$\varphi=\pm\frac{\pi}{3}$$

前面分析过，对于正方向波，P 点速度为正，则 $\varphi=-\dfrac{\pi}{3}$。

因为 $\varphi=\pi+\varphi_0=-\dfrac{\pi}{3}$，所以 $\varphi_0=-\dfrac{4\pi}{3}\left(\text{或 }\varphi_0=\dfrac{2\pi}{3}\right)$。

将所有量代入波函数表达式，得到

$$y=4\cos\left(\pi t-\frac{2\pi}{12}x+\frac{2\pi}{3}\right)$$

第 6 章用旋转矢量法时需要注意，振动方向为 y 方向，所以要把横坐标由 x 改为 y。

例 6-2　有一平面简谐波沿 x 轴正方向传播，已知振幅 $A=1.0\text{m}$，周期 $T-2.0\text{s}$，波长 $\lambda=2.0\text{m}$。在 $t=0$ 时，坐标原点处在平衡位置并向 y 轴负方向运动。(1)写出波动方程；(2)求 $t=1.0\text{s}$ 时各质点的位移分布，并画出波形图；(3)写出 $x=0.5\text{m}$ 处质点的振动方程，并画出该质点的位移与时间关系曲线。

解　(1) 将波动方程取如下形式：

$$y=A\cos\left[2\pi\left(\frac{t}{T}-\frac{x}{\lambda}\right)+\varphi_0\right]$$

其中，φ_0 为坐标原点的振动初相位。根据已知条件可求得

$$\varphi_0=\frac{\pi}{2}$$

代入已知条件，可得波动方程为 $y=1.0\cos\left[2\pi\left(\dfrac{t}{2.0}-\dfrac{x}{2.0}\right)+\dfrac{\pi}{2}\right]$。

(2) 将 $t=1.0\text{s}$ 代入波函数，可得此时各质点的位移分布为

$$y=1.0\cos\left[2\pi\left(\frac{1.0}{2.0}-\frac{x}{2.0}\right)+\frac{\pi}{2}\right]=-1.0\sin(\pi x)$$

按照该式画出 $t=1.0\text{s}$ 时刻的波形图，如图 6-11 所示。

(3) 将 $x=0.5\text{m}$ 代入波函数，可得该处质点的振动方程为

$$y=1.0\cos\left[2\pi\left(\frac{t}{2.0}-\frac{0.5}{2.0}\right)+\frac{\pi}{2}\right]=\cos(\pi t)$$

由此可作出振动曲线，如图 6-12 所示。

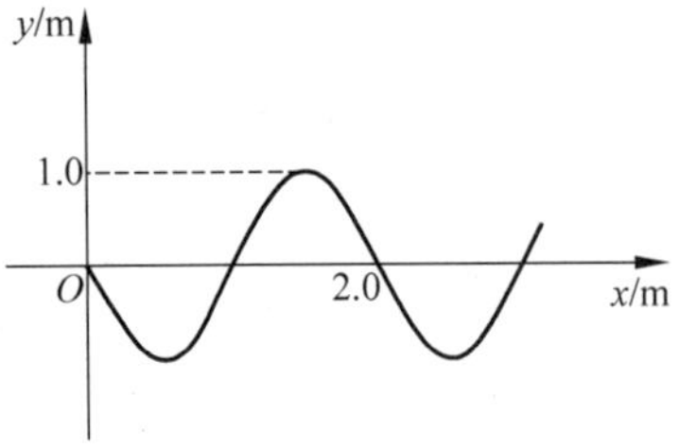

图 6-11　$t=1.0\text{s}$ 时刻的波形图

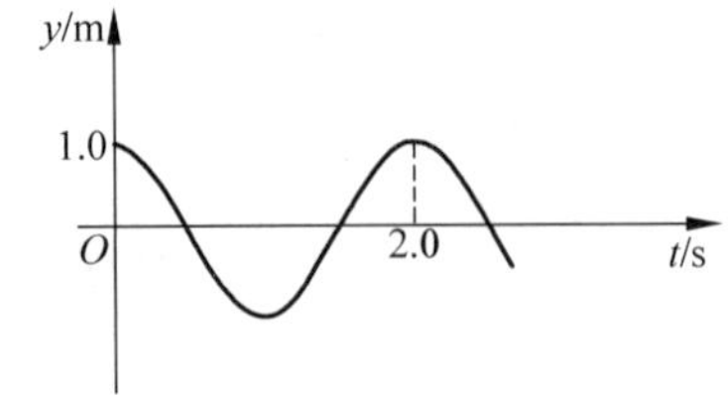

图 6-12　$x=0.5$ m 处质点的振动曲线

例 6-3 一平面简谐波在介质中以速度 $u=20\mathrm{m/s}$ 沿直线传播，已知波线上 A 点的简谐振动方程为 $y=3\cos 4\pi t$，其中，y 的单位为 m，t 的单位为 s，如图 6-13 所示。(1)以 A 点为坐标原点，写出波函数；(2)以距 A 点 5m 处的 B 点为坐标原点，写出波函数；(3)写出图中 C，D 点的振动方程；(4)分别求出 BC 和 CD 两点的相位差。

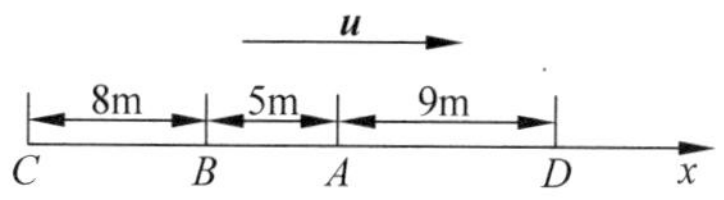

图 6-13　例 6-3 用图

解　由 A 点的振动方程可知

$$\nu=\frac{\omega}{2\pi}=2\mathrm{s}^{-1},\quad \lambda=\frac{u}{\nu}=10\mathrm{m}$$

(1) 以 A 点为原点的波动方程为

$$y=3\cos 4\pi\left(t-\frac{x}{u}\right)=3\cos\left(4\pi t-\frac{\pi}{5}x\right)$$

(2) 已知波的传播方向为由左向右，故 B 点的相位超前于 A 点，其振动方程为

$$y_B=3\cos 4\pi\left(t+\frac{5}{20}\right)=3\cos(4\pi t+\pi)$$

以 B 点为原点的波函数为

$$y=3\cos\left[4\pi\left(t-\frac{x}{20}\right)+\pi\right]=3\cos\left(4\pi t-\frac{\pi}{5}x+\pi\right)$$

(3) 分别将 $x_C=-8\mathrm{m}$，$x_D=14\mathrm{m}$ 代入上式，得到 C 点和 D 点的振动方程为

$$y_C=3\cos\left(4\pi t+\frac{13}{5}\pi\right),\quad y_D=3\cos\left(4\pi t-\frac{9}{5}\pi\right)$$

可见，C 点的相位比 B 点超前，D 点的相位比 B 点落后。

(4) 相位差 $\Delta\varphi_{CB}=\dfrac{2\pi\cdot\Delta x_{BC}}{\lambda}=1.6\pi$，$\Delta\varphi_{CD}=\dfrac{2\pi\cdot\Delta x_{DC}}{\lambda}=4.4\pi$。

小知识：波函数和波动方程

波动方程原来是指波的动力学方程，它的数学形式为：$\dfrac{\partial^2 y}{\partial x^2}=\dfrac{1}{u^2}\dfrac{\partial^2 y}{\partial t^2}$，它反映了一切平面波的共同特征，简谐波的波函数 $y=A\cos\left[\omega\left(t\mp\dfrac{x}{u}\right)+\varphi_0\right]$ 是波的动力学方程的余弦函数形式的解，我们把波函数分别对 t 和 x 求二阶偏导数可以得到波动方程。波的动力学方程在大学物理中只需要用它的解——波函数就行，所以大学物理中不再区分波函数和波动方程，也把波函数称为波动方程。

$\dfrac{\partial^2 y}{\partial x^2}=\dfrac{1}{u^2}\dfrac{\partial^2 y}{\partial t^2}$ 是一维波动方程，还有二维和三维波动方程。一维标量波动方程的解最初由达朗贝尔给出的，所以又被称为达朗贝尔方程。它的解除了写成余弦函数和正弦函数形式，还可以写为指数形式和虚数形式。

*6.3 波的能量与能流

在波动过程中,波源的振动通过弹性介质由近及远地传播出去,使得介质中各个质点在各自的平衡位置附近振动,介质中振动的各点具有动能,同时弹性介质因为发生形变也具有了势能。因此波动传播的过程也是能量传播的过程。

6.3.1 波的能量

下面以绳上的横波为例,说明波动过程中的动能和势能的相互转换,以及能量的传播。

如图 6-14 所示,绳上一列横波沿着 x 轴正方向传播,波线上各质元沿着横向振动,这样,各个质元就具有横向速度,也就具有了相应的动能。当质元 $\mathrm{d}m$ 通过平衡位置时,振动的速度最大,此时质元具有最大的动能;当质元到达位移最大位置时,此时振动的速度为零,因而此时动能为零。

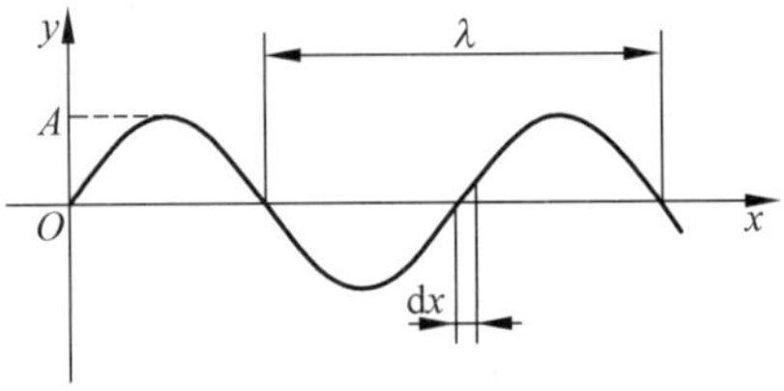

图 6-14 波的能量传播

当简谐波通过原来是直的绳子时,绳子上各个质元都要被拉伸(正弦曲线长度大于对应的直线段长度),直线段中长为 $\mathrm{d}x$ 的质元被拉伸,成为正弦曲线的一部分,并在横向作周期性的简谐振动,该质元长度也相应地进行周期性的变化,同时具有了与长度变化相关的弹性势能。与弹簧类似,由于长度变化量正比于正弦曲线的斜率,因此当质元在平衡位置时刻,长度变化最大,所以此时弹性势能最大;当质元在最大位移处时,其长度变化为零,即此时质元没有被拉伸,弹性势能为零。

在绳波中选一个小质元,质量为 Δm,设绳子的质量体密度为 ρ,体积为 ΔV,将绳波的动能写成如下形式:

$$E_{\mathrm{k}}=\frac{1}{2}\Delta m v^{2}=\frac{1}{2}\Delta m A^{2}\omega^{2}\sin^{2}\left[\omega\left(t\mp\frac{x}{u}\right)+\varphi_{0}\right]$$

对于形变势能,在绳波这类线变类型中引入杨氏模量 Y,Y 与材料有关,波的势能为

$$E_{\mathrm{p}}=\frac{1}{2}Y\frac{\partial^{2}y}{\partial x^{2}}\Delta V=\frac{1}{2}\Delta VYA^{2}\left(\frac{\omega}{u}\right)^{2}\sin^{2}\left[\omega\left(t\mp\frac{x}{u}\right)+\varphi_{0}\right]$$

由于 $u=\sqrt{\frac{Y}{\rho}}$,$\Delta m=\rho\Delta V$,因此 $E_{\mathrm{p}}=\frac{1}{2}\Delta m A^{2}\omega^{2}\sin^{2}\left[\omega\left(t\mp\frac{x}{u}\right)+\varphi_{0}\right]$。

绳波中的弹性势能和动能是相等的,且同相位变化,所以总机械能为

$$E=E_{\mathrm{k}}+E_{\mathrm{p}}=\Delta m A^{2}\omega^{2}\sin^{2}\left[\omega\left(t\mp\frac{x}{u}\right)+\varphi_{0}\right]$$

弹性形变模量除了杨氏弹性模量以外，还有剪切形变时的剪切模量和体积变化时体变模量，这些会在后续其他课程中学到，大学物理中不进行一一推导。由此类推，在波动传播过程中，质元的动能和势能同步变化，动能最大时势能也最大，动能为零时势能也为零，这与简谐振动系统中动能、势能的相互转换及机械能守恒不同。**在波动中质元的机械能并不守恒**，而是随着时间进行周期性的变化。这是由于沿着波的传播方向，质元不断从前面介质获得能量，又传递给后面的介质，说明在波动中随着振动在介质中的传播，能量也从介质的一部分传到另一部分，因此波动是能量传播的一种方式。

波传播过程中，能量的传播用能流来表示。单位时间内通过介质中某一截面的能量叫做通过该截面的**能流**，用 P 表示。由于 P 是随时间进行周期性的变化的，因此一般取能流在一个周期内对时间的平均值来表示能流的大小，称为**平均能流**，用 $\bar{P}$ 表示。为了表征能量传播时能量的集中程度，引入能流密度的概念。通过垂直于波的传播方向上的单位截面的平均能流，称为**能流密度**或**波的强度**，用 I 表示。通过理论计算可以得到

$$I=\frac{\bar{P}}{S}=\frac{1}{2}\rho A^2\omega^2 u$$

其中，ρ 为介质的质量体密度，A 为简谐波振幅，ω 为波的角频率，u 为波速。波的强度正比于振幅的平方，振幅越大，强度越大。

6.3.2 波的吸收

实际生活中，我们发现声音传播到远处就会慢慢消失，电磁信号在某些地区会接收不到，这是由于波在介质中传播时，介质会吸收一部分波的能量，使波的强度降低(振幅减少)，这类现象称为**波的吸收**(absorption of wave)。

设一列波在介质中沿 x 轴正方向传播，在 $x=0$ 时振幅为 A_0，介质对波的吸收系数为 γ，则在任意位置 x，振幅 $A=A_0 e^{-\gamma x}$，由于强度 $I\propto A^2$，因此波强度 $I=I_0 e^{-2\gamma x}$。介质对波的吸收与厚度有关，厚度越大，吸收越大，强度随厚度呈指数衰减。

6.3.3 声波 次声波 超声波

频率低于 20Hz 的声波叫做次声波；频率高于 20 000Hz 的叫做超声波。

声波的能流密度叫做**声强**。人能够听到的声波不仅受到频率范围的限制，而且要处于一定的声强范围内。声强太小，不能引起听觉；声强太大，会使耳朵产生痛觉。人可以听到的声强范围极广，为 $10^{-12}\,W\cdot m^{-2}\sim 1W\cdot m^{-2}$，上下相差 12 个数量级，所以为了方便比较介质中各点声波的强弱，不是使用声强，而是使用声强之比的以 10 为底的对数值来表示，称之为**声强级**。规定声强 $I_0=10^{-12}\,W\cdot m^{-2}$ 作为空气中测定声强的标准，这样，某一声强 I 的声强级用 L 表示为

$$L=\lg\frac{I}{I_0}$$

声强级的单位为 B(贝尔)。贝尔这一单位较大，通常采用贝尔的 1/10，即 dB(分贝)为单位，则上式可改写为

$$L = 10\lg \frac{I}{I_0} (\mathrm{dB})$$

人耳对声音强弱的主观感觉称为**响度**，研究表明，响度大致正比于声强级。表 6-1 给出了一些经常遇到的声强和声强级。

表 6-1　几种声音的声强、声强级和响度

声　源	声强/($W \cdot m^{-2}$)	声强级/dB	响　度
炮声	1	120	
痛觉阈	1	120	
闹市车声	10^{-5}	70	响
通常谈话	10^{-6}	60	正常
室内轻声收音机	10^{-8}	40	较轻
耳语	10^{-10}	20	轻
树叶沙沙声	10^{-11}	10	极轻
引起听觉最弱声音	10^{-12}	0	

超声波和次声波均属于声波范畴，但是人耳无法感受到。

超声波的特点是频率高，波长短，衍射现象不严重，所以具备良好的定向传播特性。由于超声波的频率高，因此超声波的声强比一般声波大得多，因而功率也大得多。此外，超声波的穿透本领也很大，特别是在液体和固体中传播时，衰减很小。在不透明的固体中，能穿透几十米厚度。

利用超声波的以上特性，可以用超声波测量海洋的深度，研究海底地形，发现暗礁和浅滩，确定潜艇、沉船和鱼群位置等。蝙蝠也是靠超声波来捕捉昆虫。蝙蝠嘴巴不断发出脉冲超声波，由于这种脉冲超声波具有良好的方向性，当遇到昆虫等障碍物时，就会反射，蝙蝠通过接收超声反射信号来确定昆虫位置，进而捕捉昆虫。超声波还可以在不损伤工件的情况下探测工件内部的缺陷。在医学上可以利用超声波将人体内脏结构用图像显示出来，从而诊断病变部位，这就是 B 超。

由于超声波的能量大而集中，因此可以用来切削、焊接、钻孔、清洗机件等，还可以用来处理种子和促进化学反应等。

由于超声波的频率与一般的无线电波的频率相近，因此利用超声元件代替某些电子元件，可以起到电子元件难以起到的作用。超声延迟线就是其中一例。因为超声波在介质中的传播速度比电磁波小得多，所以用超声波延迟时间就方便得多。超声波还可以灭鼠，安全环保；超声波可以清洁物品，例如，清洁眼镜、金银首饰等。

次声波又称为亚声波。它的产生与地球、海洋和大气等的大规模运动有密切关系。例如，火山爆发、地震、陨石落地、雷暴、磁暴等自然活动中，都有次声波产生，因此已成为研究地球、海洋、大气等大规模运动的有力工具。次声波频率低，波长长，衰减极小，能远距离传播。例如，在大气中传播几千公里后，吸收还不到万分之几分贝，某些次声波还能绕地球 2～3 周。由于人体器官的振动频率和某些频率的次声波接近，因此某些次声波会和人体器官产生共振，一定强度下甚至会致人死亡。次声波研究，以及应用防护等受到越来越多的重视，已经成为现代声学的一个新的分支——次声学，它的应用覆盖到医学、军事、工业和农业等领域。

小知识：声波强度和噪声污染

大家应该听说过或者看到过声音可以震碎玻璃杯。声音的强度用 dB 来衡量，理论上声音的强度超过 90dB 时就会对我们的耳蜗造成伤害了。例如，喷气式直升机噪声达到 140dB，理论上可以致人耳聋。如果声音的强度达到 240dB 以上，会让人大脑血管爆裂直接致命。

世界卫生组织研究表明，当室内环境噪声持续超过 30dB 时，正常睡眠会受到干扰，如果持续生活在 70dB 以上的噪声环境中，人的听力和健康都会受到影响，若在 80dB 以上的噪声环境中，耳聋的概率达到 50%。噪声除了会使听力受损外，还会损伤心血管和神经系统，甚至会提高冠心病患者心肌梗死的发病率。所以我们日常生活中应当关注噪声污染，尽量减少环境噪声。

6.4 惠更斯原理 波的干涉

6.4.1 惠更斯原理

由机械波的产生过程可知，波源的振动是通过介质质元的相继振动传播出去的，因此波传播到的各点可以看作是新的波源。例如，在如图 6-15 所示的水面波传播时，遇到一障碍物，障碍物上有一很小的小孔，这时可以看到在小孔的后面也出现了圆形的波，这个圆形的波就好像是以小孔为波源产生的一样。

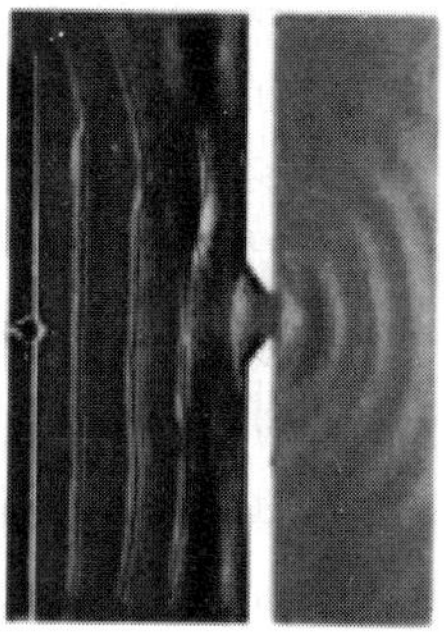
图 6-15 水面波的衍射

根据这样的现象，荷兰物理学家惠更斯在 1690 年提出：**介质中波动传播到的各点都可以看作是发射子波的波源，在其后的任一时刻，这些子波的包络就是新的波前。这就是惠更斯原理**。根据惠更斯原理，只要知道某一时刻的波阵面，就可以用几何方法确定下一时刻的波阵面，从而确定波的传播方向。

下面举例说明惠更斯原理的应用。如图 6-16(a)所示，设从点波源 O 发出一列球面波，它以波速 u 在介质中传播，t 时刻的波前是以 O 为球心，半径为 $R_1=ut$ 的球面 S_1，根据惠更斯原理，S_1 面上各点可以看作是发射子波的波源。以 $r=u\Delta t$ 为半径画出很多半球形子波，那么，这些子波的包络 S_2 就是 $t+\Delta t$ 时刻新的波前，它是以 O 为球心，以 $R_2=R_1+u\Delta t$ 为半径的球面。若已知平面波在某时刻的波阵面 S_1，根据惠更斯原理，应用同样的方法，也可以求出以后时刻的新的波阵面 S_2，如图 6-16(b)所示。

用惠更斯原理可以定性地解释波的衍射现象。波的衍射是指波在传播过程中遇到障碍物时，其传播方向发生改变，并能绕过障碍物的边缘，继续向前传播的现象。如图 6-17 所示，当一平面波到达一个宽度与波长相近的狭缝时，根据惠更斯原理，此时缝上各点均可看作是子波的波源，作出这些子波的包络，就得到新的波前。此时的波阵面已经不再是平面，在靠近边缘处，波前弯曲，透过狭缝后，波已经绕过了障碍物而继续传播。图 6-17 所示的情况就是一种很明显的衍射现象。

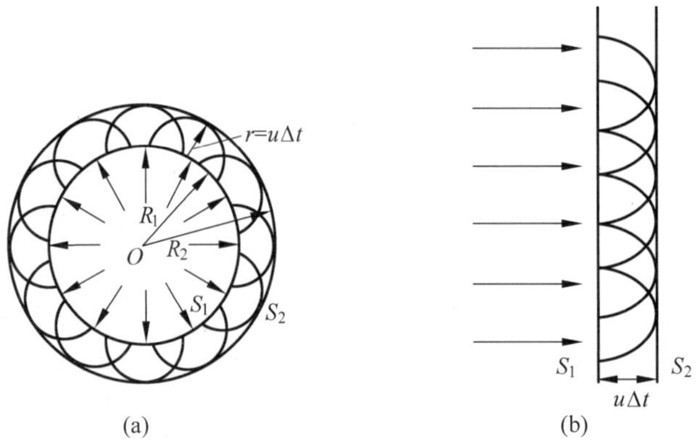

图 6-16 用惠更斯原理求波前
(a) 球面波；(b) 平面波

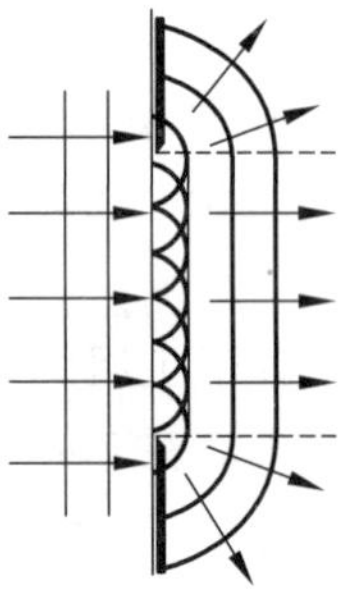

图 6-17 波的衍射

6.4.2 波的干涉

如图 6-18 所示，两列水面波以圆形波纹在水面上传播，它们相遇后并不改变各自原来的传播方向，就好像彼此没有相遇一样仍然保持圆形波纹向前传播。这个现象说明，波的传播是互相独立的，一列波的特性不会因其他波的存在而改变。

类似的现象在日常生活中还有许多，如管弦乐队合奏或几个人同时讲话时，空气中同时传播着许多种声波，但我们仍能辨别出各种乐器或每个人的声音；两只手电筒发出的两束光波相遇后仍按原来的方向射出。这些都表明：几列波在空间相遇后，各列波仍将保持各自的频率、波长、振动方向等特征，并沿原来的方向继续传播下去，这称为**波的独立传播原理**。正因为波的传播具有独立性，当几列波在空间某点相遇时，每列波在该点引起的振动并不因其他波的存在而改变，所以该点的振动就是各列波单独存在时在该点引起的振动的叠加，这称为**波的叠加原理**。

利用波的叠加原理可以说明多列波叠加时所产生的现象。一般来说，振幅、频率和相位都不同的几个波在某一点叠加时，情况是很复杂的。现在只讨论一种最简单，但又最重要的情况，即由两列频率相同、振动方向相同、相位差恒定的波源所发出的波的叠加。这种波叠加后在空间能够形成稳定的强度分布的现象，称为**波的干涉**，满足这样条件的两列波称为**相干波**，相应的波源称为**相干波源**，实现干涉所需要满足的条件称为**相干条件**。

如图 6-19 所示，使两个小球以同一周期同步地触动水面，形成的两列水面波在相遇的

图 6-18 水波的独立传播

图 6-19 水波的干涉

区域叠加，有的地方合振动始终较强，有的地方合振动始终较弱（该处水质元几乎不振动），这就是水面波的干涉现象。

下面根据波的叠加原理来分析干涉现象的产生原因并确定干涉加强和减弱的条件。设有两个相干波源 S_1，S_2，它们波函数分别为

$$y_1 = A_1\cos\left(\omega t - \frac{2\pi x_1}{\lambda} + \varphi_{10}\right)$$

$$y_2 = A_2\cos\left(\omega t - \frac{2\pi x_2}{\lambda} + \varphi_{20}\right)$$

其中，ω 为两波源的角频率，A_1，A_2 分别为两波的振幅，φ_{10}，φ_{20} 分别为两波源的初相位。设这两列波在同一种介质中传播，它们的波长均为 λ。如图 6-20 所示，由于两列波从不同的方向到达 P 点，因此我们用波程 r_1 和 r_2 替换 x_1 和 x_2。当两列波分别传播过 r_1 和 r_2 的距离在空间 P 点相遇，根据波的传播规律，两列波在 P 点引起的振动分别为

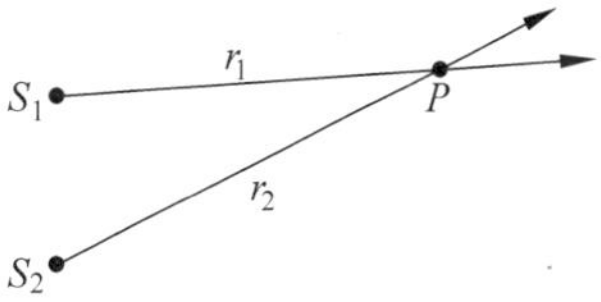

图 6-20 两列波的干涉

$$y_1 = A_1\cos\left(\omega t - \frac{2\pi r_1}{\lambda} + \varphi_{10}\right)$$

$$y_2 = A_2\cos\left(\omega t - \frac{2\pi r_2}{\lambda} + \varphi_{20}\right)$$

P 点参与的是两个同方向、同频率的简谐振动。根据波的叠加原理，P 点的合振动应为

$$y = y_1 + y_2 = A\cos(\omega t + \varphi) \tag{6-10}$$

A 为合振动的振幅，φ 为合振动的初相位。由式(5-16)和式(5-17)可知

$$\tan\varphi = \frac{A_1\sin\left(\varphi_{10} - \frac{2\pi r_1}{\lambda}\right) + A_2\sin\left(\varphi_{20} - \frac{2\pi r_2}{\lambda}\right)}{A_1\cos\left(\varphi_{10} - \frac{2\pi r_1}{\lambda}\right) + A_2\cos\left(\varphi_{20} - \frac{2\pi r_2}{\lambda}\right)}$$

$$A = \sqrt{A_1^2 + A_2^2 + 2A_1A_2\cos\Delta\varphi} \tag{6-11}$$

其中，

$$\Delta\varphi = (\varphi_{20} - \varphi_{10}) - \frac{2\pi}{\lambda}(r_2 - r_1) \tag{6-12}$$

$\Delta\varphi$ 是两列波在 P 点引起的振动的相位差，其中，$\delta = r_2 - r_1$ 表示从波源 S_1 和 S_2 发出的两列波到达 P 点所经过的路程差，称为**波程差**。这时，我们得到相位差等于两个相干波的初相位之差减去 2π 除以波长乘以波程差，它的大小是常数。因此每一点的合振动的振幅 A 也是一个恒量。和第 5 章振动加强和振动相消的讨论一样，合振幅也有最大值和最小值，对应干涉加强和干涉相消条件。

当 $\Delta\varphi = \pm 2k\pi(k = 0,1,2,\cdots)$ 时，$\cos\Delta\varphi = 1$，合振幅 $A = A_1 + A_2$ 最大，对应干涉加强，可以得到

$$\Delta\varphi = (\varphi_{20} - \varphi_{10}) - \frac{2\pi}{\lambda}(r_2 - r_1) = \pm 2k\pi,\quad k = 0,1,2,\cdots \tag{6-13}$$

当 $\Delta\varphi = \pm(2k+1)\pi(k = 0,1,2,\cdots)$ 时，$\cos\Delta\varphi = -1$，合振幅 $A = |A_1 - A_2|$ 最小，对应干涉

相消,可以得到

$$\Delta\varphi=(\varphi_{20}-\varphi_{10})-\frac{2\pi}{\lambda}(r_2-r_1)=\pm(2k+1)\pi,\quad k=0,1,2,\cdots \tag{6-14}$$

在干涉相消情况下,还有一类特殊的情况,那就是当 $A_1=A_2$ 时,合振幅 $A=0$,称为完全相消,或者称为因干涉而静止。

两列波干涉的结果使得空间某些点的振动始终加强,而某些点的振动始终减弱。式(6-13)和式(6-14)分别称为相干波的干涉加强和干涉减弱条件。

如果两个相干波源的振动的初相位相同,即 $\varphi_{20}=\varphi_{10}$,上述干涉加强和干涉减弱条件可以简化为

$$\delta=r_2-r_1=\pm k\lambda,\quad k=0,1,2,\cdots \text{ 干涉加强} \tag{6-15}$$

$$\delta=r_2-r_1=\pm(2k+1)\frac{\lambda}{2},\quad k=0,1,2,\cdots \text{ 干涉减弱} \tag{6-16}$$

式(6-15)和式(6-16)说明,两列同相位的相干波源发出的波叠加时,在波程差等于波长整数倍的各点,振幅最大,在波程差等于半波长奇数倍的各点,振幅最小。在其他情况下,合振幅的值在最大值(A_1+A_2)和最小值$|A_1-A_2|$之间。

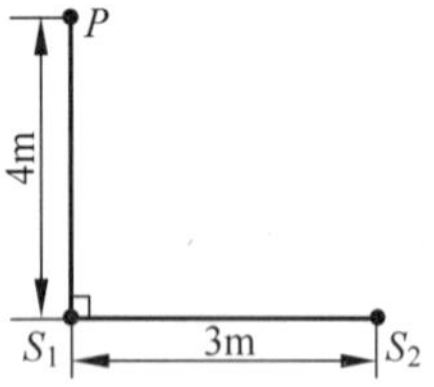

图 6-21 例 6-4 用图

例 6-4 S_1,S_2 为同一介质中的两相干波源,P 为介质中的一点,几何关系如图 6-21 所示。两个波源的振幅均为 5cm,频率均为 165Hz,S_2 的相位比 S_1 的相位超前 π,介质中的波速 $u=330\text{m/s}$。试求由 S_1,S_2 发出的两列波传到 P 点时的干涉结果。

解 由图 6-21 可知,$\overline{S_1S_2}=3\text{m}$,$\overline{PS_1}=4\text{m}$,故 $\overline{PS_2}=\sqrt{3^2+4^2}\text{ m}=5\text{m}$。又因为 $u=330\text{m/s}$,$\nu=165\text{Hz}$,所以

$$\lambda=\frac{u}{\nu}=2\text{m}$$

S_1,S_2 在 P 点形成的两振动的相位差为

$$\Delta\varphi=(\varphi_{20}-\varphi_{10})-\frac{2\pi}{\lambda}(r_2-r_1)=\pi-\frac{2\pi}{\lambda}(\overline{PS_2}-\overline{PS_1})$$

$$=\pi-2\pi\frac{5-4}{2}=0$$

符合式(6-13)的干涉加强条件,可得 $A=A_1+A_2=10\text{cm}$。

人物介绍:惠更斯

惠更斯(Christiaan Huyg(h)ens,1629—1695),荷兰物理学家、天文学家、数学家。作为历史上最著名的物理学家之一,他是近代自然科学的开拓者,既是理论物理学家,也是实验物理学家,更是发明家。他善于把科学实践与理论研究结合起来,透彻地解决某些重要问题,形成了理论与实验结合的工作方法与明确的物理思想。

他在力学上的贡献为:建立向心力定律,把弹性碰撞公式化并提出动量守恒原理,改进了计时器,研究简谐振动并发明了弹簧摆钟。1678 年他写了《论光》,阐述了光的波动原理,即惠更斯原理,是

光的波动学说的支持者。数学方面,他研究抛物线和对数曲线的切线、长度等,1657 年发表《论赌博中的计算》,是概率论的创始人。

6.5 驻波

6.5.1 驻波的形成

驻波是干涉的特例,**在同一介质中两列振幅相同的相干波,在同一直线上沿着相反方向传播时就叠加形成驻波**。一般来说,当波向前传播遇到障碍物,或遇到另外一种界面时,反射回来的波与入射波叠加起来所形成的波就是驻波。图 6-22 是用弦线做驻波实验的例子,弦线的一端系在音叉上,一端系着砝码使弦线拉紧。当音叉以一定频率振动时,调节劈尖 B 到适当位置,可以看到 AB 段弦线被分成几段长度相等的作稳定振动的部分。此时由于音叉振动所引起的向右传播的波和在 B 点反射后产生的向左传播的波在绳上干涉而形成驻波。

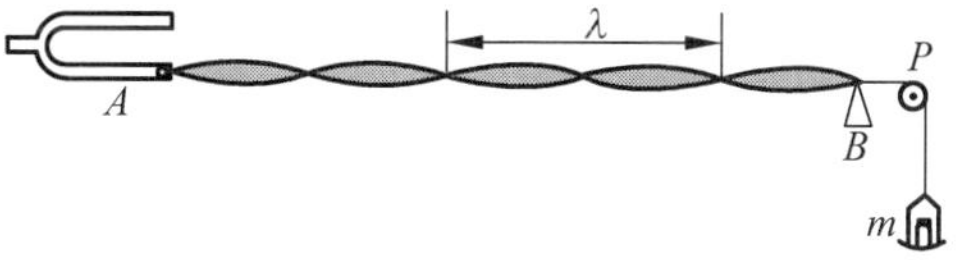

图 6-22　弦线上的驻波

6.5.2 驻波方程

下面以图 6-22 的弦线驻波为例介绍驻波的形成及其表达式。设有两列振幅相同、频率相同、初相位为零的简谐波,分别沿着 Ox 轴正、反方向传播,其波函数分别为

$$y_1 = A\cos 2\pi\left(\nu t - \frac{x}{\lambda}\right)$$

$$y_2 = A\cos 2\pi\left(\nu t + \frac{x}{\lambda}\right)$$

其中,A 为振幅,ν 为频率,λ 为波长。将两波合成,可得两波在任意点处质点的合位移为

$$\begin{aligned} y = y_1 + y_2 &= A\cos 2\pi\left(\nu t - \frac{x}{\lambda}\right) + A\cos 2\pi\left(\nu t + \frac{x}{\lambda}\right) \\ &= 2A\cos\frac{2\pi}{\lambda}x\cos 2\pi\nu t \end{aligned} \tag{6-17}$$

此式即为驻波的表达式,也称为驻波方程。式中,$\cos 2\pi\nu t$ 表示质点作简谐振动,$2A\cos\frac{2\pi}{\lambda}x$ 就是坐标为 x 处质点的振幅,可见各点的振幅随位置的不同而不同。如图 6-23 所示,分别表示沿 Ox 轴正、反方向传播的入射和反射简谐波,以及两列波的叠加的曲线。设 $t=0$ 时,入射波和反射波的波形刚好重合,此时各点振动加强。图中依次画出了 $t=0, T/8, T/4, 3T/8, T/2$ 时刻各质点的分位移和合位移。由图 6-23 可知,合成波的波形驻定在原地起伏

变化而不传播，这样的波就是驻波。

彩图 6-23

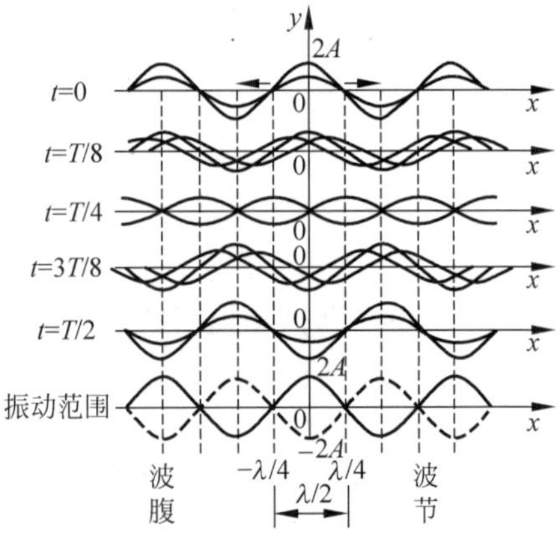

图 6-23 驻波

下面进一步讨论驻波的一些特征。

1）波腹与波节

从驻波的表达式(6-17)可以得到驻波与行波的不同特点。各质点都在作频率相同的简谐振动，但各质点的振幅随位置的不同而不同，有些点的振幅始终最大，有些点的振幅始终为零。**振幅最大的点称为波腹**，对应于$\left|\cos\frac{2\pi}{\lambda}x\right|=1$，即$\frac{2\pi}{\lambda}x=k\pi$的各点。因此波腹的位置为

$$x=k\frac{\lambda}{2},\quad k=0,\pm1,\pm2,\cdots \tag{6-18}$$

振幅为零的点称为波节，对应于$\left|\cos\frac{2\pi}{\lambda}x\right|=0$，即$\left|\frac{2\pi}{\lambda}x\right|=(2k+1)\frac{\pi}{2}$。因此波节的位置为

$$x=(2k+1)\frac{\lambda}{4},\quad k=0,\pm1,\pm2,\cdots \tag{6-19}$$

由式(6-18)和式(6-19)可知，相邻的两个波腹和相邻的两个波节之间的距离均为$\lambda/2$。这一点也为我们提供了一种测定波长的方法，只要测出相邻的两个波节或波腹之间的距离，就可以确定原来两列行波的波长λ。

2）各点的相位

从式(6-17)中的振动因子$\cos\omega t$来看，驻波中各点振动的相位似乎都是相同的，其实不然，因为系数$2A\cos\frac{2\pi}{\lambda}x$在不同位置处有正有负，将相邻的两个波节之间的各点叫做一段，则由余弦函数的特性可知，$\cos\frac{2\pi}{\lambda}x$的值在同一段内有相同的符号，对于分别在相邻两段内的两点则符号相反。所以在驻波中，同一段内各点振动同相，会沿着相同方向同时达到各自位移的最大值，又同时沿相同方向通过平衡位置；相邻两段中的各点振动反相，会同时沿相反方向达到各自位移的最大值，又同时沿着相反方向通过平衡位置。所以驻波实际上就是分段振动现象，各点以各自的振幅在各自的平衡位置附近振动，整个波形并不移动。

3）驻波的能量

以图 6-23 的弦线上的驻波为例来讨论驻波的能量特征。当各质元的位移同时达到各自的最大值（如图 6-23 中 $t=0$ 和 $t=T/2$ 时的情况）时，其动能均为零，能量全部为势能，但波节处质元的形变最大，弹性势能最大，波腹处质元形变为零，弹性势能为零，所以此时能量主要集中在波节附近。当各质元同时通过平衡位置（如图中 $t=T/4$ 时的情况）时，各质元均无形变，弹性势能为零，能量全部为动能。由于波腹处质元速度最大，动能最大，因而能量主要集中在波腹附近。从整个过程来看，能量在相邻的波腹、波节之间来回转换，它被限制在以相邻的波腹和波节为边界的长为 $\lambda/4$ 的小段中，波节两侧的介质、波腹两侧的介质互不交换能量，所以驻波并不传播能量。

4）相位突变

在图 6-22 中，反射点 B 处的弦线是固定不动的，所以此处只能是波节，这表明反射波和入射波的相位在此处刚好相反，或者说反射波的相位相对于入射波有 π 的相位突变。由于 π 的相位突变相当于半个波长的波程差，因此这种入射波在反射时发生反相的现象也常称为**半波损失**。当波在自由端反射时，则没有相位突变，所以形成的驻波在此处将出现波腹。一般情况下，入射波在两种介质的分界面处反射时是否发生半波损失，与波的种类、两种介质的性质等有关。研究表明，对机械波而言，它由介质的密度 ρ 和波速 u 的乘积 ρu 决定。ρu 较大的介质，叫做波密介质；ρu 较小的介质，叫做波疏介质。**当波从波疏介质入射到波密介质界面上反射时，有半波损失**，形成的驻波在界面处是波节。反之，在界面处则是波腹。

例 6-5 已知入射波的表达式为 $y_1=A\cos\left[2\pi\left(\dfrac{t}{T}+\dfrac{x}{\lambda}\right)+\varphi\right]$，在 $x=0$ 处发生反射，反射点为固定端。求：(1)反射波的表达式；(2)合成波的表达式；(3)波节和波腹的位置。

解 (1) 将 $x=0$ 代入入射波的表达式，得到入射波在 $x=0$ 处激发的振动的表达式为

$$y_{10}=A\cos\left(2\pi\frac{t}{T}+\varphi\right)$$

因为反射点是固定端，所以反射时有半波损失，又因为入射波被完全反射，所以 y_{20} 和 y_{10} 振幅相同，因此反射波在 $x=0$ 处的振动表达式为

$$y_{20}=A\cos\left(2\pi\frac{t}{T}+\varphi+\pi\right)$$

由入射波的表达式可知，入射波沿着 x 轴负方向传播，而反射波沿着 x 轴正方向传播。由 y_{20} 得反射波的表达式为

$$y_2=A\cos\left[2\pi\left(\frac{t}{T}-\frac{x}{\lambda}\right)+\varphi+\pi\right]$$

(2) 合成波的表达式为

$$\begin{aligned}y=y_1+y_2&=A\cos\left[2\pi\left(\frac{t}{T}+\frac{x}{\lambda}\right)+\varphi\right]+A\cos\left[2\pi\left(\frac{t}{T}-\frac{x}{\lambda}\right)+\varphi+\pi\right]\\&=2A\cos\left(\frac{2\pi x}{\lambda}-\frac{\pi}{2}\right)\cos\left(\frac{2\pi t}{T}+\varphi+\frac{\pi}{2}\right)\end{aligned}$$

(3) 由 $\cos\left(\dfrac{2\pi x}{\lambda}-\dfrac{\pi}{2}\right)=0$ 解得波节位置为 $x=(k+1)\dfrac{\lambda}{2}$。因为入射波沿着 x 轴负方向传播，而在 $x=0$ 处完全反射，故波动只发生在 x 轴正半轴，所以上式中 k 的取值为 -1，

0,1,…波节的位置亦可表示为 $x=k\dfrac{\lambda}{2},k=0,1,2,\cdots$。

由 $\left|\cos\left(\dfrac{2\pi x}{\lambda}-\dfrac{\pi}{2}\right)\right|=1$ 解得波腹位置为 $x=(2k+1)\dfrac{\lambda}{4},k=0,1,2,\cdots$。

*6.6 多普勒效应

在前面的讨论中,波源和观察者相对于介质都是静止的,观察者接收到的频率与波源发出的频率是相同的。**如果波源或观察者或者两者同时相对于介质运动时,观察者接收到的频率和波源的频率则并不同,这一效应是多普勒在1842年发现的,故称为多普勒效应**(Doppler effect)。当高速行驶的火车鸣笛而来时,人们听到的汽笛音调变高,即频率变大,反之,当火车鸣笛而去时,人们听到的音调变低,即频率变小,这就是声波的多普勒效应。

本节讨论这一效应的规律,为简单起见,假定波源和观察者都在同一直线上运动。波源相对于介质的运动速度用 v_S 表示,观察者相对于介质的运动速度用 v_R 表示,波速用 u 表示。设波源的频率为 γ_S,观察者接收到的频率为 γ_R,波的频率为 γ_W,这里,波源的频率 γ_s 是指波源在单位时间内发出的完整波的数目;观察者接收到的频率 γ_R 是指观察者在单位时间内接收到的完整波的数目;波的频率 γ_W 是指单位时间内通过介质中某点的完整波的数目,只有当波源和观察者都相对于介质静止时,三者才是相等的。下面分3种情况进行讨论。

1)波源不动,观察者以速度 v_R 相对于介质运动

当观察者在介质中静止不动时,他在单位时间内接收到 u/λ 个波。现在因为观察者以速度 v_R 向波源运动,他在单位时间内将多接收到 v_R/λ 个波,所以他在单位时间内接收到的波数,即他观测到的频率 γ_R 应为

$$\gamma_R=\frac{u}{\lambda}+\frac{v_R}{\lambda}=\frac{u+v_R}{u/\gamma_W}=\frac{u+v_R}{u}\gamma_W \tag{6-20}$$

所以观察者向波源运动时所接收到的频率为波源频率的 $1+\dfrac{v_R}{u}$ 倍。

当观察者远离波源运动时,按类似的分析,可得观察者接收到的频率为

$$\gamma_R=\frac{u-v_R}{u}\gamma_W \tag{6-21}$$

2)观察者不动,波源以速度 v_S 相对于介质运动

波源运动时,波的频率不再等于波源的频率。这是由于当波源运动时,它所发出的两个振动是在不同地点发出的,如图6-24所示,这两个地点的距离为 v_ST,T 为波源的周期。如果波源是向着观察者运动的,则当波源从 S_1 发出的某振动状态经过一个周期 T 的时间传到位置 A 时,波源已运动到了 $S_2(S_1S_2=v_ST)$,此时波源发出与 A 点相差 2π 的相位,S_2A 为此情形下的波长 λ'。由于波源的运动,介质中的波长变小了,现在介质中的波长为

$$\lambda'=\lambda-v_ST_S=(u-v_S)T_S=\frac{u-v_S}{\gamma_S}$$

相应地,现在波的频率为

$$\gamma_{\mathrm{W}}=\frac{u}{\lambda'}=\frac{u}{u-v_{\mathrm{S}}}\gamma_{\mathrm{S}}$$

由于观察者静止，因此他接收到的频率就是波的频率，即

$$\gamma_{\mathrm{R}}=\gamma_{\mathrm{W}}=\frac{u}{u-v_{\mathrm{S}}}\gamma_{\mathrm{S}} \tag{6-22}$$

此时观察者接收到的频率大于波源的频率。

当波源远离观察者运动时，按类似的分析，可得观察者接收到的频率为

$$\gamma_{\mathrm{R}}=\gamma_{\mathrm{W}}=\frac{u}{u+v_{\mathrm{S}}}\gamma_{\mathrm{S}} \tag{6-23}$$

此时观察者接收到的频率低于波源的频率。

图 6-25 是波源在水中向右运动时所激起的水面波照片，由图 6-25 可见，沿着波源运动的方向，水面波的波长变短了。

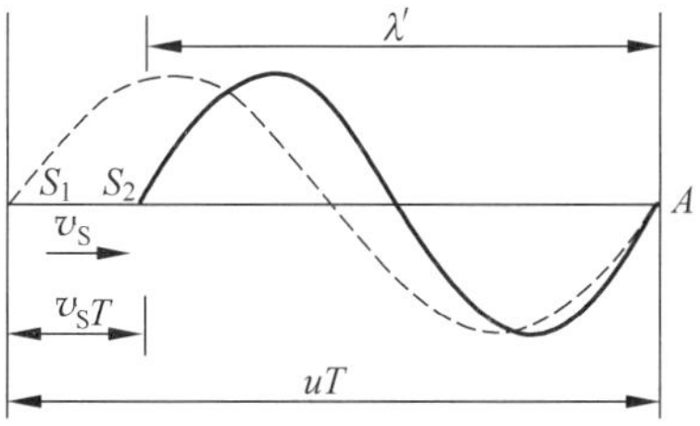

图 6-24　波源运动的前方波长变短

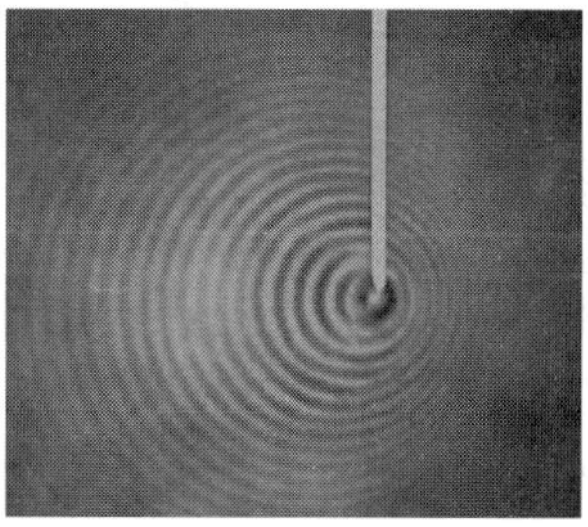
图 6-25　波源运动时的多普勒效应

3）观察者与波源同时相对于介质运动

综合前面两种情况的分析可知，由于波源的运动，介质中波的频率为 $\gamma_{\mathrm{W}}=\dfrac{u}{u-v_{\mathrm{S}}}\gamma_{\mathrm{S}}$，由于观察者的运动，观察者接收到的频率与波的频率之间的关系为 $\gamma_{\mathrm{R}}=\dfrac{u+v_{\mathrm{R}}}{u}\gamma_{\mathrm{W}}$，联立此两式，可得观察者接收到的频率为

$$\gamma_{\mathrm{R}}=\frac{u+v_{\mathrm{R}}}{u-v_{\mathrm{S}}}\gamma_{\mathrm{S}} \tag{6-24}$$

当波源和观察者彼此远离时，观察者接收到的频率为

$$\gamma_{\mathrm{R}}=\frac{u-v_{\mathrm{R}}}{u+v_{\mathrm{S}}}\gamma_{\mathrm{S}} \tag{6-25}$$

值得一提的是，不仅机械波有多普勒效应，电磁波也有多普勒效应。由于电磁波的传播速度为光速，因此要运用相对论来处理这个问题，且观察者接收到的频率与式(6-24)或式(6-25)有所不同。然而波源与观察者相互接近时，频率变大，相互远离时，频率变小的结论，仍然是相同的。

前面已经指出，当波源向着观察者运动时，观察者接收到的频率比波源的频率要高，它由式(6-22)给出，如果波源的速度 v_{S} 超过波的速度时，上述公式将失去意义，因为这种情况下在任一时刻波源本身将超过它此前发出的波的波前，这样，在波的前方不可能有任何波动产生，这种情况如图 6-26 所示。这种波称为**冲击波**，各时刻波源发出的波前的包络面是一

个以波源为顶点的圆锥面,它是介质受扰动与未受扰动的分界面,称为马赫锥。

当飞机、炮弹等以超声速飞行时,或火药爆炸时,都会在空气中激起冲击波。冲击波达到的地方,空气压强突然增大,过强的冲击波掠过物体时甚至会造成损害,这种现象称为声爆。当超音速飞机向下俯冲时,地面上的人先看到飞机无声地掠过,然后才开始听到越来越大的轰轰巨响。类似的现象在水波中也可以看到。当船速超过水面上的水波波速时,在船后就激起以船为顶端的V形波,称为**艏波**。如图6-27所示。

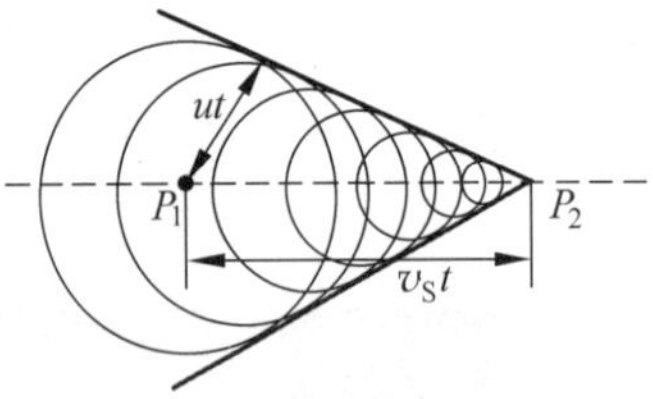

图6-26　冲击波的产生

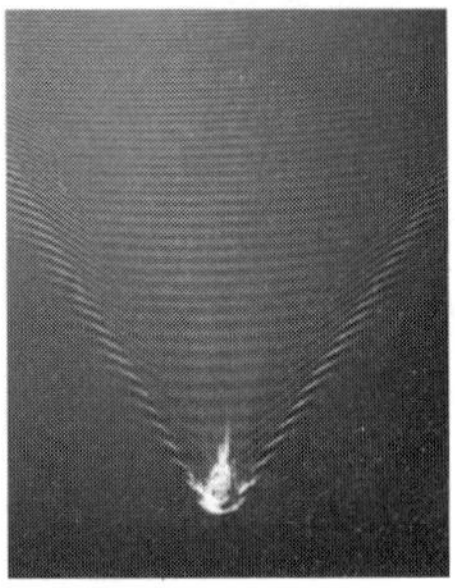

图6-27　艏波

按照相对论,物体的速度不能超过真空中的光速 c,但是可以超过介质中的光速(小于真空中的光速)。当带电粒子在介质中以超过介质中光速的速度运动时,会辐射锥形的电磁波,这种辐射称为切伦科夫辐射。利用切伦科夫辐射原理制成的切伦科夫辐射计数器,可以探测高能粒子的速度,已广泛地应用于高能物理实验中。

人物介绍:多普勒

多普勒(Christian Johann Doppler,1803—1853),奥地利著名数学家、物理学家。1842年,他因在文章 *On the Colored Light of Double Stars* 中提出多普勒效应而闻名于世。多普勒的研究范围还包括光学、电磁学和天文学,他设计和改良了很多实验仪器,如光学仪器。多普勒才华横溢,创意无限,脑里充满各种新奇的点子。虽然不是每一个构想都行得通,但往往为未来的新发现提供线索。

*6.7　孤立波

非线性波动有两大类,一类是**孤立波**(Solitary wave),又称为**孤子**(Soliton),另一类是耗散系统的波动。第二类耗散系统波动的波形具有多样性。本节介绍孤立波。

孤立波是以一定速度前行并且不变形的水波,既可以发生在河流,又可以发生在海洋中。孤立波是存在于自然界(水面、大气层、光学介质、等离子体)的一种独特的波动现象。它的特点是:行波单峰、匀速、不变形、相互作用时不受破坏。

1834年秋,英国科学家、造船工程师罗素(John Scott Russell)在狭窄的爱丁堡-格拉斯哥运河观察到,当两匹马拉着一艘船前进时突然停下来,这时船正前方的水面鼓起了一个水包，高度为0.3～0.5m，长约10m，以约13km/h的速度沿着河面向前滚动。罗素骑马沿运河跟踪这个水包时发现，它的大小、形状和速度变化很慢，直到3～4km后，才在河道上渐渐消失。如果这个水包仅仅是普通水波，由水振动产生，那么会有一半高于水面，另一半低于水面，并且由于能量的衰减，水包会很快消失。但是罗素看到的水包完全在水面上，能量的衰减也非常缓慢(若水无阻力，则不会衰减并消失)。

罗素将他发现的这种奇特的波包称为孤立波，并在后半生专门从事孤立波的研究。他用一个大水槽模拟运河，并模拟当时情形再现了他所发现的孤立波。罗素在"关于波的报道"中详细介绍了他发现孤立波的过程。罗素认为孤立波应是流体力学的一个解，并试图找到这种解，但没有成功。直到1895年荷兰科学家科特维克(D. J. Korteweg)和德弗雷斯(G. De. Vries)给出了孤立波的动力学方程，即KdV方程：

$$\frac{\partial y}{\partial t}=\frac{3}{2}\sqrt{\frac{g}{h}}\left(\frac{2}{3}\alpha\frac{\partial y}{\partial x}+y\frac{\partial y}{\partial x}+\frac{1}{3}\sigma\frac{\partial^3 y}{\partial x^3}\right)$$

其中，α为常量，$\sigma=h^3/3-Th/(\rho g)$，ρ为液体密度，T为液体表面张力。此方程的解为

$$y(x,t)=\alpha\,\mathrm{sech}^2\left\{\frac{1}{2}\sqrt{\frac{\alpha}{\sigma}}\left[x-\sqrt{gh}\left(1+\frac{\alpha}{2h}\right)t\right]\right\}$$

这个解为孤立波解，得到孤立波的波速为

$$v=\sqrt{gh}\left(1+\frac{\alpha}{2h}\right)$$

对于一般的机械波，波速与介质和波的种类有关，同一介质中是常量，而孤立波波速与振幅有关，振幅越大，波速越大。而且孤立波有类似于粒子的行为，那就是如果两列孤立波发生碰撞，碰后仍然保持不变，称为碰撞不变性。由于孤立波是一种罕见现象，因此它的方程和解并不受科学界关注和重视，人们只把它当成一个特殊方程的特殊解，直到20世纪60年代之后，人们发现孤子普遍存在于粒子物理、超导理论、场论、非线性光学和等离子体物理等许多学科中。

KdV方程是弦的Fermi-Pasta-Ulam问题在连续极限下的统治方程，KdV方程描述弱非线性回复力的浅水波，人们可以利用光学孤子快速传输信息。在海洋工程中，为研究波浪的破碎水深、泥沙运动，以及分析破碎波对海洋结构物的作用等问题，孤立波理论也得到了广泛的应用。

思 考 题

6-1 我们听到钢琴的声音，是钢琴振动产生的，是否是钢琴琴键附近的空气分子通过振动移动到了我们耳边？

6-2 对于不同介质中的同一种波，其波长、波速、周期这三个量哪些变化？哪些不变？

6-3 波传播过程中是否满足机械能守恒，为什么？

6-4 用手抖一根弹力绳，抖动幅度越大，传播速度是否越大？

6-5 "若两列波不是相干波，它们不会互相影响，若两类波是相干波，它们才会相互影响。"这句话是否正确？为什么？

6-6 设计一个通过测量声压测出声强的方法。

6-7 驻波和行波有什么区别?

6-8 设计一款利用共振工作的仪器。

习 题

6-1 已知空气中的声速为 344m/s,一列声波在空气中的波长是 0.671m,当它传入水中时,波长变为 2.83m,求声波在水中的传播速度。

6-2 一横波在沿绳子传播时的波动方程为 $y=0.20\cos(2.5\pi-\pi x)$,其中,y 的单位为 m,t 的单位为 s。(1)求波的振幅、波速、频率及波长;(2)求绳上质点振动时的最大速度;(3)分别画出 $t=1$s 和 $t=2$s 时的波形,并指出波峰和波谷,画出 $x=1.0$m 处质点的振动曲线并讨论它与波形图的不同。

6-3 设有一平面简谐波 $y=0.02\cos 2\pi\left(\dfrac{t}{0.01}-\dfrac{x}{0.3}\right)$,其中,$x$,$y$ 的单位为 m,t 的单位为 s。求:(1)波的振幅、波长、频率和波速;(2)$x=0.1$m 处质点振动的初相位。

6-4 一波源的振动方程为 $y=6.0\times10^{-2}\cos\dfrac{\pi}{5}t$,其中,$y$ 的单位为 m,t 的单位为 s,它所激起的波以 2.0m/s 的速度在一直线上传播。求:(1)距波源 6.0m 处一点的振动方程;(2)该点与波源的相位差。

6-5 一波源作简谐振动,周期 $T=0.01$s,振幅 $A=0.4$m,当 $t=0$ 时,振动位移恰为正方向的最大值,设此波动以 400m/s 的速度沿直线传播。求:(1)该波的波函数;(2)距波源 16m 处质点的振动表达式和初相位;(3)距波源 15m 和 16m 处两质点振动的相位差。

6-6 一平面简谐波的波函数为 $y=0.08\cos(4\pi t-2\pi x)$,其中,$y$ 和 x 的单位为 m,t 的单位为 s。求:(1)$t=2.1$s 时波源及距波源 0.1m 两处的相位;(2)距波源 0.80m 及 0.30m 两处的相位差。

6-7 一波源的振动方程为 $y=6.0\times10^{-2}\cos\dfrac{\pi}{5}t$,其中,$y$ 的单位为 m,它所激起的波以 2.0m/s 的速度在一直线上传播。求:(1)距波源 6.0m 处一点的振动方程;(2)该点与波源的相位差。

6-8 如图所示为一平面简谐波在 $t=0$ 时刻的波形图,此简谐波以速度 $u=0.08$m/s 沿 x 轴正方向传播。求:(1)该波的波动方程;(2)P 点处质点的运动方程。

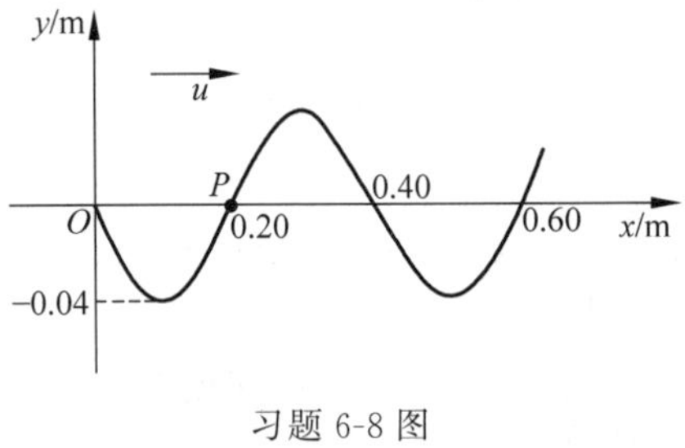

习题 6-8 图

6-9 图示为平面简谐波在 $t=0$ 时刻的波形图,设此简谐波的频率为 250Hz,且此时图中点 P 的运动方向向上。求:(1)该波的波动方程;(2)在距原点为 7.5m 处质点的运动方程，以及 $t=0$ 时该点的振动速度。

6-10 已知一沿 x 轴正方向传播的平面余弦波在 $t=\frac{1}{3}$s 时的波形如图所示，且周期 $T=2$s。(1)写出 O 点和 P 点的振动表达式；(2)写出该波的波函数；(3)求 P 点离 O 点的距离。

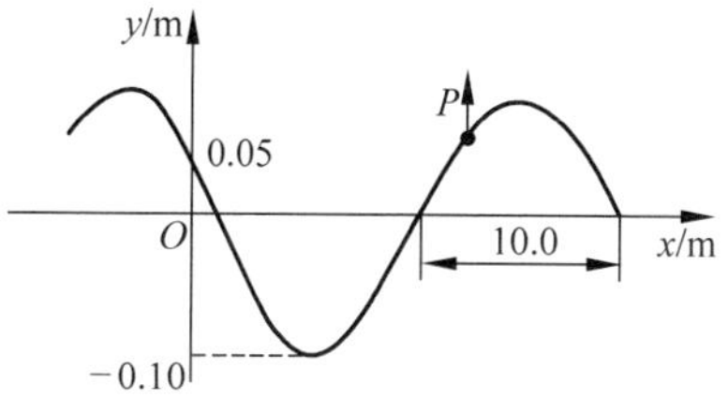

习题 6-9 图

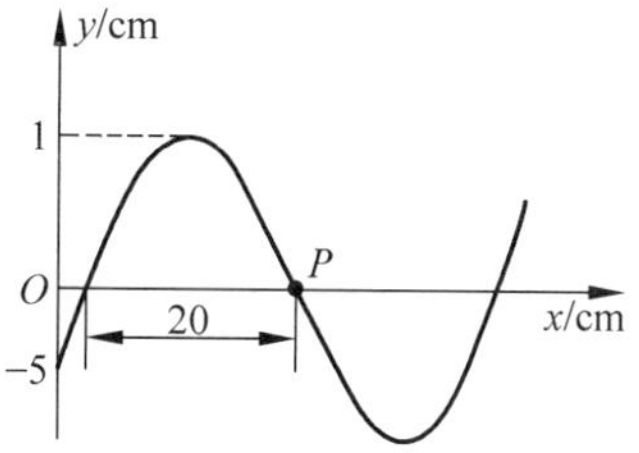

习题 6-10 图

6-11 一平面简谐波在介质中以速度 $u=20$m/s 沿着 x 轴负方向传播，已知 a 点的振动方程为 $y_a=3\cos4\pi t$，其中，t 的单位为 s，y 的单位为 m。(1)以 a 点为坐标原点，写出波动表达式；(2)以距 a 点 5m 处的 b 点为坐标原点，写出波动表达式。

6-12 两相干波源 A，B 相距 20m，作同频率、同方向且等振幅的简谐振动，它们所发出的平面简谐波的频率为 100Hz，波速为 200m/s，相向传播，且 A 点处为波峰时，B 点处恰为波谷，求 AB 连线上因干涉而静止的各点位置。

6-13 如图所示，两列平面简谐波为相干波，在两种不同介质中传播，在两介质分界面上 P 点相遇，波的频率 $\nu=100$Hz，振幅 $A_1=A_2=1.0\times10^{-3}$m，S_1 的相位比 S_2 的相位超前 $\pi/2$，波在介质 1 中的波速 $u_1=400$m/s，在介质 2 中的波速 $u_2=500$m/s，且 $r_1=4.0$m，$r_2=3.75$m，求 P 点的合振幅。

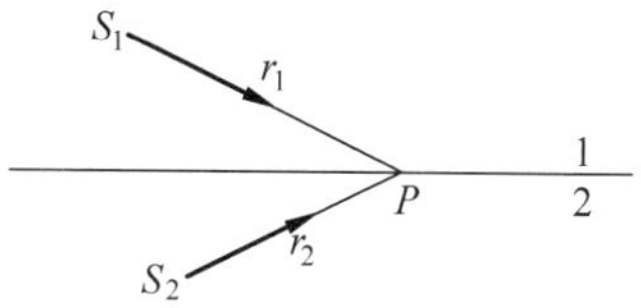

习题 6-13 图

6-14 两列相干平面简谐波沿 x 轴传播，波源 S_1 与 S_2 相距 $d=30$m，S_1 为坐标原点。已知 $x_1=9$m，$x_2=12$m 处的两点是相邻的两个因干涉而静止的点，求两波的波长和两波源的最小相位差。

6-15 一个声音向各个方向均匀地发射总功率为 10W 的声波，求距声源多远处，声强级为 100dB？

6-16 设正常谈话的声强 $I=1.0\times10^{-6}\,\mathrm{W\cdot m^{-2}}$，响雷的声强 $I'=0.1\times10^{-6}\,\mathrm{W\cdot m^{-2}}$，它们的声强级各是多少？

6-17 设入射波的表达式为 $y_1=A\cos2\pi\left(\frac{t}{T}+\frac{x}{\lambda}\right)$，在 $x=0$ 处发生反射，反射点为一固定端。求：(1)反射波的表达式；(2)合成波，即驻波的表达式；(3)波腹和波节的位置。

6-18 已知驻波的表达式为 $y=0.02\cos0.16x\cos750t$，其中，x，y 以 m 为单位，t 以 s

为单位。求：(1)两个相邻节点间的距离；(2)在 $t=2.0\times10^{-3}$s 时，位于 $x=5.0$m 处质点的运动速度。

6-19　一固定波源在海水中发射频率为 ν 的超声波，射向一艘运动的潜艇上被反射回来。入射波和反射波的频率差为 $\Delta\nu$，潜艇运动速度远小于海水中的声速 u，试证明潜艇运动速度为 $v=\dfrac{u\Delta v}{2\nu}$。

6-20　火车 A 以 20m/s 的速率向前行驶，火车 A 的司机听到自己的汽笛声为 120Hz。另一火车 B 以 25m/s 的速率与 A 相向而行。求火车 B 中的司机听到 A 的汽笛声的频率。设声波在空气中的传播速度为 330m/s。

第7章

气体分子运动论

宏观物质由大量的微观粒子(分子、原子)组成,这些微观粒子永不停息地在作无规则运动,称为热运动。宏观上的热现象就是大量分子热运动的集体表现。热学是研究物质热现象的性质及其变化规律的一门学科。它主要由两部分组成:气体动理论运用统计方法,求出大量气体分子微观量的统计平均值,建立微观量与宏观量之间的联系;热力学则从能量转化的角度出发,分析热功转化的关系,从而得到热现象的宏观规律。

7.1 气体分子运动的特征

7.1.1 物质的微观模型

一切宏观物体都是由大量的分子或原子组成的,1mol 物质包含的分子数有 6.02×10^{23} 个(阿伏伽德罗常量 N_A)。物质的三态取决于其内部分子之间的距离,固体分子间距离最小,分子密度最高,液体分子间距离比固体大,气体分子间距离最大。这些分子永不停息地在作无规则运动(热运动),如气体扩散现象和布朗运动都是分子热运动的反映。

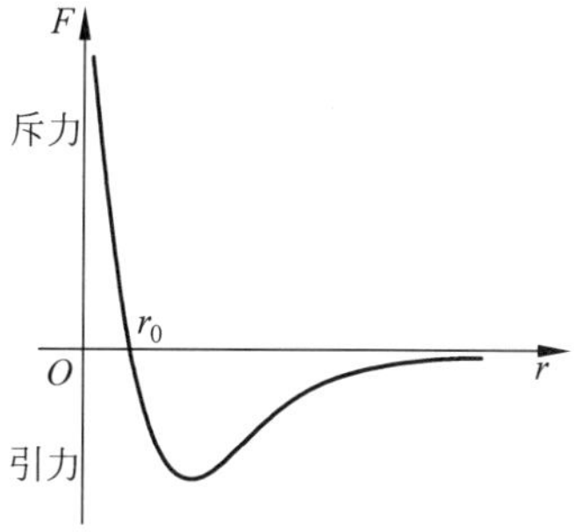

图 7-1　分子间作用力

分子之间存在相互作用的引力和斥力,力和距离的关系如图 7-1 所示。固体和液体会聚集成形而不会分散开,是因为分子之间有引力。同时,固体和液体也难以被压缩,是因为分子之间还有斥力,阻止它们相互靠拢。

和固体、液体不同,气体分子间距离较大(大于 10^{-9}m),分子间的引力和斥力可以忽略不计,所以气体没有固定的形状,能够充满容器内整个空间,也可被任意压缩。

7.1.2 气体分子热运动特点

气体分子的直径在 10^{-10}m 量级,而分子间的距离大于 10^{-9}m,约为分子直径的 10 倍,因此可以忽略分子自身的大小,把它看作质点,而且认为气体分子除碰撞的那一瞬间外,不受外力作用,自由运动。常温常压下,气体分子运动的速度很快,每秒钟平均速率可以达到几百米,大量分子高速运动,彼此之间的碰撞非常频繁,每一次碰撞都会改变分子的速度,因此它们的运动方向和速率时刻都在变化,运动是混乱和无序的。

7.1.3 统计规律性

单个气体分子因为频繁的碰撞,导致运动状态变化太快,无法确定运动的规律,分子在某一时刻位于什么位置,具有什么样的速度都是无法预测的(偶然的)。但是对于大量分子组成的整体,运动情况还是有一定规律可循的。

例如,投掷一枚硬币,结果是正面还是反面朝上是无法预知的,具有偶然性,但如果重复投掷几千、几万次,则正面向上次数的比例一定是50%。在大量偶然的、随机的结果中,包含着一种必然的规律,称为统计规律性。

同样,大量气体分子的热运动也具有统计规律性。**单个分子的运动情况是随机的,不确定的,但对于由大量分子组成的整体,它们的运动具有统计规律性**。例如,绝大多数分子的速率都分布在一个平均值附近。本章要研究的气体压强公式、能量均分定理和温度公式都是大量气体分子统计规律性的表现。

7.2 平衡态和理想气体物态方程

7.2.1 状态参量

在力学中,我们研究物体的机械运动,把研究对象看作质点或刚体,关注的物理量是位置、速度、加速度等;而**热学研究物质的热运动,研究对象主要是一定量的气体,相关的物理量是气体的压强、体积和温度,把这三个宏观量称为状态参量**。

(1) **压强** p:指气体作用于容器器壁单位面积上的正压力,单位为帕斯卡(Pa)。日常生活中还有一个常用单位——标准大气压(atm),$1\text{atm}\approx 1.01\times 10^{-5}\text{Pa}$。

(2) **体积** V:气体可以自由扩散到装它的容器的整个空间中,所以气体的体积一般就是容器的体积。单位为 m^3。

(3) **温度** T:宏观上,温度是物体冷热程度的量度,而**从微观角度看,温度与分子热运动的剧烈程度有关**。为了衡量物体温度数值而建立的标准尺度叫做温标,国际单位制取热力学温标作为最基本的温标,热力学温度用 T 表示,又称为绝对温度,单位为开尔文(K)。0K 是理论上宇宙中最低的温度,称为绝对零度。而我们日常用的温标是摄氏温标,摄氏温度用 t 表示,单位是摄氏度(℃),取水的冰点作为0℃。两种温标之间的换算关系为 $T=t+273.15$。

补充小知识:温度的单位

温标是为了保证温度量值的统一和准确而建立的用数值表示温度的一套规则。国际单位制取热力学温标作为最基本的温标。热力学温标由开尔文(Lord Kelvin)定义,是最科学、最严格的温标，符号 T，单位 K(开尔文，简称开)，是 7 个国际基本单位之一。

温度的常见温标还有摄氏温标(摄氏温度用 t 表示，单位为摄氏度，℃)和华氏温标(华氏温度用字母 F 表示，单位为华氏度，℉)。摄氏温标的发明者是摄尔修斯(Anders Celsius，1701—1744)，他把水的冰点定义为 0℃，沸点定义为 100℃，两点间作 100 等份，每等份代表 1℃。摄氏度和热力学温度的换算关系为 t℃＝(t＋273.15)K。华氏温标是美国常用温标，规定在一个大气压下水的冰点为 32 度，沸点为 212 度，两点之间分为 180 等份，每等份代表 1 度。华氏度和摄氏度之间的换算关系为华氏度＝32＋摄氏度×1.8。

人物介绍：开尔文

开尔文勋爵(Lord Kelvin，1824—1907)是 19 世纪英国物理学家，原名威廉·汤姆孙(William Thomson)，英国政府因为他装设大西洋海底电缆有功封他为开尔文男爵，之后他改名为威廉·汤姆孙·开尔文(部分参考书译为汤姆森或者汤姆逊)。开尔文对物理的贡献主要在电磁学和热力学方面。开尔文在 1848 年提出修改绝对热力学温标，1851 年，他提出热力学第二定律的开尔文表述(热力学第二定律有两种常见的表述方式，开尔文表述和克劳修斯表述)，并且严格证明了热力学第二定律。开尔文、克劳修斯和兰金成功地发展了热力学这门学科。开尔文在理论研究上预言了一种新的温差电效应，后来命名为汤姆孙效应。他还和焦耳合作研究多孔塞实验，成为制造液态空气工业的重要方法。在电磁学上，开尔文建立电磁量的精确单位标准，并且设计了各种精密测量仪器，如开尔文电桥、绝对静电计和圈转电流计等。

1900 年，开尔文指出 19 世纪物理学界有两朵乌云，一朵是以太理论的困难，一朵是能量均分定理的困难，这两个困难在 20 世纪都得到了解决，前者引出了相对论，后者催生了量子力学。爱因斯坦提出的狭义相对论解决了以太理论的问题，量子论解决了能量均分定理的矛盾。虽然开尔文没有解决以太理论，但是他意识到以太可能不存在，他在 1890 年说："我想现在我们必须感觉到，以太、电、质量三者可以联合，只是我们现在缺乏足够的知识和能力，不能超越现在物理学的限度去思考，而不是自然界的真实。"

7.2.2　平衡态和平衡过程

对于一个孤立的热力学系统(指系统和外界无质量和能量交换)，无论其初始状态如何，只要内部没有持续发生化学反应，经过一定时间后必将达到一个稳定的、不再有宏观变化的状态，称此状态为平衡态。**处于平衡态的一定量气体，其三个状态参量 p，V，T 都有确定值，所以平衡态可在 p-V 图上用一个点表示**，如图 7-2 所示。

外界条件变化时，热力学系统会从一个状态变化到另一个状态，如果变化过程十分缓慢，使经历的每一个中间状态都是平衡态，则称此过程为平衡过程(准静态过程)。**平衡过程在 p-V 图上可用一条线表示**。研究热力学时，本书为了简化问题，把所有的过程都看作平衡过程。

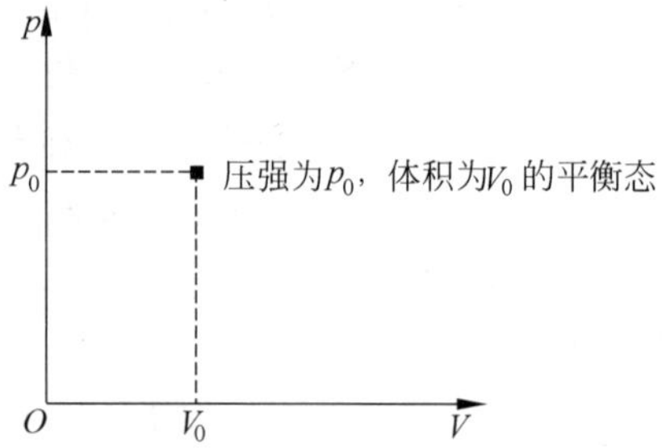

图 7-2　p-V 图

7.2.3　理想气体物态方程

实验证明，当气体处于平衡态时，各状态参量之间存在着确定的函数关系。如玻意耳(Boyle)定律表明，一定量的理想气体当温度不变时，压强与体积成反比；盖-吕萨克(Gay-Lussac)定律表明，当压强不变时，体积与温度成正比；查理(Charles)定律表明，当体积不变时，压强与温度成正比。这三条定律可以总结为一个公式，即**理想气体物态方程**：

$$pV = \frac{M}{M_{\text{mol}}}RT = \nu RT \tag{7-1}$$

物态方程描述了三个状态参量之间的关系，其中，R 是一个常量，称为摩尔气体常量，$R=8.31\text{J}/(\text{mol}\cdot\text{K})$，$M$ 是气体的质量，M_{mol} 是气体的摩尔质量，$\nu=\dfrac{M}{M_{\text{mol}}}$是气体物质的量。称严格满足此方程的气体为理想气体，**理想气体是一个抽象化的物理模型，但一般气体在常温下，且压强和标准大气压接近时，都可以近似地看作理想气体，也满足以上物态方程**。

还可对式(7-1)进行变换，引入一个新的物理常量——玻耳兹曼常量：

$$k = \frac{R}{N_{\text{A}}}$$

式中，N_{A} 为阿伏伽德罗常量(Avogadro constant)。设气体中总共有 N 个分子，则有

$$p = \frac{\nu RT}{V} = \frac{NRT}{N_{\text{A}}V} = nkT$$

其中，$n=\dfrac{N}{V}$表示单位体积内的分子数，称为**分子数密度**。

这样，可以得到理想气体物态方程的另一种形式：

$$p = nkT \tag{7-2}$$

7.3　气体动理论压强公式

7.3.1　基本假设

在通过气体动理论推导压强公式之前，我们先规定理想气体分子的一些特征：理想气体的分子本身大小远小于分子间距离，可将分子看作质点，分子运动遵守牛顿运动定律。分

子之间、分子与容器器壁之间的碰撞是完全弹性碰撞。除碰撞外，分子之间的相互作用力可以忽略不计，分子所受的重力也可以忽略不计。分子在空间均匀分布，即分子数密度 n 处处相等。分子沿各方向运动的概率相等。

7.3.2 压强公式的推导

从微观角度看，气体的压强来自大量分子无规则热运动过程中对器壁的碰撞。每个分子与器壁碰撞时，都会对器壁施加一个冲力，大量分子的冲力加在一起，宏观上就表现为持续而稳定的对器壁的作用力，单位面积内的垂直作用力称为压强。

如图 7-3 所示，设有一长方形容器，体积 $V=L_1L_2L_3$，装有一定量处于平衡态的理想气体，气体分子质量为 m，总分子数为 N。下面计算容器右侧面 A_1 受到的压强。

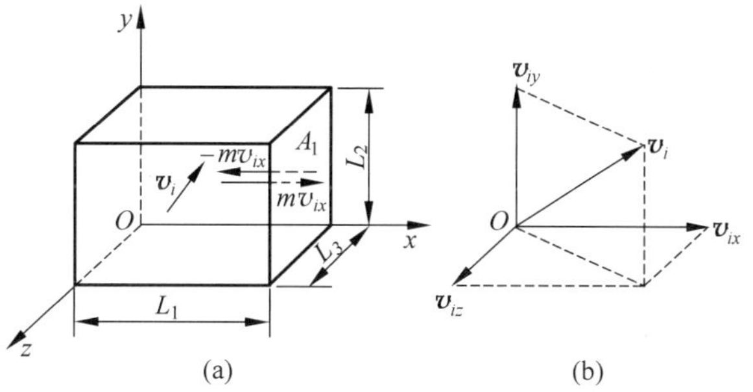

图 7-3 气体压强公式推导

设其中任一分子以速度 v_i 运动，和 A_1 面发生完全弹性碰撞，碰撞前后它的速度在 x 方向的分量由 v_{ix} 变为 $-v_{ix}$，其他两个分量不变，则动量的增量为 $-2mv_{ix}$，即碰撞时分子对 A_1 面施加了冲量 $I_i=2mv_{ix}$。

碰撞后分子反向弹回，与左侧面碰撞，再被反弹后回到 A_1 面所用的时间为 $\Delta t_i=\dfrac{2L_1}{v_{ix}}$，也就是分子和 A_1 面连续两次碰撞间隔的时间，则单位时间内和 A_1 面碰撞的次数为 $\dfrac{1}{\Delta t_i}=\dfrac{v_{ix}}{2L_1}$，每一次碰撞分子对 A_1 面都有冲量 $2mv_{ix}$，单位时间内的冲量(平均冲力)为

$$\bar{f}_i=\frac{v_{ix}}{2L_1}\cdot 2mv_{ix}=\frac{mv_{ix}^2}{L_1}$$

N 个分子对 A_1 面的总作用力为 $\bar{F}=\sum_{i=1}^{N}\bar{f}_i=\sum_{i=1}^{N}\dfrac{mv_{ix}^2}{L_1}$，$A_1$ 面受到的压强为 $p=\dfrac{\bar{F}}{S}=\dfrac{1}{L_2L_3}\sum_{i=1}^{N}\dfrac{mv_{ix}^2}{L_1}=\dfrac{m}{V}\sum_{i=1}^{N}v_{ix}^2=m\dfrac{N}{V}\cdot\dfrac{1}{N}\sum_{i=1}^{N}v_{ix}^2=nm\overline{v_x^2}$，其中，$\overline{v_x^2}$ 是分子速度 x 分量的统计平均值，因为分子沿各个方向运动的概率相等，所以速度 y 分量和 z 分量的平均值 $\overline{v_y^2}$，$\overline{v_z^2}$ 应该和 $\overline{v_x^2}$ 相等，且 $\overline{v_x^2}+\overline{v_y^2}+\overline{v_z^2}=\overline{v^2}$，则有 $\overline{v_x^2}=\dfrac{1}{3}\overline{v^2}$，压强就可表示为

$$p=\frac{1}{3}nm\overline{v^2}=\frac{2}{3}n\left(\frac{1}{2}m\overline{v^2}\right) \tag{7-3}$$

其中，$\frac{1}{2}m\overline{v^2}$ 为分子热运动动能 $\frac{1}{2}mv^2$ 的统计平均值，称为平均平动动能。**压强公式(7-3)把宏观量——压强和微观量——分子动能联系在一起，在热力学系统中，宏观量可以用微观量的统计平均值表示，这是气体动理论的基本研究思想。**

7.3.3 温度公式

将理想气体物态方程 $p=nkT$ 和压强公式 $p=\frac{2}{3}n\left(\frac{1}{2}m\overline{v^2}\right)$ 联立，可以得到

$$\frac{1}{2}m\overline{v^2}=\frac{3}{2}kT \tag{7-4}$$

式(7-4)称为理想气体温度公式，由温度公式可以看出，气体温度和分子平均平动动能成正比，温度越高，平均平动动能越大，分子热运动越剧烈，**温度这个宏观量反映了气体分子微观热运动的剧烈程度**。和压强一样，温度是一个统计结果，是大量分子热运动的整体表现。对于个别分子来说，讨论它的温度是没有意义的。

7.4 能量均分定理 理想气体的内能

7.4.1 分子的自由度

确定一个物体空间位置所需要的独立坐标数目，叫做这个物体的自由度。例如，沿直线运动的质点，确定它的位置只要一个 x 坐标，自由度为 1；在平面上运动的质点，确定它的位置需要 x,y 两个坐标，自由度为 2；做三维空间运动的质点，确定它的位置需要 x,y,z 三个坐标，自由度为 3。而确定刚体的位置除了需要质心坐标(x,y,z)之外，还需要知道它转过的方位，也就是绕 x,y,z 轴转过的角度 α,β,γ，所以刚体有 3 个平动自由度和 3 个转动自由度，总自由度为 6。

只含一个原子的单原子分子，如惰性气体 He，Ne 等，其结构如图 7-4(a)所示，可以当成一个质点，分子的自由度为 3。

双原子分子，如 H_2，N_2，其结构是如图 7-4(b)所示的哑铃形状，相当于一根轻杆两头各有一个质点，且认为分子是刚性分子，即原子间的距离不会变化，则分子的平动自由度有 3 个，但转动自由度只有 2 个，因为以两原子连线为转轴的转动是无效的，不会改变分子的位置。双原子分子的自由度为 5。

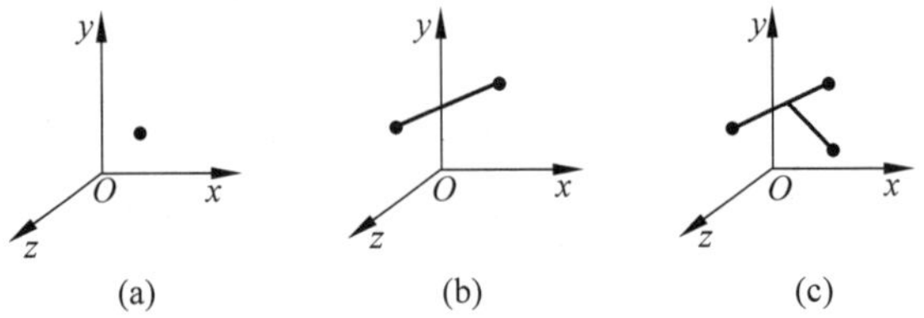

图 7-4 分子的自由度

(a) 单原子分子；(b) 双原子分子；(c) 多原子分子

含三个以上原子的多原子刚性分子，其结构如图 7-4(c)所示，相当于一般的刚体，自由度为 6。

7.4.2 能量按自由度均分定理

按照上节的推导，$\frac{1}{2}m\overline{v^2}=\frac{1}{2}m\overline{v_x^2}+\frac{1}{2}m\overline{v_y^2}+\frac{1}{2}m\overline{v_z^2}$，即分子平均平动动能等于沿 x，y，z 三个方向运动的平均动能之和，且三个方向的速度分量相等，即 $\overline{v_x^2}=\overline{v_y^2}=\overline{v_z^2}$，所以有

$$\frac{1}{2}m\overline{v_x^2}=\frac{1}{2}m\overline{v_y^2}=\frac{1}{2}m\overline{v_z^2}=\frac{1}{3}\left(\frac{1}{2}m\overline{v^2}\right)=\frac{1}{2}kT$$

可以看出分子在 x，y，z 三个方向上的平均平动动能都是 $\frac{1}{2}kT$，或者说对于三个平动自由度，每个自由度都有 $\frac{1}{2}kT$ 的平均动能。

除了平动以外，双原子分子和多原子分子还会转动，有转动动能。物理学家玻耳兹曼提出了**能量按自由度均分定理：在温度为 T 的平衡状态下，气体分子运动的每一个自由度都具有相等的平均能量 $\frac{1}{2}kT$。所以自由度为 i 的分子，其平均动能为 $\frac{i}{2}kT$。**表 7-1 列出了不同分子的平均动能。

表 7-1 不同分子的平均动能

分子种类	自由度 i	总平均动能	平均平动动能	平均转动动能
单原子分子	3=3+0	$\frac{3}{2}kT$	$\frac{3}{2}kT$	0
双原子分子	5=3+2	$\frac{5}{2}kT$	$\frac{3}{2}kT$	$\frac{2}{2}kT$
多原子分子	6=3+3	$\frac{6}{2}kT$	$\frac{3}{2}kT$	$\frac{3}{2}kT$

7.4.3 理想气体的内能

气体的内能指气体中所有分子的热运动动能和分子间相互作用的势能之和。理想气体分子间作用力忽略不计，所以势能也忽略不计，内能只包括分子的动能。能量均分定理说明分子的平均动能为 $\frac{i}{2}kT$，1mol 理想气体中含 N_A 个分子，则内能为

$$E=N_A\frac{i}{2}kT=\frac{i}{2}RT$$

所以物质的量为 ν 的理想气体的内能为

$$E=\nu\frac{i}{2}RT \tag{7-5}$$

理想气体内能只与温度有关，是温度的单值函数。

例 7-1 一容器内有一定量的氧气，压强 $p=1\text{atm}$，温度 $T=300\text{K}$。求：(1)单位体积内的分子数；(2)氧分子的质量；(3)氧分子的平均平动动能和转动动能；(4)单位体积氧气的内能。

解 (1) 根据理想气体物态方程 $p=nkT$，其中，玻耳兹曼常量

$$k=\frac{R}{N_A}=\frac{8.31\text{J}\cdot\text{mol}^{-1}\cdot\text{K}^{-4}}{6.02\times10^{23}\text{mol}^{-1}}=1.38\times10^{-23}\text{J/K}$$

得单位体积内的分子数(即分子数密度)为

$$n=\frac{p}{kT}=\frac{1.01\times10^{5}\text{Pa}}{1.38\times10^{-23}\text{J}\cdot\text{K}^{-1}\times300\text{K}}=2.44\times10^{25}\text{m}^{-3}$$

(2) 1mol 氧气中有 N_A 个分子，所以氧分子质量等于摩尔质量除以阿伏伽德罗常量，即

$$m=\frac{M_{\text{mol}}}{N_A}=\frac{32\times10^{-3}\text{kg}\cdot\text{mol}^{-1}}{6.02\times10^{23}\text{mol}^{-1}}=5.32\times10^{-26}\text{kg}$$

(3) 氧气是双原子分子，有 3 个平动自由度，2 个转动自由度，所以按照能量按自由度均分定理可知，平均平动动能为

$$\frac{3}{2}kT=\frac{3}{2}\times1.38\times10^{-23}\text{J}\cdot\text{K}^{-1}\times300\text{K}=6.21\times10^{-21}\text{J}$$

平均转动动能为

$$\frac{2}{2}kT=\frac{2}{2}\times1.38\times10^{-23}\text{J}\cdot\text{K}^{-1}\times300\text{K}=4.14\times10^{-21}\text{J}$$

(4) 根据理想气体物态方程，物质的量 $\nu=\dfrac{pV}{RT}$，所以单位体积($V=1\text{m}^3$)氧气的内能为

$$E=\nu\frac{i}{2}RT=\frac{5}{2}\cdot\frac{pV}{RT}\cdot RT=\frac{5}{2}pV=\frac{5}{2}\times1.01\times10^{5}\text{Pa}\times1\text{m}^3=2.53\times10^{5}\text{J}$$

单位体积氧气的内能也可以用第(3)问求出的氧分子平均平动动能与平均转动动能之和，再乘以分子数密度来计算：

$$E=2.44\times10^{25}\text{m}^{-3}\times1\text{m}^3\times(6.21\times10^{-21}+4.14\times10^{-21})\text{J}=2.53\times10^{5}\text{J}$$

7.5 麦克斯韦气体分子速率分布

7.5.1 麦克斯韦速率分布律

气体中的分子作无规则热运动，在任何时刻，每个分子的速度的大小和方向都在不断改变，因此，不可能预知个别分子的运动情况，但是按照统计学，大量分子整体上的运动是有规律的。**在平衡态下，理想气体的分子按速度分布满足确定的规律——麦克斯韦速度分布率。如果我们不管分子速度的方向如何，只研究按速度大小，即速率的分布，则相应的规律称为麦克斯韦速率分布律。**

设气体中总分子数为 N，ΔN 为速率在 $v\sim\Delta v$ 区间内的分子数，则$\dfrac{\Delta N}{N}$为在这一速率区

间内的分子数占总分子数的百分比，也就是任一分子的速率在此区间内的概率。$\frac{\Delta N}{N}$再除以 Δv，得$\frac{\Delta N}{N\Delta v}$就是单位速率区间内的分子数占总分子数的百分比，或任一分子的速率在 v 附近单位速率区间内的概率，称为**概率密度**。

麦克斯韦根据统计方法求出：在平衡状态下，当 Δv 很小时，满足

$$\frac{\Delta N}{N}=4\pi\left(\frac{m}{2\pi kT}\right)^{\frac{3}{2}}v^2\mathrm{e}^{-\frac{mv^2}{2kT}}\cdot\Delta v=f(v)\Delta v \tag{7-6}$$

$$f(v)=4\pi\left(\frac{m}{2\pi kT}\right)^{\frac{3}{2}}v^2\mathrm{e}^{-\frac{mv^2}{2kT}} \tag{7-7}$$

式(7-7)称为**麦克斯韦速率分布函数**，其中，T 是气体的热力学温度，m 是分子质量，k 是玻耳兹曼常量。从式(7-7)可以看出，**对于给定的气体，麦克斯韦速率分布函数只与温度有关**。

以 v 为横坐标，画出 $f(v)$的函数图像，如图 7-5 所示，称为麦克斯韦速率分布曲线，它能形象地表示出气体分子按速率分布的情况。

下面对速率曲线做几点讨论：

(1) 速率的值从 $0\sim\infty$都有，但分布的百分比或概率是两头小，中间大。

(2) 如图 7-6 所示，以速率间隔 $\mathrm{d}v$ 为宽度取一小矩形，它的面积为

$$f(v)\mathrm{d}v=\frac{\mathrm{d}N}{N}$$

表示在 $v\sim v+\mathrm{d}v$ 速率区间内的分子数占总分子数的百分比，或任一分子速率在这一区间内的概率。

(3) 积分$\int_{v_1}^{v_2}f(v)\mathrm{d}v=\int_{v_1}^{v_2}\frac{\mathrm{d}N}{N}=\frac{\Delta N}{N}$表示分布在 $v_1\sim v_2$ 速率范围内的分子数占总分子数的百分比，或任一分子速率在此范围内的概率。它也等于在 $v_1\sim v_2$ 之间曲线下方的面积(图 7-6 中阴影部分)。

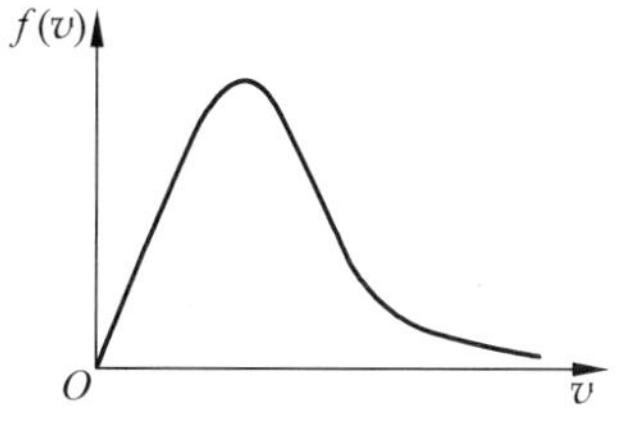

图 7-5　麦克斯韦速率分布曲线

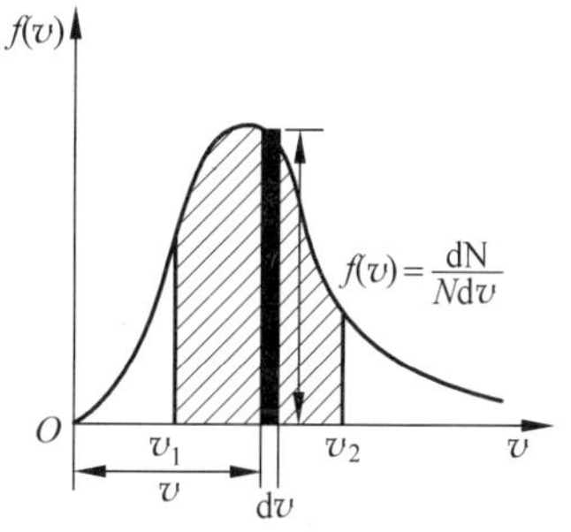

图 7-6　速率分布曲线意义

(4) 速率分布曲线下方的总面积表示所有速率区间内的分子数占总分子数的百分比，或单个分子速率出现在所有区间内的概率，它应该等于 1，即

$$\int_0^{\infty}f(v)\mathrm{d}v=1$$

说明**速率分布函数满足归一化条件**，它是单值、连续、有界和归一的。

(5) $f(v)$极大值处对应的速率称为最概然速率 v_p。在 v_p 附近单位速率区间内的分子数占总分子数的百分比最大,也即分子速率在 v_p 附近的概率最大。图 7-7 给出了某种气体在不同温度下的速率分布曲线,可以看出温度越高,曲线峰值越向右移动,最概然速率越大,即速率大的分子数越多。这就是温度越高,分子运动越剧烈的真正含义。

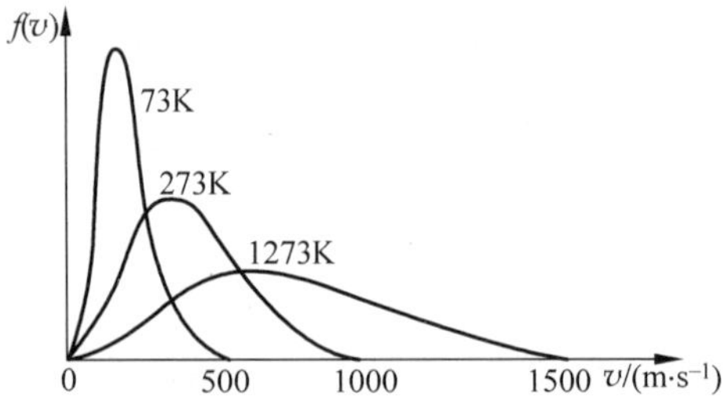

图 7-7　不同温度的速率分布曲线

麦克斯韦速率分布是一个统计规律,它只适用于大量分子组成的气体。当气体分子数很少,或者处于非平衡态时,速率分布不满足麦克斯韦速率分布律。

7.5.2　三种统计速率

由麦克斯韦速率分布函数算出分子速率的三种统计值:

(1) 最概然速率 v_p:它是分布函数 $f(v)$极大值处对应的速率,可由$\frac{df(v)}{dv}=0$ 求得

$$v_p=\sqrt{\frac{2kT}{m}}=\sqrt{\frac{2RT}{M_{mol}}} \tag{7-8}$$

(2) 平均速率 $\bar{v}$:它是分子速率的统计平均值,计算方法为

$$\bar{v}=\frac{\int_0^{\infty}v\,dN}{N}=\int_0^{\infty}vf(v)\,dv$$

将 $f(v)=4\pi\left(\frac{m}{2\pi kT}\right)^{\frac{3}{2}}v^2e^{-\frac{mv^2}{2kT}}$代入上式,可求得

$$\bar{v}=\sqrt{\frac{8kT}{\pi m}}=\sqrt{\frac{8RT}{\pi M_{mol}}} \tag{7-9}$$

(3) 方均根速率 $\sqrt{\overline{v^2}}$:分子速率平方的统计平均值$\overline{v^2}$ 的平方根就是方均根速率。

先求出 $\overline{v^2}=\frac{\int_0^{\infty}v^2\,dN}{N}=\int_0^{\infty}v^2f(v)\,dv=\frac{3kT}{m}$,再开根号得

$$\sqrt{\overline{v^2}}=\sqrt{\frac{3kT}{m}}=\sqrt{\frac{3RT}{M_{mol}}} \tag{7-10}$$

这是气体分子的三种统计速率,它们各有不同的用途。**通过最概然速率可以知道速率分布曲线的大致形状;在计算分子的平均碰撞频率和平均自由程时,用平均速率;在计算分子平均平动动能时,用方均根速率。**

例 7-2　求 27℃时氢分子和氧分子的最概然速率、平均速率和方均根速率。

解　氢气的摩尔质量为 2×10^{-3}kg/mol，氧气的摩尔质量为 32×10^{-3}kg/mol。温度要化为热力学温标：27℃≈300K。将数据代入三种速率的计算公式：

氢分子：$v_p=\sqrt{\dfrac{2RT}{M_{mol}}}=\sqrt{\dfrac{2\times8.31\text{J}\cdot\text{mol}^{-1}\cdot\text{K}^{-1}\times300\text{K}}{2\times10^{-3}\text{kg/mol}}}=1.58\times10^3\text{m/s}$

$$\bar{v}=\sqrt{\frac{8RT}{\pi M_{mol}}}=\sqrt{\frac{8\times8.31\text{J}\cdot\text{mol}^{-1}\cdot\text{K}^{-1}\times300\text{K}}{\pi\times2\times10^{-3}\text{kg/mol}}}=1.78\times10^3\text{m/s}$$

$$\sqrt{\overline{v^2}}=\sqrt{\frac{3RT}{M_{mol}}}=\sqrt{\frac{3\times8.31\text{J}\cdot\text{mol}^{-1}\cdot\text{K}^{-1}\times300\text{K}}{2\times10^{-3}\text{kg/mol}}}=1.93\times10^3\text{m/s}$$

氧分子：$v_p=\sqrt{\dfrac{2\times8.31\text{J}\cdot\text{mol}^{-1}\cdot\text{K}^{-1}\times300\text{K}}{32\times10^{-3}\text{kg/mol}}}=3.95\times10^2\text{m/s}$

$$\bar{v}=\sqrt{\frac{8\times8.31\text{J}\cdot\text{mol}^{-1}\cdot\text{K}^{-1}\times300\text{K}}{\pi\times32\times10^{-3}\text{kg/mol}}}=4.45\times10^2\text{m/s}$$

$$\sqrt{\overline{v^2}}=\sqrt{\frac{3\times8.31\text{J}\cdot\text{mol}^{-1}\cdot\text{K}^{-1}\times300\text{K}}{32\times10^{-3}\text{kg/mol}}}=4.84\times10^2\text{m/s}$$

可以看出三种统计速率的大小关系是 $\sqrt{\overline{v^2}}>\bar{v}>v_p$。它们的数值虽然有差异，但数量级是相同的，常温下一般在 $10^2\sim10^3$m/s。

7.6　气体分子平均自由程

7.6.1　平均碰撞频率

气体中的分子不断运动，一个分子在运动过程中会和其他分子发生碰撞，单位时间内碰撞的次数叫做**碰撞频率**。在同一段时间内，各个分子的碰撞频率是不同的，我们只能讨论碰撞频率的平均值，称为**平均碰撞频率** $\bar{z}$。下面来推导平均碰撞频率的计算公式。

如图 7-8 所示，研究某一个分子 A，为了讨论方便，假设其他分子都静止不动，只有 A 在运动。根据麦克斯韦速率分布律可以证明，A 相对其他分子运动的平均速率 $\bar{u}$ 与它的绝对平均速率之间的关系为

$$\bar{u}=\sqrt{2}\,\bar{v}$$

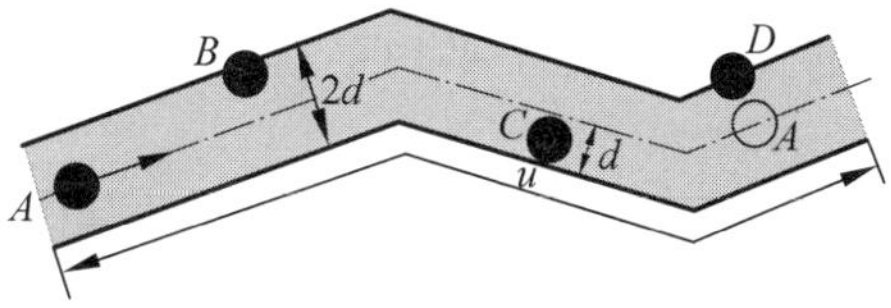

图 7-8　碰撞频率的计算

把气体分子看作刚性小球，有效直径设为 d，那么只有其中心与 A 的中心距离小于或等于 d 的那些分子才有可能与 A 碰撞。以 A 的运动路径(见图 7-8 中的折线)为轴线，作一半径为 d，总长度为 $\bar{u}$ 值大小的圆管，则中心位于管内的分子(例如 B,C)都将与 A 发生碰

撞。所以中心位于管内的平均分子数，就是一秒钟内将与 A 发生碰撞的分子数，即平均碰撞频率。

圆管的体积为 $\pi d^2 \bar{u}$，分子数密度设为 n，则有

$$\bar{z} = \pi d^2 \bar{u} n = \sqrt{2}\pi d^2 \bar{v} n \tag{7-11}$$

7.6.2 平均自由程

分子在连续两次碰撞之间自由运动的路程叫做自由程。和碰撞频率一样，各个分子经过的自由路程是不同的，我们也只能讨论自由程的平均值，即平均自由程，用 $\bar{\lambda}$ 表示。

平均碰撞频率的倒数 $\frac{1}{\bar{z}}$ 等于两次碰撞之间分子自由运动的平均时间，所以 $\bar{\lambda} = \bar{v} \cdot \frac{1}{\bar{z}}$，再将式(7-11)代入此式，可得平均自由程的计算公式：

$$\bar{\lambda} = \frac{1}{\sqrt{2}\pi d^2 n} \tag{7-12}$$

平均自由程与分子的有效直径的平方和分子数密度成反比，而与平均速率无关。由理想气体物态方程 $p = nkT$ 还可得

$$\bar{\lambda} = \frac{kT}{\sqrt{2}\pi d^2 p}$$

可以看出当温度一定时，平均自由程与气体的压强成反比。

平均自由程的概念最早在热学中出现，可用来研究气体的扩散、压缩等特性。后来这个概念被引入半导体物理中，扩展到电子、中子等微观粒子的自由程，用来研究它们穿过固体的运动，在计算能带时会有涉及。

思　考　题

7-1　气体处于平衡态时，在宏观上看它具有哪些特征？从微观角度看又有何特征？

7-2　一定量的气体，当温度不变时，体积压缩压强会增大；当体积不变时，温度升高压强也会增大。同样是压强增加，从微观角度看这两种变化过程有何区别？

7-3　理想气体内能指它的分子动能之和，那么内能与气体的动能在意义上有何区别？如果装气体的容器处在运动状态中，气体的内能相比静止时会增加吗？

7-4　(1) 两瓶不同种类的气体，其分子平均平动动能相同，但密度不同。则它们的温度是否相同？压强是否相同？

(2) 两瓶不同种类的气体，它们的温度和压强相同，但体积不同。它们的分子数密度是否相同？单位体积内的分子总平动动能是否相同？

7-5　在相同温度下，氢气和氮气分子的最概然速率是否相等？试在同一张图上定性地画出两种气体各自的麦克斯韦速率分布曲线。

7-6　容器中有一定量的气体，如果保持体积不变，使气体温度升高，则气体分子的平均碰撞次数和平均自由程有何变化？

习　题

7-1　一体积为 $1.0\times10^{-3}\text{m}^3$ 的容器中，含有 $4.0\times10^{-5}\text{kg}$ 的氢气，温度为 30℃，求气体的压强。

7-2　在湖面下 50m 深处（温度为 4.0℃），有一个体积为 $1.0\times10^{-5}\text{m}^3$ 的空气泡升到湖面上来，若湖面的温度为 17.0℃，求气泡到达湖面时的体积（大气压强 $p_0=1.013\times10^5\text{Pa}$）。

7-3　处于平衡状态的一瓶氦气和一瓶氮气的分子数密度相同，分子的平均平动动能也相同，则哪一瓶气体的温度高？哪一瓶气体的压强大？

7-4　当温度为 0℃ 时，求：(1)氧分子的平均平动动能和平均转动动能；(2)$4.0\times10^{-3}\text{kg}$ 氧气的内能；(3)$4.0\times10^{-3}\text{kg}$ 氦气的内能。

7-5　容器中贮有 1mol 的某种气体，今从外界输入 209J 的热量，测得其温度升高 10K，求该气体分子的自由度。

7-6　容积为 1m^3 的容器中储存有 1mol 氧气，以 10m/s 的速度运动，设容器突然停止运动，此时氧气的机械运动动能中有 80%转化为气体分子热运动的动能，那么氧气的温度及压强各升高了多少？

第8章

热力学基础

热力学这门学科起源于蒸汽机发明后，很多科学家试图从数学上判定蒸汽机最大能做多大的功，由此诞生了热力学。热力学和气体动理论都研究热现象，它们之间的区别是热力学不是研究微观粒子如何运动，而是研究宏观物体的热现象，以及热和其他形式能量之间的转换关系。热力学的基础就是**热力学三大定律**，它和分子运动论相辅相成，互相补充。热力学应用十分广泛，与我们生活联系非常紧密，例如，汽车和飞机的发动机运转过程都是热力学中的热机循环过程。

8.1 热力学的基本概念和热力学第零定律

8.1.1 系统和外界

热力学研究对象称为热力学系统(thermodynamic system)，简称为**系统**(system)，它是由大量粒子组成的宏观客体。与热力学系统相互作用的周围环境称为系统的外界，简称为**外界**。

热力学系统一般分为：**孤立系统**(isolated system)，系统和外界的相互作用可以忽略；**封闭系统**(closed system)，系统和外界有能量交换，但没有物质交换；**开放系统**(open system)，系统和外界既存在物质交换又存在能量交换。

8.1.2 热力学平衡态和状态参量

实验表明，一个孤立系统，系统的状态会随时间变化，当经过一定时间后，它的状态再也不发生变化了，我们称此时的状态为热力学平衡态，简称为**平衡态**，否则称为**非平衡态**。完全不受外界影响的系统实际并不存在，所以我们所说的平衡态只是一种理想情况，它是由大量接近平衡态的系统状态概括抽象出来的。

实验证实，当系统处于平衡态时，只要已知其中几个热力学参量，其他的热力学参量就随之完全确定，这种能够完全描述系统平衡态的独立参量称为**状态参量**。常见的热力学状态参量有温度 T、体积 V、压强 p、摩尔数 ν、熵 S 等。

理想气体的平衡态可以在 p-T，p-V 或 V-T 等图中用点表示，我们常用的图为 p-V 图。p-V 图中任一点都和一个平衡态相对应；反之，任何一个平衡态都对应一个确定的 p，V 值。

8.1.3　热力学平衡过程和过程曲线

第 7 章中讲到，热力学系统从一个状态变化到另一个状态，就说它经历了一个过程。如果变化过程十分缓慢，使经历的每一个中间状态都接近平衡态，则称此过程为**平衡过程**(**准静态过程**)。严格来说，所有实际过程都由非平衡态构成，平衡过程是一种理想过程，利用它可以简化问题，便于研究问题的主要内容。本章如无特殊说明，讨论的所有过程都是平衡过程。只有对平衡过程，我们才能在 p-V 图中用一条相应的曲线来表示它，p-V 图中对应的曲线称为**过程曲线**(**准静态过程曲线**)。

如图 8-1 所示，常见的热力学过程有以下四种：等容过程(又名定容过程或等体过程)、等压过程、等温过程和绝热过程。

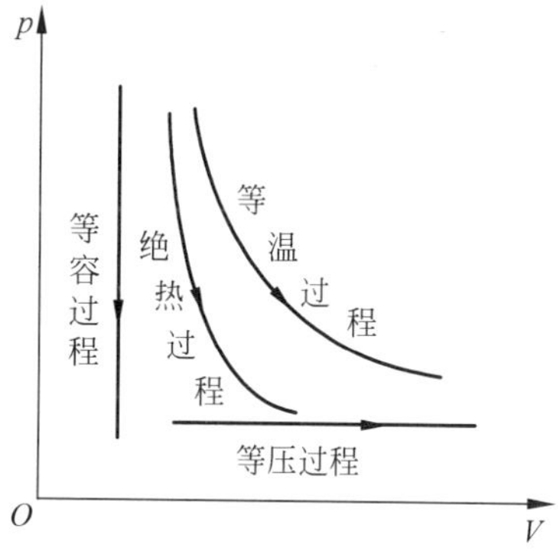

图 8-1　理想气体等值过程

对于一定量的气体，保持体积不变，使气体的温度升高(降低)，压强随之增加(减小)，这种过程称为**等容过程**，在 p-V 图上表示为一条和纵轴平行的线；如果状态变化时气体的压强保持不变，这个过程称为**等压过程**(又称为定压过程)，在 p-V 图上表示为一条和横轴平行的线；如果状态变化时气体的温度保持不变，这个过程称为**等温过程**，在 p-V 图上表示为一条双曲线，变化过程中体积和压强始终成反比。如果系统与外界隔绝热量，既不吸热也不放热，气体状态变化的过程称为**绝热过程**，在 p-V 图上也表示为一条曲线。

8.1.4　热力学第零定律

热力学第零定律(zeroth law of thermodynamic)是由英国著名物理学家福勒(R. H. Fowler)提出来的。实验证实，当两个物体都与第三个物体处于热平衡(thermal equilibrium)，则这两个物体也处于热平衡。处于热平衡的两个物体具有相同的宏观量——温度，也就是说**两个处于热平衡的物体具有相同的温度**。热力学第零定律科学定义了温度的概念，是用温度计测量温度的依据。在热力学中，温度、内能、熵是三个基本的状态参量，内能是由热力学第一定律确定的；熵是由热力学第二定律确定的；而温度是由热力学第零定律确定的。所以热力学第零定律，如同第一、第二定律一样，也是热力学中的基本实验定律，其重要性不亚于热力学第一、第二定律。

8.2　功　热量和内能

8.2.1　气体做功

对于准静态过程，功的大小可以用系统的状态参量表示，现以一个简单的模型为例来讨

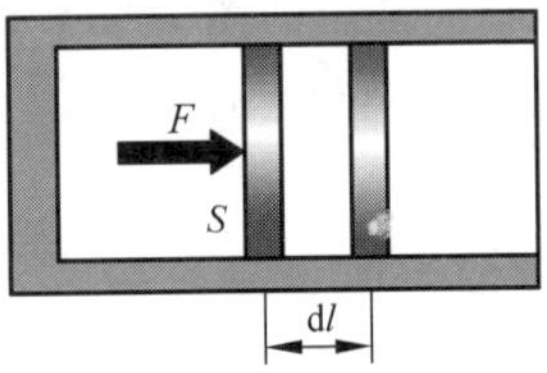

图 8-2　气体推动活塞做功

论气体做功。如图 8-2 所示，如在气缸中封有一定量的气体，气缸一端有一个截面积为 S 的活塞，设气体体积膨胀，推动活塞移动了一小段距离 $\mathrm{d}l$，则气体对活塞做的机械功为 $\mathrm{d}W = F\mathrm{d}l = pS\mathrm{d}l$，$p$ 是气体的压强，而 $S\mathrm{d}l = \mathrm{d}V$ 是气体体积的增量。此式可推广到一般情况，即在任意形状容器中的气体，体积变化 $\mathrm{d}V$，对外做的元功为

$$\mathrm{d}W = p\,\mathrm{d}V \tag{8-1}$$

如果系统经历一个给定的热力学过程，气体的体积从 V_1 变化到 V_2，则气体做功为

$$W = \int \mathrm{d}W = \int_{V_1}^{V_2} p\,\mathrm{d}V \tag{8-2}$$

以上我们讨论的做功都是系统里的研究对象对外界做功，所以如讨论外界对系统做功，则需要在式(8-1)和式(8-2)前加一个负号(系统对外界做负功)。下面我们讨论积分的意义，以及做功在 p-V 图中如何表示。

如图 8-3 所示，热力学过程曲线对应的 AB 过程，将 $V_1 \sim V_2$ 之间分成许多小区间，每一段宽度为 $\mathrm{d}V$，则图中小矩形的面积等于气体体积变化 $\mathrm{d}V$ 时做的元功 $p\mathrm{d}V$，曲线下方的面积可看作无数个小矩形的面积之和，即等于整个过程中气体做的功。**某个热力学过程中气体做功在数值上等于 p-V 图中该过程曲线下方的面积**。写为

$$|W| = S$$

如果热力学过程在 p-V 图中刚好是直线，如等压过程，就能很快由面积法求出功。下面我们具体讨论做功和过程的关系。

如图 8-4 所示，同样的由 A 状态到 B 状态，显然 1 和 2 两个过程曲线下面的面积不一样，即做的功大小不相同。所以功和气体经历的过程有关，即使初、末状态相同，经历不同的过程，气体做的功也是不一样的。我们得出结论：**功是过程量**，与具体热力学过程有关。**如果给定某一热力学过程，当气体膨胀，体积增加时，$V_2 > V_1$，则 $W > 0$，气体对外做正功；当气体压缩，体积减小时，$V_2 < V_1$，则 $W < 0$，气体对外做负功，或者说外界对气体做功。如果没有给定热力学过程，我们不能计算功，也不能判定功的正负**。在没有给定热力学过程的情况下，即使已知末状态体积比初状态体积大，也不一定做正功。从一个状态到另一个状态可能经过了很多个热力学过程，部分过程做正功，部分过程做负功，我们不知道正功大还是负功大，所以不能判定最终功的正负。

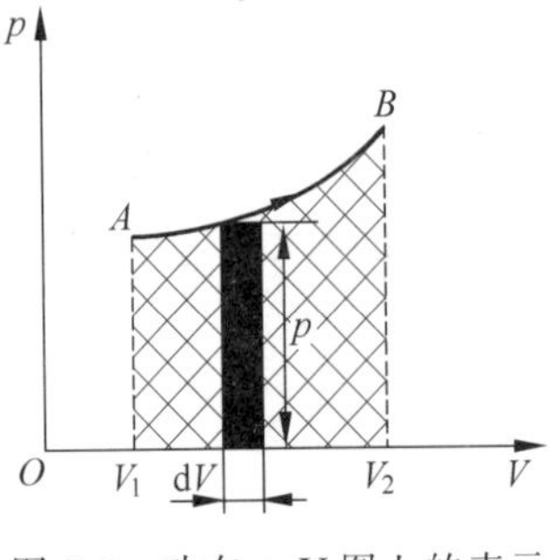

图 8-3　功在 p-V 图上的表示

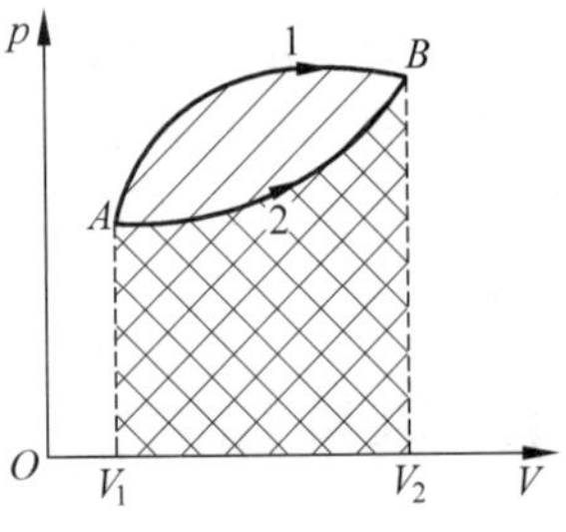

图 8-4　不同过程中的功

8.2.2　理想气体内能

理想气体的内能等于所有分子热运动动能之和。由第 7 章可知，摩尔数为 ν，分子自由度为 i 的理想气体的内能 $E=\nu\dfrac{i}{2}RT$。如果气体的温度从 T_1 变化到 T_2，则内能的增量为

$$\Delta E=\nu\frac{i}{2}RT_2-\nu\frac{i}{2}RT_1=\nu\frac{i}{2}R\Delta T \tag{8-3}$$

其中，i 为分子的自由度，单原子分子 $i=3$，双原子分子 $i=5$，三原子和三原子以上分子 $i=6$。

由气体内能公式可知：气体状态变化时，**内能的增量只决定于初、末状态的温度差，与经历的中间过程无关，内能是状态量**。由此我们得到结论：**内能是温度的单值函数，温度升高则内能增加，温度降低则内能减少，温度不变则内能不变**。

把摩尔数替换成气体质量 m，我们得到理想气体内能公式：

$$\Delta E=\frac{m}{M_{\mathrm{mol}}}\frac{i}{2}R\Delta T \tag{8-4}$$

其中，M_{mol} 为气体的摩尔质量，常见的气体如氧气的摩尔质量为 32g/mol，氮气的为 28g/mol，氢气的为 2g/mol，其他气体的摩尔质量可以通过它是单原子分子气体还是多原子分子气体，结合元素周期表求出。

8.2.3　热量

两个物体相互接触，如果温度不相同，它们之间就会发生能量转移，能量从温度高的物体传到温度低的物体，直到最终温度相同为止。这部分因为存在温度差而转移的能量叫做热量，用 Q 表示。对于一个热力学系统，**Q 为正数表示系统从外界吸收热量，Q 为负数表示系统向外界放出热量**。

一般热量传递都伴随着温度变化，但是也有热量传递而温度不变的情况。例如，当水达到沸点时，继续加热，温度会维持在沸点不会继续升高。这种情况下，即使温度没有变化，也有热量的传递。

历史上，起初人们不清楚热量的本质，以为热是一种物质，并给热量使用了一个专门的单位——卡(Cal)。19 世纪中叶，物理学家证明了热量也是一种能量，所以热量的标准单位按照国际单位制是焦耳(J)。两个单位之间的换算关系为 1Cal≈4.18J。

计算热量可以引入**热容**(heat capacity)。热容是用来衡量物质所包含的热量的物理量，是指一定量的物质在一定条件下温度升高 1K 所吸收的热量，有摩尔热容和比热容两种。

比热容(c)为 1kg 某物质温度升高(或降低)1K 所吸收(或放出)的热量，则

$$Q=mc\Delta T$$

摩尔热容(C)的定义为：1mol 物质在一定条件下温度升高(或降低)1K 所吸收(或放出)的热量，其微分式为 $C=\nu\dfrac{\mathrm{d}Q}{\mathrm{d}T}$，则

$$Q=\nu C\Delta T \tag{8-5}$$

常见的摩尔热容为等容过程中的等容(定容)摩尔热容 C_V 和等压过程中的等压(定压)摩尔热容 C_p。等容过程吸收的热量为

$$Q_V=\nu C_V\Delta T=\frac{m}{M_{\mathrm{mol}}}C_V\Delta T \tag{8-6}$$

等压过程吸收的热量为

$$Q_p=\nu C_p\Delta T=\frac{m}{M_{\mathrm{mol}}}C_p\Delta T \tag{8-7}$$

人物介绍:焦耳

焦耳(James Prescott Joule,1818—1889),英国物理学家,提出能量守恒与转化定律,奠定热力学第一定律基础。恩格斯把能量守恒与转换定律列为19世纪自然科学三大发现之首。焦耳年轻的时候从事于电磁学研究,经过许多困难的实验,他成功证明了电解作用时吸收的热量等于化合物的成分在最初结合时放出的热量。他研究了电流的热效应,发现电流通过导体所放出的热量与电阻成正比,与电流强度平方成正比,同一时间俄国物理学家楞次也独立发现了该定律,所以该定律被称为“焦耳-楞次定律”。焦耳研究了电和化学与机械的作用,导致了热功当量的伟大发现,他用了40年的时间进行热功当量的实验研究。焦耳还提出气体内能仅仅由温度决定。

8.3 热力学第一定律

热力学第一定律是在19世纪中期,在大量生产实践和科学实验的基础上,经过多位物理学家验证,最终以科学定律的形式被确立的。热力学第一定律是能量守恒与转换定律在一切涉及热现象的宏观过程中的具体表现,无论对气体、液体,还是对固体系统都适用。

要使一个物体的温度升高,可以对它进行加热,也可以用力摩擦物体的表面。前一种方法是使物体吸收热量,后一种方法是对物体做功。远古时期人类就掌握钻木取火,通过摩擦使物体加热并燃烧,这就是通过做功改变内能的一个应用。内能是直接和温度相联系的物理量,改变温度等效于改变内能,所以也可以这样说:**要改变一个热力学系统的内能,有两种方法,一是对系统做功,一是向系统传递热量**。

做功和热传递对于改变内能的效果是一样的,但两者的本质不同,做功是把其他性质的能量(机械能、电能等)转换为内能,热传递是能量在不同物体间转移,能量的性质没有发生变化。

以一端有活塞的气缸为例,如果对气缸加热,气缸中的气体温度升高,内能增加,同时体积也会膨胀,对外做功。设加热过程中气体吸收了热量 Q,如忽略能量损失,根据能量守恒和转换关系,吸收的热量必然是一部分用来对外做功,另一部分则用来增加气体内能,用公式表示即为

$$Q = \Delta E + W \tag{8-8}$$

式(8-8)为热力学第一定律常见的表述形式，后续都用此公式表示热力学第一定律。此式说明：**热力学系统在一个过程中从外界吸收的热量，等于它对外界做的功加上内能的增量**。当然系统也可能向外界放出热量，此时 Q 为负值。ΔE 和 W 也有正负：温度升高，内能增加，ΔE 为正值，温度降低，内能减小，ΔE 为负值；体积增大，对外界做正功，W 为正值，体积减小，对外界做负功，W 为负值。

对于微小的变化过程，热力学第一定律可表示为

$$\mathrm{d}Q = \mathrm{d}E + \mathrm{d}W$$

应用热力学第一定律首先要注意公式中热量、做功和内能增量三个量应取同一单位。其次要注意三个量都是标量，有正负。

热力学第一定律实质上是包含了热量在内的能量守恒和转换定律，这个原理是 19 世纪物理学的最伟大的概括，自然界中所有热力学过程都必须满足热力学第一定律。历史上很多人都追求制造一种不消耗任何形式的能量而能循环持续做功的机器——永动机。而热力学第一定律告诉我们，永动机是不可能实现的。

在量子物理领域，玻尔(Bohr)等物理学家曾对热力学第一定律的有效性提出质疑，他们认为当把它应用在电子上时，它只是一个统计规律。对于宏观物体，热力学第一定律经受了一切考验，但爱因斯坦在他的狭义相对论中以一种新的形式把它与质量守恒原理合并起来，狭义相对论要求能量守恒定律对于每个坐标系都成立。虽然热力学第一定律偶有质疑，但至今为止，现有发现的实验现象，没有任何实验结果与热力学第一定律相违背。

8.4 理想气体的等值过程

8.3 节我们介绍了热力学第一定律，以及功、内能、热量的计算方法。本节我们将讨论热力学第一定律在准静态过程中如何应用，以等容过程、等压过程、等温过程和绝热过程这四大过程为例讨论应用热力学第一定律进行计算。

8.4.1 等容过程

体积 V 不变的过程称等容(定容)或等体过程。8.3 节已得出功的计算公式为 $\mathrm{d}W = p\,\mathrm{d}V$，在等容过程中，体积增量为零，即 $\mathrm{d}V = 0$，所以气体不做功，$W = 0$。

由热力学第一定律可知，等容过程吸收的热量就等于内能的增量，即吸收的热量全部用来改变内能，即

$$Q_V = \Delta E$$

代入内能公式(8-3)和式(8-4)可以得到

$$Q_V = \Delta E = \nu \frac{i}{2} R \Delta T = \frac{m}{M_{\mathrm{mol}}} \frac{i}{2} R \Delta T \tag{8-9}$$

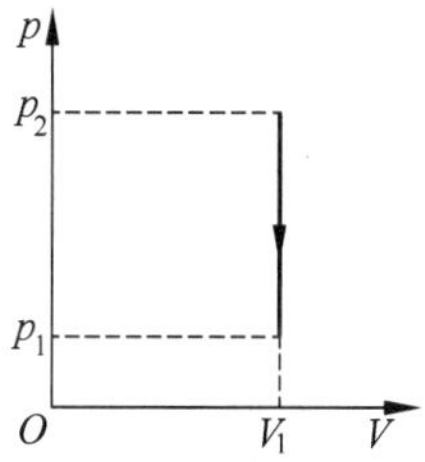

图 8-5 理想气体的等容过程

如图 8-5 所示，当理想气体压强从 p_1 增大为 p_2 时，由理想气体物态方程可知，1 为初状态，有 $p_1 V_1 = \nu R T_1$；2 为末状态，有 $p_2 V_1 = \nu R T_2$，所以有

$$Q_V = \Delta E = \nu \frac{i}{2} R \Delta T = \nu \frac{i}{2} R (T_2 - T_1) = \frac{i}{2}(p_2 - p_1) V_1$$

引入等容摩尔热容 C_V：1mol 理想气体在等容过程中温度升高(或降低)1K 所吸收(或放出)的热量。由式(8-6)得到吸收(或放出)的热量 $Q_V = \nu C_V \Delta T = \frac{m}{M_{\text{mol}}} C_V \Delta T$。

结合式(8-9)可求出等容过程中的摩尔热容为

$$C_V = \frac{i}{2} R \tag{8-10}$$

单原子分子 $C_V = \frac{3}{2}R$，双原子分子 $C_V = \frac{5}{2}R$，三原子及以上原子分子 $C_V = 3R$。

定义了等容过程中的摩尔热容后，式(8-4)可以用 C_V 表示为

$$\Delta E = \nu C_V \Delta T = \frac{m}{M_{\text{mol}}} C_V \Delta T \tag{8-11}$$

后面其他热力学过程中的内能都可用此式表示。

等容过程有等容升温过程(或等容升压过程)和等容降温过程(或等容降压过程)，图 8-5 为等容降压过程，温度和压强都是减少的，所以内能减少，放出热量。

8.4.2 等压过程

压强 p 保持不变的过程称为等压过程。例如，图 8-2 所示气缸的一端是活塞，当气缸与一个高温的恒温物体接触，气体受热膨胀，活塞会向外移动，气体体积增加。假设这个过程是准静态过程，那么整个膨胀过程中外界压强不变，气缸中的压强也就不变，变化的是气缸内气体的温度和体积。

下面我们具体计算等压过程中的热量、做功和内能。如图 8-6 所示，等压过程中，气体所做的功等于过程曲线下方的面积，体积从 V_1 变到 V_2，所以所做的功为

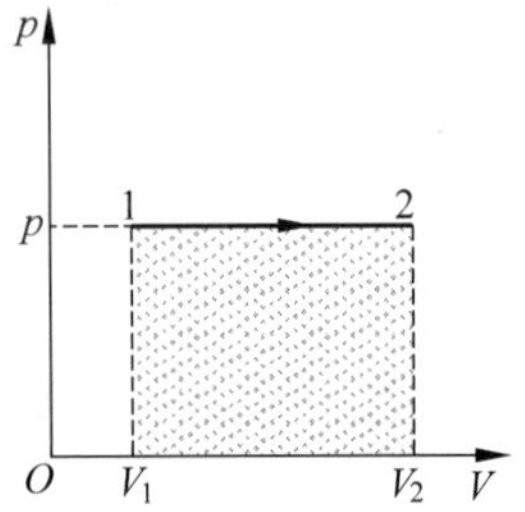

图 8-6 理想气体的等压过程

$$W = p(V_2 - V_1) \tag{8-12}$$

再应用理想气体物态方程 $pV = \nu RT$，初状态方程为 $pV_1 = \nu RT_1$，末状态方程为 $pV_2 = \nu RT_2$，因此有

$$W = pV_2 - pV_1 = \nu R(T_2 - T_1) = \nu R \Delta T \tag{8-13}$$

内能增量为

$$\Delta E = \nu C_V \Delta T = \frac{i}{2}(pV_2 - pV_1) \tag{8-14}$$

由热力学第一定律可知，吸收的热量为

$$Q_p = \Delta E + W = \nu (C_V + R) \Delta T = \nu \frac{(i+2)}{2} R \Delta T$$

热量也可以用压强和体积表示，代入理想气体物态方程可得

$$Q_p = \frac{(i+2)}{2}(pV_2 - pV_1)$$

前面介绍过等压摩尔热容 C_p 指 1mol 理想气体在等压过程中温度升高(或降低)1K 所

吸收(或放出)的热量。由式(8-7)得到等压过程中吸收或放出的热量为 $Q_p=\nu C_p\Delta T$,所以有

$$C_p=\left(\frac{i}{2}+1\right)R=C_V+R \tag{8-15}$$

单原子分子 $C_p=\frac{5}{2}R$,双原子分子 $C_p=\frac{7}{2}R$,三原子及以上原子分子 $C_p=4R$。

在实际应用中,还经常用到 C_p 和 C_V 的比值,此比值称为摩尔热容比,用 γ 表示:

$$\gamma=\frac{C_p}{C_V}=\frac{i+2}{i}$$

表 8-1 为常见气体的平均等压摩尔热容,常见气体的摩尔热容一般都可以通过实验测得。

表 8-1　常见气体等压摩尔热容的大小

气体 / 温度/℃	O_2	N_2	CO	CO_2	H_2O	SO_2	空气
0	29.274	29.115	29.123	35.860	33.499	33.854	29.073
100	29.538	29.144	29.178	38.112	33.741	40.654	29.153
200	29.931	29.228	29.303	40.059	34.118	42.329	29.299
300	30.400	29.383	29.517	41.755	24.575	43.878	29.521
400	30.878	29.601	29.789	43.250	35.090	45.217	29.789
500	31.334	29.864	30.099	44.573	35.630	46.390	30.095

8.4.3　等温过程

温度 T 保持不变的过程称为等温过程,等温过程具体表现为气体在恒定温度下膨胀或者压缩,在 p-V 图上用一条双曲线表示(见图 8-7)。实现等温过程要有两个条件:首先气体和外界要有热量交换(吸收或者放出热量),其次过程必须进行得足够缓慢,保证是平衡过程。

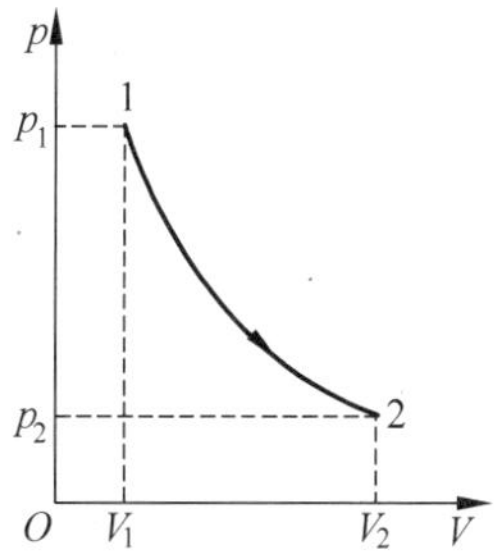

图 8-7　理想气体的等温过程

等温过程中温度不变,而内能是温度的单值函数,所以**内能不变**,即 $\Delta E=0$。代入热力学第一定律可得

$$Q_T=W$$

在图 8-7 所示的等温曲线中,压强随着体积变化,任意一点有 $p(V)=\frac{\nu RT}{V}=\frac{常量}{V}$,代入做功的定义式有

$$W=\int_{V_1}^{V_2}p\,\mathrm{d}V=\int_{V_1}^{V_2}\frac{\nu RT}{V}\mathrm{d}V=\nu RT\int_{V_1}^{V_2}\frac{\mathrm{d}V}{V}=\nu RT\ln V\Big|_{V_1}^{V_2}=\nu RT\ln\frac{V_2}{V_1}$$

等温过程中温度不变,由理想气体物态方程可知,对于初状态和末状态有

$$p_1V_1=\nu RT=p_2V_2$$

所以有

$$Q_T = W = \nu RT\ln\frac{V_2}{V_1} = \nu RT\ln\frac{p_1}{p_2} \tag{8-16}$$

其中,V_2 和 V_1 分别代表末状态和初状态的体积,p_2 和 p_1 分别代表末状态和初状态的压强。式(8-16)说明在等温过程中,理想气体吸收的热量不改变内能,全部用来对外界做功。

式(8-16)中的 νRT 也可以用压强和体积表示,即

$$Q_T = W = p_1V_1\ln\frac{V_2}{V_1} = p_1V_1\ln\frac{p_1}{p_2}$$

或者

$$Q_T = W = p_2V_2\ln\frac{V_2}{V_1} = p_2V_2\ln\frac{p_1}{p_2}$$

8.4.4 绝热过程

等容过程、等压过程和等温过程,都是压强、体积、温度三个状态参量中有一个保持不变,其他两个在变化。下面要研究的绝热过程,三个参量同时发生变化,相对要复杂一些。

系统与外界没有热量交换,既不吸热也不放热的变化过程称为绝热过程。绝热过程是一种理想情况,但在实际过程中,如果系统和外界之间传递的热量很少,可以忽略不计,则可以把此过程看作是绝热的,例如,蒸汽机气缸中气体的压缩和膨胀过程可近似看作绝热过程。

在**绝热过程中,不吸热也不放热,所以有** $Q=0$。由热力学第一定律和内能公式可知

$$W = -\Delta E = -\nu\frac{i}{2}R\Delta T \tag{8-17}$$

此式说明,如果绝热过程中系统对外界做正功,则内能减少,做负功则内能增加。

下面我们来求绝热过程的过程方程式。

由热力学第一定律有:$\mathrm{d}W+\mathrm{d}E=\mathrm{d}Q$,把式(8-17)代入前式,并结合做功的定义式,则有

$$p\,\mathrm{d}V + \nu\frac{i}{2}R\,\mathrm{d}T = 0$$

根据此条件,将理想气体物态方程 $p=\frac{\nu RT}{V}$代入上式,得

$$\frac{\nu RT}{V}\mathrm{d}V + \nu\frac{i}{2}R\,\mathrm{d}T = 0$$

将上式等号两边同时除以 $\nu\frac{i}{2}RT$ 可以得到

$$\frac{R}{C_V}\frac{\mathrm{d}V}{V} + \frac{\mathrm{d}T}{T} = 0$$

由于 $\gamma-1=\frac{R}{C_V}$,因此对上式等号两边同时积分得到 $\ln(TV^{\gamma-1})=$常量,所以

$$TV^{\gamma-1} = 常量$$

还可以写为压强和体积的关系式:

$$pV^{\gamma} = 常量$$

此式称为绝热过程的泊松公式。它还可以写成压强和温度的关系式：

$$p^{\gamma-1}T^{-\gamma}=\text{常量}$$

这三个方程都是绝热过程的过程方程。绝热过程泊松公式给出了 p,V 两个状态参量之间的函数关系，在 p-V 图上作出函数图像，即绝热过程的过程曲线，如图 8-8 所示，它的形状类似等温过程曲线 $pV=\nu RT=$常量，也是单调递减的，但因为 $\gamma>1$，**绝热线的斜率比等温线要大，曲线较陡，膨胀相同的体积，绝热过程压强降低得较快**。从图中还可以看出，气体从同一状态开始膨胀相同体积，等温线下面的面积较大，即等温过程对外界做的功比绝热过程要多。

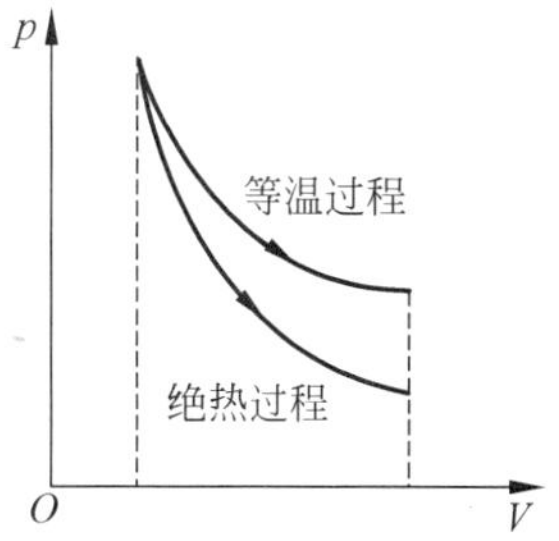

图 8-8　绝热线和等温线

8.5 循环过程　热机

8.5.1 循环过程

蒸汽机中的水（蒸汽）经历的过程是循环过程，水变蒸汽，最后又变回到水，如图 8-10 所示。一般来说，系统从某一状态出发，经历一系列状态变化过程后又回到初状态，把这一周而复始的变化过程称为**循环过程**。**系统经过一次循环后回到初状态**，状态参量 p,V,T 都没有变化，而且因为温度不变，内能也不变，即一次**循环过程中** $\Delta E=0$。

在 p-V 图上，循环过程可表示为一条闭合曲线，如图 8-9 所示。在整个循环过程中，系统对外界做功为 W_1，外界对系统做功为 W_2，整个循环过程中的净功 W_n(net work)为 $W_n=W_1-W_2$。图 8-9 中的顺时针方向的循环过程，正功大于负功，净功大于零，称之为**正循环**。正循环不断从外界吸收热量转化为有用功。正循环对应的机器称为**热机**。如果是逆时针方向的循环过程，则负功大于正功，净功小于零，称之为**逆循环**。在逆循环过程中，外界对系统做功，使工作物质不断放出热量。逆循环对应的机器称为**制冷机（热泵）**。本章我们主要介绍热机的循环过程。

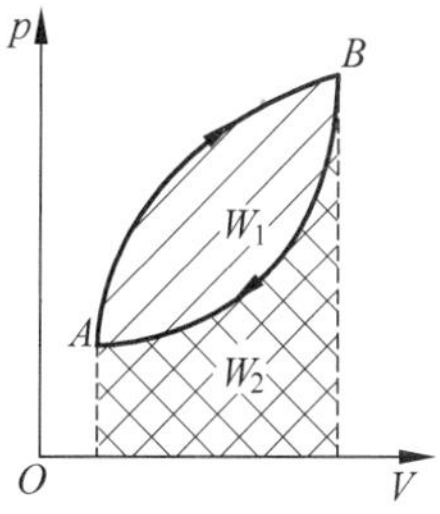

图 8-9　循环过程曲线

8.5.2 热机　热机的循环效率

热机是一种把燃料燃烧产生的热量转变为功的机器。历史上最早应用的热机是蒸汽机，它的主要结构如图 8-10 所示，锅炉把水烧开产生蒸汽，蒸汽推动汽缸中的活塞做功，然后蒸汽进入冷凝管凝结为水，水再被一个给水泵抽到锅炉里，重复之前的过程，如此不停地循环下去，蒸汽机就能持续对外做功。除了蒸汽机之外，还有很多其他形式的热机，最典型的如汽车里的内燃机、柴油机、液体燃料火箭等。

热机效率的高低如何判断呢？我们假设一个热机，每次循环都从外界吸收热量 Q_1，放出热量 Q_2，净功为 W_n（也可以直接用总功 W 表示），则在吸收同样热量的情况下，净功越大，效率越高。可以将热机的效率定义为对外做的有用功与吸收的热量的比值，用 η 表示，

则有

$$\eta=\frac{W_{\mathrm{n}}}{Q_1}$$

我们希望热机的效率尽可能高，消耗相同热量时对外做的功尽可能多，不过实际中热机的效率并不太高，蒸汽机的效率 $\eta=8\%$左右，柴油机的效率相对比较高，也只能达到 37%。很多工程师和物理学家都致力于寻找提高热机效率的方法，他们的研究成果除了具有实用价值外，还推动了热力学理论的发展。

现以蒸汽机为例，循环过程中能量转化关系可概括为：水从锅炉中吸收热量 Q_1，吸收的热量一部分用来推动活塞做功 W_+，剩余的一部分热量 Q_2 释放到冷凝管中。然后外界对系统做功 W_- 将活塞压回原位置。此过程可以概括表示为如图 8-11 所示的热机工作模型，因为一次循环后 $\Delta E=0$，根据热力学第一定律可知

$$Q=Q_1-|Q_2|=W_++W_-=W_{\mathrm{n}}=W$$

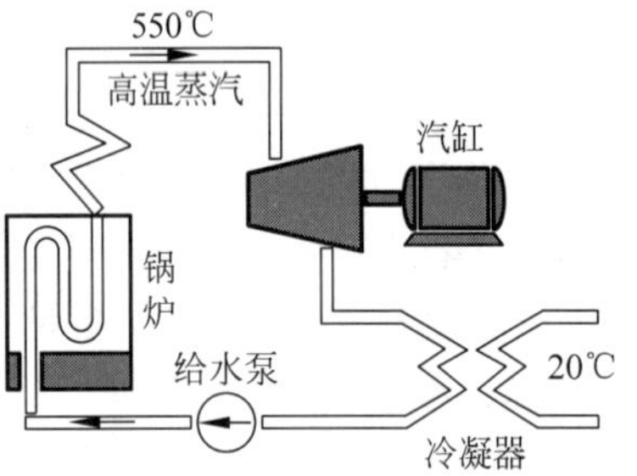

图 8-10　蒸汽机的结构示意图

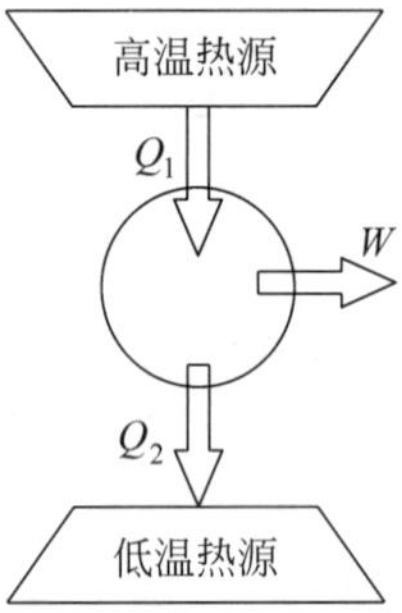

图 8-11　热机工作模型

热机就是通过这样一个个循环过程持续不断地把热量转化为功，转化的效率称为**热机循环效率**：

$$\eta=\frac{W}{Q_1}=\frac{Q_1-|Q_2|}{Q_1}=1-\frac{|Q_2|}{Q_1} \tag{8-18}$$

循环过程做的净功在 p-V 图中也可用面积表示。如图 8-9 所示，把一次循环过程分为两段，在前半段过程中，系统从初状态 A 膨胀到体积最大的状态 B，对外界做正功，做的功等于图中面积 W_1；在后半段过程中，系统从状态 B 回到初状态 A，体积减小，对外界做负功，做功在数值上等于图中面积 W_2，则**一次循环做的总功 W 在数值上就等于这两部分面积之差，即闭合曲线包围的面积**。

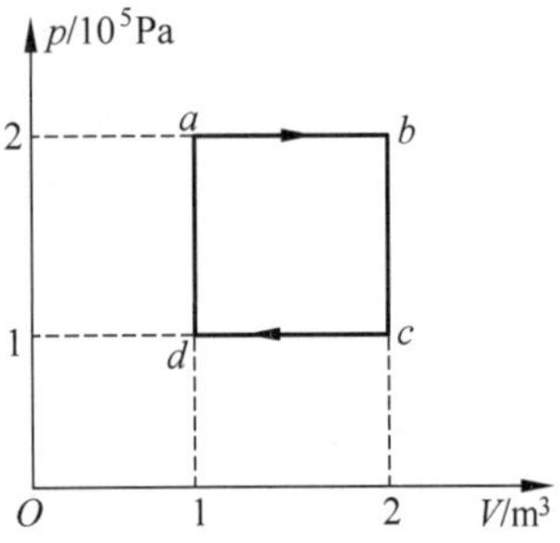

图 8-12　例 8-1 用图

热机种类很多，常见的有蒸汽轮机、燃气轮机、喷气发动机等。

例 8-1　如图 8-12 所示，已知 1mol 氢气经历图示循环过程，求此循环的效率。

解　氢气是双原子分子，自由度 $i=5$。将循环过程分成 4 段等值过程：

a-b 为等压过程。

$$W_{ab}=p_a(V_b-V_a)=2\mathrm{J}$$

$$\Delta E_{ab}=\nu C_V\Delta T=\frac{5}{2}\nu R(T_b-T_a)$$

由理想气体物态方程可知 $p_bV_b=\nu RT_b$，$p_aV_a=\nu RT_a$，所以

$$\Delta E_{ab}=\frac{5}{2}(p_bV_b-p_aV_a)=5\mathrm{J}$$

$$Q_{ab}=\Delta E_{ab}+W_{ab}=7\mathrm{J}>0$$

a-b 过程吸热。

b-c 为等容过程。

$$W_{bc}=0$$

$$\Delta E_{bc}=\nu C_V\Delta T=\frac{5}{2}\nu R(T_c-T_b)$$

由理想气体物态方程可知 $p_cV_c=\nu RT_c$，所以

$$\Delta E_{bc}=\frac{5}{2}(p_cV_c-p_bV_b)=-5\mathrm{J}$$

$$Q_{bc}=\Delta E_{bc}+W_{bc}=-5\mathrm{J}<0$$

b-c 过程放热。

c-d 为等压过程。

$$W_{cd}=p_c(V_d-V_c)=-1\mathrm{J}$$

由理想气体物态方程可知 $p_dV_d=\nu RT_d$，所以

$$\Delta E_{cd}=\frac{5}{2}\nu R(T_d-T_c)=\frac{5}{2}(p_dV_d-p_cV_c)=-2.5\mathrm{J}$$

$$Q_{cd}=\Delta E_{cd}+W_{cd}=-3.5\mathrm{J}<0$$

c-d 过程放热。

d-a 为等容过程。

$$W_{da}=0$$

$$\Delta E_{da}=\frac{5}{2}\nu R(T_a-T_d)=\frac{5}{2}(p_aV_a-p_dV_d)=2.5\mathrm{J}$$

$$Q_{da}=\Delta E_{da}+W_{da}=2.5\mathrm{J}>0$$

d-a 过程吸热。

一次循环吸收的热量为 $Q_1=Q_{ab}+Q_{da}=9.5\mathrm{J}$，放出的热量为 $Q_2=|Q_{bc}|+|Q_{cd}|=8.5\mathrm{J}$，对外做功为 $W=W_{ab}+W_{bc}+W_{cd}+W_{da}=1\mathrm{J}$，或利用功在数值上等于过程曲线包围的正方形面积，也可直接求得 W。

循环效率 $\eta=\dfrac{W}{Q_1}=\dfrac{1}{9.5}\approx 10.5\%$。

*8.5.3　制冷机　制冷系数

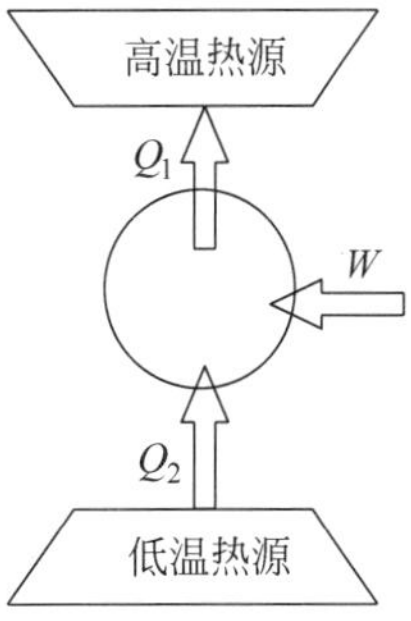

图 8-13　制冷机

图 8-13 为制冷机的示意图，制冷机是一种从低温热源吸收热量而向高温热源放出热量，从而获得低温的机器。制冷机经历一个逆循环，外界对它做的总功为 W，它在膨胀过程中从低温热源吸收热量

Q_2，在压缩过程中再向高温热源放出热量 Q_1，它通过外界不断对系统做功，达到制冷的目的。

制冷机循环效率的高低主要看外界做功相同的情况下，从低温热源吸收的热量的多少。把$\frac{Q_2}{W}$定义为制冷机的制冷系数 e，即 $e=\frac{Q_2}{W}$。制冷机的制冷系数越大，说明在做功相同时吸收的热量越多，制冷效率就越高。

8.5.4 卡诺循环

在各种对于热机效率的研究论述中，法国工程师卡诺提出的理论有着重要的意义。1824 年，卡诺设想了一个工作在两个热源之间的理想循环——卡诺循环，找到了在两个热源温度给定的条件下，热机效率的理论极限值。这一理论为提高实际热机效率指明了方向。

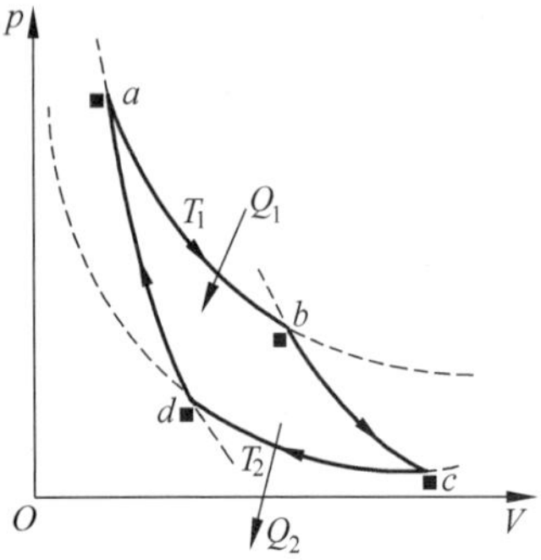

图 8-14 卡诺循环过程曲线

卡诺循环的工作物质是理想气体，被一个绝热活塞封闭在汽缸中。**卡诺循环由两个等温过程和两个绝热过程组成**，循环过程曲线如图 8-14 所示。图中 a 点为理想气体的初状态，a-b 是等温膨胀过程，温度 T_1 即为高温热源的温度；b-c 是绝热膨胀过程，不吸热也不放热；c-d 是等温压缩过程，温度 T_2 即为低温热源的温度；d-a 是绝热压缩过程，最终气体回到初状态 a，完成一次循环。

四段过程气体的内能变化、做功和热量传递情况分别如下：

a-b：$\Delta E_{ab}=0, Q_{ab}=W_{ab}=\nu RT_1\ln\frac{V_b}{V_a}>0$，等温吸热过程；

b-c：$Q_{bc}=0, W_{bc}>0, \Delta E_{bc}=-W_{bc}=\nu C_V(T_2-T_1)$，绝热过程；

c-d：$\Delta E_{cd}=0, Q_{cd}=W_{cd}=\nu RT_2\ln\frac{V_d}{V_c}<0$，等温放热过程；

d-a：$Q_{da}=0, W_{da}<0, \Delta E_{da}=-W_{da}=\nu C_V(T_1-T_2)$，绝热过程。

一次循环中只有 a-b 过程从高温热源吸收热量，所以 $Q_1=Q_{ab}$；只有 c-d 过程向低温热源放出热量，$Q_2=|Q_{cd}|$。而一次循环做的总功 W 等于四段过程做功的代数和，即 $W=W_{ab}+W_{bc}+W_{cd}+W_{da}$。

卡诺循环的效率由式(8-18)计算，将 $Q_1=Q_{ab}=W_{ab}$，$Q_2=|Q_{cd}|=|W_{cd}|$代入式(8-18)，得到 $\eta=\frac{W}{Q_1}=1-\frac{Q_2}{Q_1}=1-\frac{\left|\nu RT_2\ln\frac{V_d}{V_c}\right|}{\nu RT_1\ln\frac{V_b}{V_a}}$。根据绝热过程方程，得到$\frac{V_c}{V_d}:\frac{V_b}{V_a}=1$，所以卡诺循环效率为

$$\eta_{卡}=1-\frac{T_2}{T_1}$$

结合式(8-18)有

$$\eta_{卡}=\frac{W}{Q_1}=\frac{Q_1-|Q_2|}{Q_1}=1-\frac{|Q_2|}{Q_1}=1-\frac{T_2}{T_1} \tag{8-19}$$

对于卡诺循环，只要知道高温热源的温度 T_1 和低温热源的温度 T_2，就可由式(8-19)求出循环效率。两个热源的温度差越大，效率越高，所以提高热机循环效率的一种方法是尽量升高高温热源的温度，降低低温热源的温度。但 T_1 无论多高也不可能达到无限大，T_2 再低，也不可能低到 0K，所以 $\eta_{卡}$ 始终是小于 1 的，即循环效率不可能达到 100%。

*8.5.5　奥托循环

燃料直接在汽缸中燃烧的热力发动机称为**内燃机**，内燃机常用的循环有**奥托循环**和**狄塞尔循环**等。下面我们介绍奥托循环，汽油机常用奥托循环，如汽车内燃机。它分为四个过程：进气、压缩、做功和排气，如图 8-15 所示。

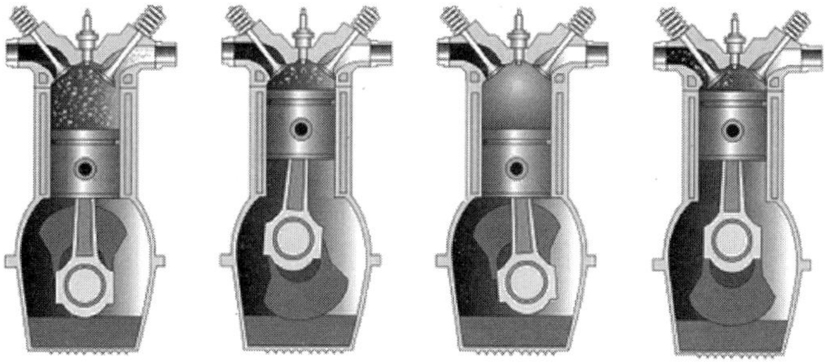
(a)　(b)　(c)　(d)

图 8-15　奥托循环示意图

(a) 进气过程；(b) 压缩过程；(c) 做功过程；(d) 排气过程

如图 8-16 所示，奥托内燃机进气过程中吸入汽油和空气混合物，然后气体被活塞压入汽缸过程为绝热压缩过程 CD。电火花引起燃气爆炸性燃烧，温度升高，压强剧增到 p_1，此过程是一个等容加热过程 DA，然后绝热膨胀过程 AB 对外做功，这是整个循环中唯一一个做正功的过程。接着沿着等体放热过程 BC 排出废气，体积减小，温度降低，完成一个循环。

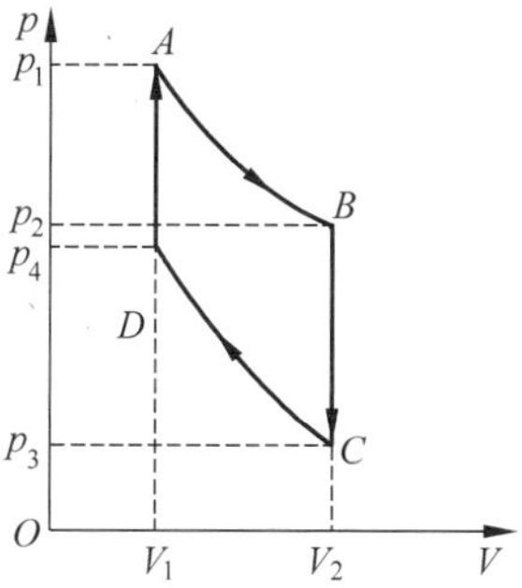

图 8-16　奥托循环 p-V 图

奥托循环的优点是热量损失小、效率高、结构轻便，缺点是燃料燃烧会产生废气排放到空气中，如果废气不做处理，会造成一定程度的空气污染。

人物介绍：卡诺

卡诺(Nicolas Léonard Sadi Carnot,1796—1832),法国物理学家,热力学的创始人之一。18 世纪蒸汽机已经被大量使用,但是当时缺乏研究热机效率的理论。卡诺在 1824 年发表的《关于火的动力》中提出了卡诺热机和卡诺循环的概念,并提出卡诺定理。卡诺曾是热质说的拥护者,但是几年后他最终相信了热的动力学理论的正确性。此外,他已经发现了能量守恒定律,他提出"动力(现称为能量)是自然界的一个不变量;正确地说,动力既不能创造也不能消灭"。1832 年,卡诺死于霍乱,年仅 36 岁,当时政府为了防止疫病扩散,要求所有患者的衣服物品都要烧毁,所以他的大量没来得及发表的科研手稿被烧毁,只有少量手稿被他弟弟保存,许多年之后才公开,但此时能量守恒定律已经建立了。

8.6 热力学第二定律 卡诺定理

在 8.3 节我们讲了热力学第一定律——能量守恒和转换定律,自然界中的所有过程都必须满足热力学第一定律。但满足热力学第一定律的过程是否都能实现呢？换句话说,是否热力学过程有方向呢？下面,我们将讨论热力学过程的方向性,即不可逆性,由此总结热力学第二定律并说明其本质。

8.6.1 自然过程的方向性

先举三个例子说明什么是不可逆过程。

喷一下香水,香水气味会慢慢弥漫到整个空间,反过来,希望香水气味全部回到香水瓶里却是不可能的。卵孵化成为幼虫,幼虫长大变为蝴蝶,反过来我们让蝴蝶变回幼虫或者卵却是不可能的。一个盛满水的玻璃杯掉到地上,玻璃杯破碎,水洒到地面,反过来我们让水回到玻璃杯里面,让玻璃杯还原完整也是不可能的。中国古话"破镜不能重圆""覆水难收",外国哲人说过"人不可能两次踏入同一条河流",这些话和以上例子都说明现实世界中大部分过程都是有方向的,都是不可逆的。一切动物和植物,包括人的生命过程都是从诞生、成长逐渐到衰老、死亡,不会反向进行。

下面我们讨论热力学过程的不可逆性。

1. 热功转换的方向性

冬天很冷,我们可以通过双手互相摩擦产生热来使手暖和,这些摩擦产生的热会慢慢向外界散去。这些散去的热有没有可能变回运动做功呢？毫无疑问,这个过程不可能发生,这说明**通过摩擦而使功变成热的过程是不可逆过程**。是不是热不能变成功呢？热当然可以变成功,例如,热机就是通过吸收热量把热变为功,但是不是所有吸收的热量全部变为对外做功,还有一部分热量是不能转为功的,也就是热机循环过程中排放到低温热源的热量。所以,**热变功有可能,但是热全部转化为有用的功而对外界不产生任何影响是不可能的**。

2. **热传导的方向性**

夏天拿出一块冰放到桌上,冰块慢慢融化变成水,我们想象一下,在自然状态下有没有可能冰不融化,反而会越来越凝固?任何两个不同温度的物体相接触,都是高温物体变冷,低温物体变热,最终达到热平衡,具有相同的温度(热力学第零定律)。以上事例说明热传导具有方向性,**热量会自动地由高温物体传给低温物体**。反过来,是不是热量不可能由低温物体传给高温物体呢?还是有可能的,冰箱和空调这类制冷机就是典型的例子,通过外界对系统做功可以让热量从低温物体传给高温物体,所以前面我们加了“自动地”三个字,制冷机由于外界对系统做功,不是自动的过程,因此**热量自动地从低温物体传给高温物体,而对外界不产生任何影响是不可能的**。

3. **气体的绝热自由膨胀过程的方向性**

如图 8-17 所示,密封绝热容器内右边是真空,左边是气体,当我们抽开中间的活塞,空气会从左边扩散到右边,最终容器内均匀地充满气体。我们假想一下,是否有可能抽开活塞后右边仍然回到真空状态,答案肯定是不可能的。这说明**气体向真空中绝热自由膨胀过程是不可逆过程**。

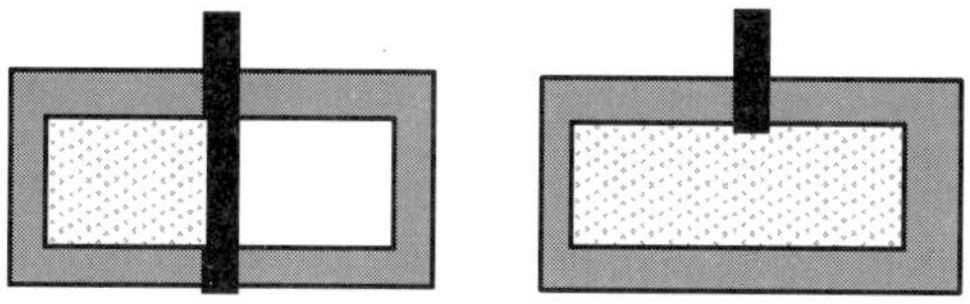

图 8-17　气体自由膨胀

大量事实表明,自然界中的一切热力学过程都是有方向性的,只能沿单向进行,不可逆转。假设有一种理想过程,它没有方向性,就是无摩擦、无机械能损耗的纯机械运动过程,它朝正反两个方向进行是完全等价的,我们称这样的过程为**可逆过程**。**可逆过程只是假想的理想情况**,自然过程中一切与热现象有关的宏观过程都涉及热功转换或热传导,都是由非平衡态向平衡态的转化,所以**一切与热现象有关的热力学宏观过程都是不可逆过程**。

8.6.2　热力学第二定律

总结自然界过程进行的方向的规律称为热力学第二定律。因为自然界中的过程多种多样、千姿百态,描述它们方向的热力学第二定律也有多种表述形式。我们常用的是两种表述形式,称为开尔文表述和克劳修斯表述。

热力学第二定律的开尔文表述为:不可能制成一种循环工作的热机,只从单一热源吸收热量并使之全部变为有用功,而对外界不产生任何影响。它指出了功和热转换过程的方向性和不可逆性。

热力学第二定律的克劳修斯表述为:热量不可能自动地从低温物体传向高温物体。它指出了热传递过程的方向性和不可逆性。

这两种表述形式是等价的,一种表述成立,则另一种也成立。描述其他热力学过程方向的表述形式也都和它们等价。例如,“气体可以自动膨胀,但不会自动收缩”也是热力学第二定律的一种表述形式,它指出了气体自由扩散过程的方向性和不可逆性,这种表述和开尔文表述的等价性可由反证法推导：假设气体能够自动收缩，用这样的气体作为工作物质，制成如图 8-18 所示的热机，气体在吸收热量，体积膨胀推动活塞对外界做功后，不需要外界的任何作用就会自动收缩恢复到原来的体积，然后再一次吸收热量对外界做功，如此循环下去，则此热机可以把吸收的热量全部转化为功，而对外界不产生影响，违背了开尔文表述。也就是说，如描述气体扩散过程方向性的表述不成立，则开尔文表述也不成立；反之，如开尔文表述成立，则气体扩散过程表述必然成立。两者具有等价性。

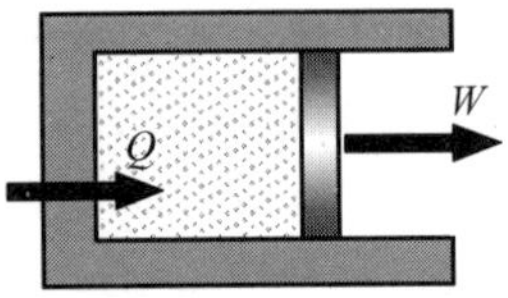

图 8-18　违反热力学第二定律的热机

8.6.3　卡诺定理

根据热力学第二定律可证明关于热机效率的两条结论，称为**卡诺定理**。

（1）**工作于高温热源 T_1 和低温热源 T_2 之间的一切可逆热机的效率都相等，均为卡诺循环的效率**，即

$$\eta_{可逆}=\eta_{卡}=1-\frac{T_2}{T_1}$$

其中，可逆热机指热机中的每一个工作过程都是可逆过程，是无摩擦、无能量损耗的单纯机械运动。

（2）**对于一切不可逆热机（实际的热机），都有**

$$\eta_{不可逆}<\eta_{可逆}=1-\frac{T_2}{T_1}$$

卡诺定理指出了提高热机效率的努力方向：一是使不可逆热机尽量接近可逆热机，即减小摩擦，减小能量损耗，让热机的工作过程尽量接近可逆过程；二是提高高温热源的温度 T_1 和降低低温热源的温度 T_2，一般热机的低温热源温度指冷凝器的温度，要降低此温度需要的经济成本相对较高，所以实际中大多是提高高温热源的温度，如发电厂中大型蒸汽机锅炉的温度都在 500℃以上。

人物介绍：克劳修斯

克劳修斯(Rudolf Julius Emanuel Clausius，1822—1888)，德国物理学家和数学家，他和麦克斯韦、玻耳兹曼被称为分子动理论三大奠基人。克劳修斯不属于实验物理学家，属于很高明的数学物理学家。他在 28 岁发表的论文《论热的移动力及可能由此得出的热定律》中提出卡诺定理和能量守恒是矛盾的，并重新陈述了两条热力学定理来解决这个矛盾。克劳修斯从理论上论证了焦耳-楞次定律。1851 年，他通过热力学理论论证了克拉珀龙方程，这个方程又称为克拉珀龙-克劳修斯方程。1853 年，他发展了温差电现象的热力学理论。1857 年，他提出了电解理论。1858 年，他提出了分子平均自由程的概念。1867 年，他提出熵的概念。1870 年，他创立了统计物理中的重要定理之一——位力定理。1877 年，他提出了电介质极

化的理论，与莫索提各自独立地导出电介质的介电常量与其极化率之间的关系，即克劳修斯-莫索提公式。主要著作有《力学的热理论》《势函数与势》《热理论的第二提议》等。

8.7 热力学第二定律的统计意义

8.6 节通过归纳总结自然界中各种过程的方向，得出了热力学第二定律，现在从微观角度出发，通过研究物质内部分子的热运动，从统计意义来解释热力学第二定律。

8.7.1 热力学概率

以气体自由膨胀为例。如图 8-19 所示，假设一个密闭容器中只有 4 个气体分子，分别给它们编上序号 a，b，c，d，将容器等分为左右两部分，分子作无规则热运动，单个分子出现在左右两边的概率是一样的，所以 4 个分子在左右两边的分布情况共有 16 种，即这个系统有 16 种微观状态，如表 8-2 所示，每个微观状态出现的概率相等。

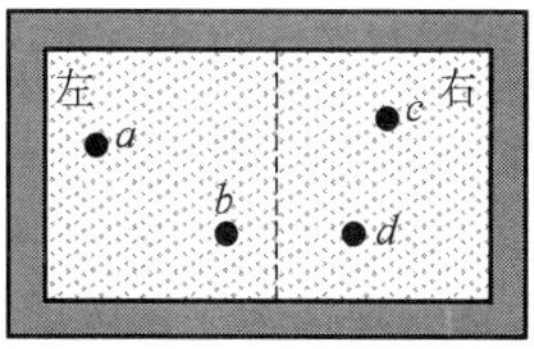

图 8-19 气体自由膨胀

表 8-2 微观状态与宏观状态

微观状态		宏观状态	宏观状态包含的微观状态数
左	右		
abcd	无	左 4 右 0	1
abc	*d*	左 3 右 1	4
bcd	*a*		
cda	*b*		
dab	*c*		
ab	*cd*	左 2 右 2	6
ac	*bd*		
ad	*bc*		
bc	*ad*		
bd	*ac*		
cd	*ab*		
a	*bcd*	左 3 右 1	4
b	*acd*		
c	*abd*		
d	*abc*		
无	*abcd*	左 0 右 4	1

但从宏观角度看，这 4 个分子是完全相同的，不管是分子 a，b，c 在左边，还是 b，c，d 在左边，宏观上都表现为左边有 3 个分子，右边有 1 个分子，这两种微观状态对应同一种宏观状态。如表 8-2 所示，16 种微观状态可分成 5 种宏观状态，每个宏观状态中包含的微观状态数不同，因为每个微观状态出现的概率相等，所以一个宏观状态包含的微观状态数越多，出现的概率越大。

每个微观状态出现的概率为$\frac{1}{16}$，所以 4 个分子左右各一半的概率为$\frac{6}{16}$，全部集中在左边或右边的概率为$\frac{1}{16}=\frac{1}{2^4}$。可以推导出，如果容器中有 N 个分子，则这些分子全部集中在一边的概率是$\frac{1}{2^N}$，分子数越多，概率越小。当 $N=100$ 时，$\frac{1}{2^N}=\frac{1}{2^{100}}\approx 10^{-30}$，一般气体中 N 的数量级是 10^{23}，分子全部集中在一边的概率无限接近零，即实际中根本不可能出现这种情况，而分子左右各一半平均分布的概率接近 100%，系统变化的方向必然是从概率小的状态向概率大的状态进行，所以气体总会自动扩散到容器中的每一处空间，而不会自动收缩到一端。

对于任何一个热力学系统，都可以类似地定义微观状态和宏观状态。一个宏观状态包含的微观状态数目少，则此状态出现的概率小；包含的微观状态数目多，则出现的概率大。**一个孤立系统内部自发的过程，总是由出现概率小的宏观状态向出现概率大的宏观状态进行，这就是热力学第二定律的统计意义**。

也可以从有序和无序的角度理解热力学第二定律，宏观状态包含的微观状态数目少，称此状态的有序程度高，包含的微观状态数目多，称此状态的无序程度高。自然过程总是从有序状态向着无序程度增加的方向进行。例如，气体集中在容器的一边，这种状态的有序程度高，而气体平均分布在容器中的状态的无序程度高，气体自由扩散时无序程度增加；再如热传递时，两个物体温度不同的状态的有序程度高，温度相同的状态的无序程度高，所以热量要从高温物体流向低温物体，直到温度相同为止；功和热转换过程的方向也是从物体有规则的机械运动(功)转变为分子无规则的热运动(热量)。

8.7.2 熵

为了准确描述热力学系统的无序程度，我们定义一个物理量——熵。1877 年，物理学家玻耳兹曼提出：如果一个热力学系统所处的宏观状态包含的微观状态数目为 W，则该系统的熵为

$$S=k\ln W$$

这个公式称为**玻耳兹曼熵公式**，其中，k 是第 7 章提到的玻耳兹曼常量。按照热力学第二定律，在系统中发生的任何过程，都会导致整个系统的无序程度增加，也即熵值增加。对于熵还有一种定义方式：$\mathrm{d}S=\frac{\mathrm{d}Q}{T}$，是通过卡诺循环过程推导出来的。

热力学第二定律为时间规定了方向，如果世界是有限的孤立系统，那么按照热力学第一和第二定律可知，它的能量是常量，宇宙中的所有变化过程都是向着熵增加的方向演进，既然熵只会增加不会减少，那么熵值最低时应该是一切变化开始的源头，亦即宇宙应该有一个起点。而熵值越来越大，最终达到一个极大值。这种终极状态会在有限的时间内达到，当熵这个极大值达到了，世界的有效能量为零，所有的运动停止，所有的物体处于同一温度之中，最终宇宙会达到完全平衡无序的状态，每一处温度相同、密度相同、成分相同，此时任何进一步的变化都不会发生，所有可以做功的能量已经耗竭，宇宙进入永恒的死寂状态，这个推断

称为“热寂说”。也有反对热寂说的观点，吉布斯和玻耳兹曼的统计力学已经证明，所谓不可逆现象的可逆并非完全不可能，而只是不太可能而已(概率极低)。例如，用一个容器，一半放氢气，另一半放氧气，中间用隔板隔开，分子数是有限的，如果抽出隔板，两种气体会扩散混合。有一种概率，虽然极小却也是存在的，那就是氧气和氢气会在某一时刻又一次变成分开状态。这说明热力学第二定律不是绝对定律，而是一种高度可几的定律，在某些进程中会出现一些例外。关于热寂说正确与否，宇宙未来的命运究竟如何，在今天仍是物理学界经常被争论的重要问题。

现在，熵的概念和熵增加原理的应用已经从物理学扩展到其他领域。例如，在信息论中，熵用来衡量信息的不确定度(无知程度)；在生态学中，熵是表示生物多样性的指标。当今被高度重视的环境污染问题也可用熵的概念分析：人类发展、人口的膨胀、社会组成结构的有序化，无疑是熵减少的过程，但依照熵增加原理，人类社会有序化得以实现，必然是因为生成更多的熵的结果，或者说，地球其他组成部分来承担因之带来的无序程度的结果。所以面对生态环境的日益恶化，我们应该协调好人类社会熵减少与生态环境熵增加的平衡，尽量减少对环境的破坏，否则环境的熵增加会将我们社会的熵减少付之一炬。

物理知识：热力学第三定律

热力学第三定律的内容为：不可能通过有限的过程将物体温度降低到绝对零度。绝对零度意味着气体分子的平均动能为零，也就是说，所有分子、原子处于某种形式的静止状态。按照普朗克的陈述，在绝对温度零点时，固体和液体的熵等于零。G. N. 刘易斯的陈述为：“如果把某种晶态里的每种元素的熵在绝对零度时都取为零，那么每一种物质都有有限的正熵，但在绝对零度时，熵可以变为零，并且在这时变成完全的晶体物质。”1908 年，昂尼斯在绝对温度仅 4.3K 时完成了氦的液化。目前证实了在很低的温度下一些金属会变成超导体。至今，极低温和超导都是科学研究的热点。

思　考　题

8-1　一定量的理想气体，在温度升高的情况下，内能、功、热量中哪些量是一定增加的？

8-2　等温、等压、绝热、等容四个过程的各自特点是什么？

8-3　以下说法是否正确？

(1) 体积增加的过程一定做正功。

(2) 等压过程中，如果外界对系统做正功，则一定放热。

(3) 等温过程中，如果压强增加，则放热。

(4) 绝热过程中，如果内能增加，则一定做负功。

8-4　证明绝热过程的三个不同形式过程方程等价。

8-5　一条等温线和一条绝热线是否能有两个交点？为什么？

8-6　相同质量的氢气和氦气，同样升高温度 100K，如果经历的是等容过程，则它们吸收热量之比是多少？如果经历等压过程，则吸收热量之比又是多少？

8-7　封闭空间情况下，打开正在运行的冰箱门会使室内降温吗？为什么？

8-8　第一类永动机和第二类永动机的区别是什么？为什么都不能实现？

8-9　以下关于热力学第二定律的说法是否正确？

(1) 功可以完全变成热，但是热不能完全变成功；

(2) 热量不能从低温物体传给高温物体；

(3) 不可逆过程是不能单向性进行的过程。

8-10　一杯热水在室温下温度下降，这一过程熵是增加还是减小？是否违背熵增加原理？

习　题

8-1　1mol 单原子分子理想气体从 300K 加热至 350K，(1)体积保持不变；(2)压强保持不变。问在这两个过程中气体各吸收了多少热量？内能增加了多少？对外做了多少功？

8-2　2mol 氮气，在温度为 300K，压强为 1.0×10^5 Pa 时，等温压缩到 2.0×10^5 Pa，求此过程中气体做的功、内能的变化和放出的热量。

8-3　一定量的双原子分子理想气体，初状态为图中的状态 A，其压强为 2.0×10^5 Pa，体积为 2.0×10^{-3} m^3，沿直线 AB 变化到状态 B 后，压强变为 1.0×10^5 Pa，体积变为 3.0×10^{-3} m^3，求此过程中气体做的功和内能的变化量。

8-4　一定量的气体由图示状态 A 沿 ACB 过程到达状态 B 时，吸收了 560J 的热量，对外界做了 356J 的功；(1)如气体沿 ADB 过程到达状态 B 时，对外界做了 220J 的功，则吸收了多少热量？(2)当气体由状态 B 沿曲线 BA 返回状态 A 时，外界对它做了 282J 的功，它将吸热还是放热？吸收或放出的热量是多少？

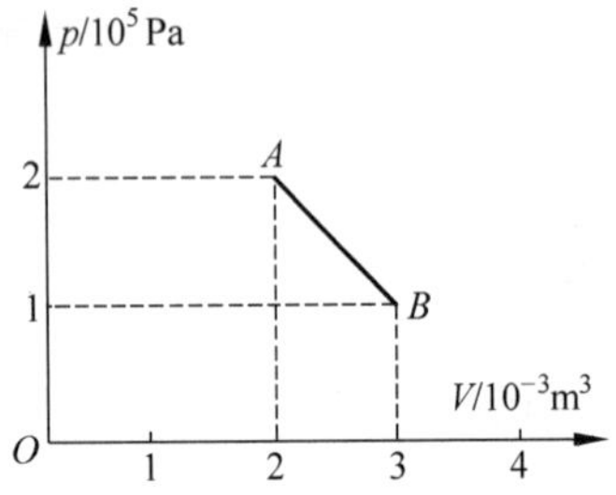

习题 8-3 图

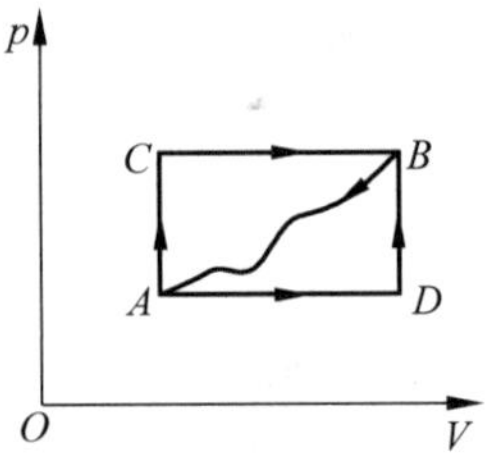

习题 8-4 图

8-5　有 25mol 的某种单原子分子气体，做图示循环过程(a-c 为等温过程)。$p_1=4.15\times10^5$ Pa，$V_1=2.0\times10^{-3}$ m^3，$V_2=3.0\times10^{-3}$ m^3。求：(1)每段过程中吸收或放出的热量、内能变化，以及做的功；(2)循环效率。

8-6　0.32kg 氧气做如图所示的 $ABCDA$ 循环过程，体积 $V_2=2V_1$，温度 $T_1=300$K，$T_2=200$K，求循环效率。

8-7　1mol 理想气体在 400K 与 300K 之间完成一卡诺循环，在 400K 的等温线上，起始体积为 0.001m^3，最终体积为 0.005m^3，求气体在此循环中所做的功，以及从高温热源吸收的热量和向低温热源放出的热量

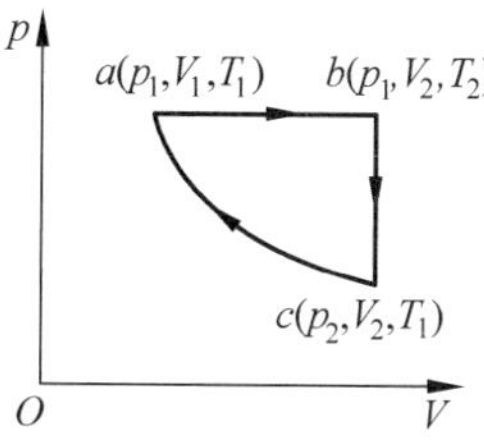

习题 8-5 图

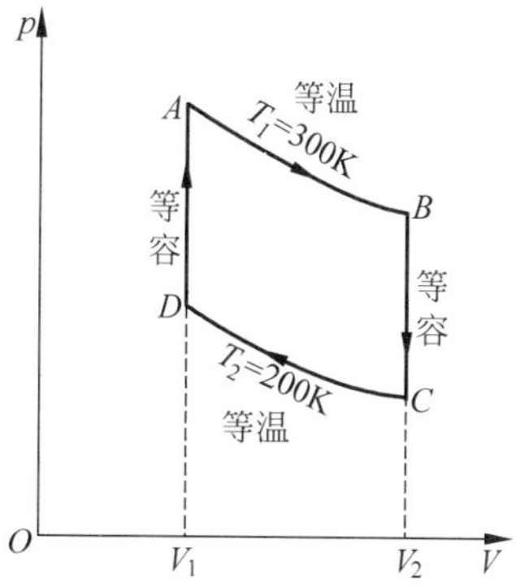

习题 8-6 图

8-8　一工作于温度分别为 327℃和 27℃的高温热源与低温热源之间的卡诺热机，每一次循环吸收热量 2000J，求一次循环中对外界做的功和放出的热量。

附录A

矢量基础

一、标量与矢量

在物理学中，有些物理量只具有数值大小，而没有方向，我们称之为标量。虽然有的量有正负之分，但这些量之间的运算遵循一般的代数法则。如质量、密度、温度、功等都是标量。但有些物理量，如力、位移、速度、加速度等，它们不但有大小还有方向，这些量称为矢量或向量，它们之间的运算遵循矢量法则。

矢量一般用黑体字母 $\boldsymbol{A}$ 或带有箭头的字母 $\vec{A}$ 来表示，在作图时，常用有向线段来表示，如图 A-1(a)所示。线段的长短表示矢量的大小，箭头的方向表示矢量的方向。

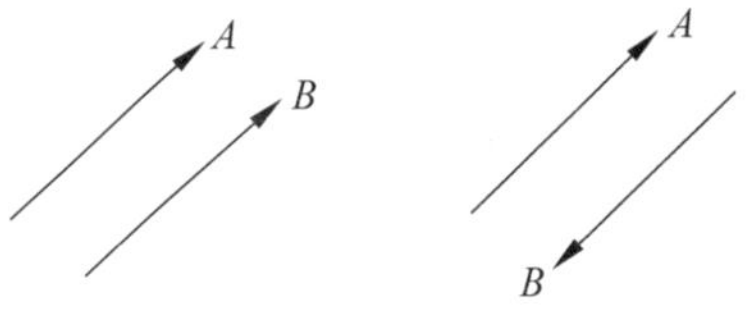

图 A-1 矢量表示

矢量的大小称为矢量的模。矢量 $\boldsymbol{A}$ 的模记为 $|\boldsymbol{A}|$ 或 A。模等于 1 的矢量称为单位矢量。如果两矢量 $\boldsymbol{A}$ 和 $\boldsymbol{B}$ 的模相等，且方向相同，则这两矢量相等，即 $\boldsymbol{A}=\boldsymbol{B}$，并称 $\boldsymbol{B}$ 为矢量 $\boldsymbol{A}$ 的等矢量，如图 A-1(a)所示。如果两矢量 $\boldsymbol{A}$ 和 $\boldsymbol{B}$ 的模相等，但方向相反，则称 $\boldsymbol{B}$ 为 $\boldsymbol{A}$ 的负矢量，即 $\boldsymbol{A}=-\boldsymbol{B}$，如图 A-1(b)所示。矢量具有空间平移不变性，即把矢量 $\boldsymbol{A}$ 在空间进行平移，它的大小和方向都将保持不变。

二、矢量的加减

1. 矢量的加法

矢量加法是矢量的几何和，两个矢量的和服从平行四边形法则，如图 A-2(a)所示。

$$\boldsymbol{C}=\boldsymbol{A}+\boldsymbol{B} \tag{A-1}$$

矢量加法也可以用矢量三角形表示，如图 A-2(b)所示，矢量 $\boldsymbol{B}$ 和矢量 $\boldsymbol{A}$ 首尾相接，得

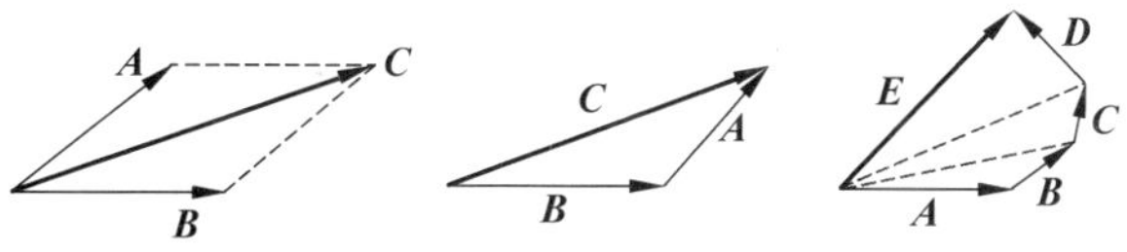

(a) (b) (c)

图 A-2 矢量的加法

矢量 $\boldsymbol{C}$。对多个矢量求和时,可以把三角形法则延伸至多边形法则,如图 A-2(c)所示。

矢量的加法服从交换律

$$\boldsymbol{C}=\boldsymbol{A}+\boldsymbol{B}=\boldsymbol{B}+\boldsymbol{A} \tag{A-2}$$

矢量加法也服从结合律

$$\boldsymbol{A}+\boldsymbol{B}+\boldsymbol{C}+\boldsymbol{D}=(\boldsymbol{A}+\boldsymbol{B})+(\boldsymbol{C}+\boldsymbol{D})=(\boldsymbol{A}+\boldsymbol{C})+(\boldsymbol{B}+\boldsymbol{D}) \tag{A-3}$$

矢量加法是几个矢量的合成问题,反之,一个矢量也可以分解为几个矢量。

在直角坐标系中,三个坐标轴方向上的单位矢量分别为 $\boldsymbol{i}$,$\boldsymbol{j}$ 和 $\boldsymbol{k}$。矢量 $\boldsymbol{A}$ 在三个方向上的分量分别为矢量 $\boldsymbol{A}$ 在各个方向上的投影,并用 $\boldsymbol{A}_x$,$\boldsymbol{A}_y$ 和 $\boldsymbol{A}_z$ 表示,如图 A-3 所示。则

$$\boldsymbol{A}=A_x\boldsymbol{i}+A_y\boldsymbol{j}+A_z\boldsymbol{k} \tag{A-4}$$

$\boldsymbol{A}$ 的模为

$$|\boldsymbol{A}|=\sqrt{A_x^2+A_y^2+A_z^2} \tag{A-5}$$

$\boldsymbol{A}$ 的单位矢量为

$$\boldsymbol{e}_A=\frac{\boldsymbol{A}}{|\boldsymbol{A}|}=\frac{A_x}{|\boldsymbol{A}|}\boldsymbol{i}+\frac{A_y}{|\boldsymbol{A}|}\boldsymbol{j}+\frac{A_z}{|\boldsymbol{A}|}\boldsymbol{k} \tag{A-6}$$

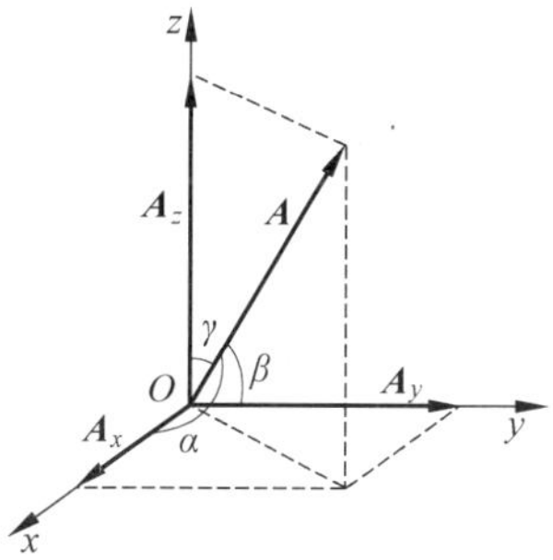

图 A-3 坐标轴的单位矢量

并且有

$$\cos\alpha=\frac{A_x}{|\boldsymbol{A}|},\quad \cos\beta=\frac{A_y}{|\boldsymbol{A}|},\quad \cos\gamma=\frac{A_z}{|\boldsymbol{A}|} \tag{A-7}$$

其中 α,β 和 γ 分别为矢量 $\boldsymbol{A}$ 的方向角,即矢量 $\boldsymbol{A}$ 与三个坐标轴方向的夹角。$\cos\alpha$,$\cos\beta$ 和 $\cos\gamma$ 称为矢量 $\boldsymbol{A}$ 的方向余弦。有

$$\cos^2\alpha+\cos^2\beta+\cos^2\gamma=1$$

设有三个矢量 $\boldsymbol{A}$,$\boldsymbol{B}$ 和 $\boldsymbol{C}$,在直角坐标系中分别表示为 $\boldsymbol{A}=A_x\boldsymbol{i}+A_y\boldsymbol{j}+A_z\boldsymbol{k}$,$\boldsymbol{B}=B_x\boldsymbol{i}+B_y\boldsymbol{j}+B_z\boldsymbol{k}$,$\boldsymbol{C}=C_x\boldsymbol{i}+C_y\boldsymbol{j}+C_z\boldsymbol{k}$,则三个矢量相加为

$$\boldsymbol{A}+\boldsymbol{B}+\boldsymbol{C}=(A_x+B_x+C_x)\boldsymbol{i}+(A_y+B_y+C_y)\boldsymbol{j}+(A_z+B_z+C_z)\boldsymbol{k} \tag{A-8}$$

在矢量的分解中,应注意到分解并不具有唯一性,任何一个矢量总是有许多种分解方法,但一般依据解决问题的方便而定。

2. 矢量减法

矢量减法可以视为矢量加法的特例,即

$$\boldsymbol{A}-\boldsymbol{B}=\boldsymbol{A}+(-\boldsymbol{B}) \tag{A-9}$$

也就是说,两矢量 $\boldsymbol{A}$ 和 $\boldsymbol{B}$ 间的差等于 $\boldsymbol{A}$ 加上 $\boldsymbol{B}$ 的负矢量,其结果仍然为矢量。同两矢量的相加一样,两矢量的相减也可以采用平行四边形法则(图 A-4(a))或三角形法则(图 A-4(b))。

由矢量加减法运算规则可知,如果三个矢量 $\boldsymbol{A}$,$\boldsymbol{B}$ 和 $\boldsymbol{C}$ 头尾相连组成封闭三角形,其矢

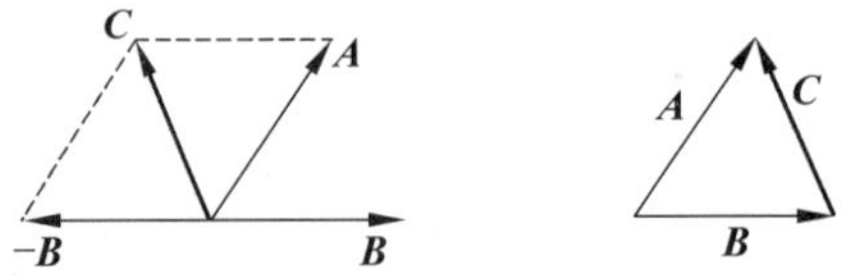

图 A-4　平行四边形法则和三角形法则

量和为零。即

$$\boldsymbol{A}+\boldsymbol{B}+\boldsymbol{C}=0 \tag{A-10}$$

同理可推断,若多个矢量头尾相连组成封闭的多边形,其矢量和必为零。

三、矢量的标积与矢积

1. 矢量的标积

如果两矢量 $\boldsymbol{A}$ 和 $\boldsymbol{B}$ 相乘得到一个标量,我们称之为标积或点积。矢量 $\boldsymbol{A}$ 和 $\boldsymbol{B}$ 的标积表示为 $\boldsymbol{A}\cdot\boldsymbol{B}$,并定义为

$$\boldsymbol{A}\cdot\boldsymbol{B}=|\boldsymbol{A}||\boldsymbol{B}|\cos\theta \tag{A-11}$$

其中,θ 为矢量 $\boldsymbol{A}$ 和 $\boldsymbol{B}$ 的夹角($0\leqslant\theta\leqslant\pi$),即矢量 $\boldsymbol{A}$ 和 $\boldsymbol{B}$ 的标积 $\boldsymbol{A}\cdot\boldsymbol{B}$ 为矢量 $\boldsymbol{A}$ 和 $\boldsymbol{B}$ 的模与它们夹角 θ 的余弦的乘积,其值为一标量。

可证明标积具有下列性质:

(1) 当 $\theta=0$ 时,$\boldsymbol{A}\cdot\boldsymbol{B}=|\boldsymbol{A}||\boldsymbol{B}|$;

(2) 当 $\theta=\dfrac{\pi}{2}$ 时,$\boldsymbol{A}\cdot\boldsymbol{B}=0$;

(3) $\boldsymbol{A}\cdot(\boldsymbol{B}+\boldsymbol{C})=\boldsymbol{A}\cdot\boldsymbol{B}+\boldsymbol{A}\cdot\boldsymbol{C}$。

直角坐标系的单位矢量有如下关系:

(1) $\boldsymbol{i}\cdot\boldsymbol{j}=\boldsymbol{j}\cdot\boldsymbol{k}=\boldsymbol{k}\cdot\boldsymbol{i}=0$;

(2) $\boldsymbol{i}\cdot\boldsymbol{i}=\boldsymbol{j}\cdot\boldsymbol{j}=\boldsymbol{k}\cdot\boldsymbol{k}=1$。

例如,设在直角坐标系中,有两个矢量分别为 $\boldsymbol{A}=A_x\boldsymbol{i}+A_y\boldsymbol{j}+A_z\boldsymbol{k}$,$\boldsymbol{B}=B_x\boldsymbol{i}+B_y\boldsymbol{j}+B_z\boldsymbol{k}$,则两矢量的标积为

$$\begin{aligned}\boldsymbol{A}\cdot\boldsymbol{B}&=(A_x\boldsymbol{i}+A_y\boldsymbol{j}+A_z\boldsymbol{k})\cdot(B_x\boldsymbol{i}+B_y\boldsymbol{j}+B_z\boldsymbol{k})\\&=A_xB_x+A_yB_y+A_zB_z\end{aligned} \tag{A-12}$$

2. 矢量的矢积(矢量积)

如果两矢量 $\boldsymbol{A}$ 和 $\boldsymbol{B}$ 相乘得到一个矢量,我们称之为矢积或叉积(即交叉乘积)。矢量 $\boldsymbol{A}$ 和 $\boldsymbol{B}$ 矢积表示为 $\boldsymbol{A}\times\boldsymbol{B}$,并定义它为另一矢量 $\boldsymbol{C}$,即

$$\boldsymbol{C}=\boldsymbol{A}\times\boldsymbol{B} \tag{A-13}$$

矢量 $\boldsymbol{C}$ 的模为

$$|\boldsymbol{C}|=|\boldsymbol{A}||\boldsymbol{B}|\sin\theta \tag{A-14}$$

其中 θ 为矢量 $\boldsymbol{A}$ 和 $\boldsymbol{B}$ 的夹角($0\leqslant\theta\leqslant\pi$)。

矢量 $\boldsymbol{C}$ 的方向垂直于矢量 $\boldsymbol{A}$ 和 $\boldsymbol{B}$ 所组成的平面,并符合右手螺旋定则,如图 A-5 所示。

右手四指指向 $\boldsymbol{A}$，并沿着小于 180°握向 $\boldsymbol{B}$，则与四指垂直的大拇指的指向即为 $\boldsymbol{C}$ 的方向。

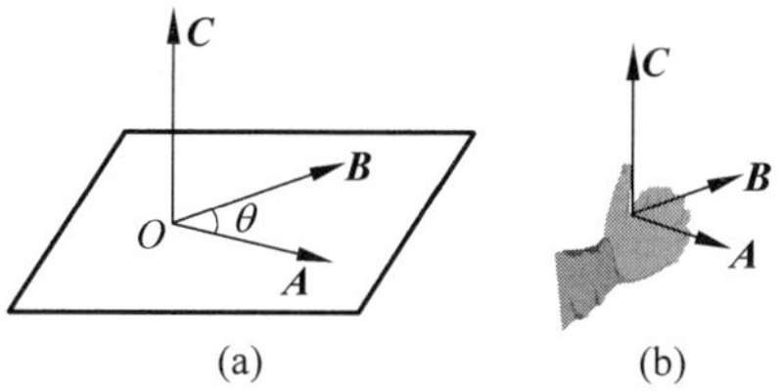

图 A-5　矢量的矢积

可以证明矢量的矢积具有下列性质：

(1) $\boldsymbol{A}\times\boldsymbol{B}=-\boldsymbol{B}\times\boldsymbol{A}$；

(2) $\boldsymbol{A}\times(\boldsymbol{B}+\boldsymbol{C})=\boldsymbol{A}\times\boldsymbol{B}+\boldsymbol{A}\times\boldsymbol{C}$；

(3) 当 $\theta=0$ 时，$\boldsymbol{A}\times\boldsymbol{B}=0$；

(4) 当 $\theta=\dfrac{\pi}{2}$时，$|\boldsymbol{A}\times\boldsymbol{B}|=|\boldsymbol{A}||\boldsymbol{B}|$。

直角坐标系的单位矢量有如下关系：

(1) $\boldsymbol{i}\times\boldsymbol{j}=\boldsymbol{k},\boldsymbol{j}\times\boldsymbol{k}=\boldsymbol{i},\boldsymbol{k}\times\boldsymbol{i}=\boldsymbol{j}$；

(2) $\boldsymbol{j}\times\boldsymbol{i}=-\boldsymbol{k},\boldsymbol{k}\times\boldsymbol{j}=-\boldsymbol{i},\boldsymbol{i}\times\boldsymbol{k}=-\boldsymbol{j}$；

(3) $\boldsymbol{i}\times\boldsymbol{i}=\boldsymbol{j}\times\boldsymbol{j}=\boldsymbol{k}\times\boldsymbol{k}=\boldsymbol{0}$。

例如，设在直角坐标系中，有两个矢量分别为 $\boldsymbol{A}=A_x\boldsymbol{i}+A_y\boldsymbol{j}+A_z\boldsymbol{k}$，$\boldsymbol{B}=B_x\boldsymbol{i}+B_y\boldsymbol{j}+B_z\boldsymbol{k}$，它们的矢积为

$$\begin{aligned}\boldsymbol{A}\times\boldsymbol{B}&=(A_x\boldsymbol{i}+A_y\boldsymbol{j}+A_z\boldsymbol{k})\times(B_x\boldsymbol{i}+B_y\boldsymbol{j}+B_z\boldsymbol{k})\\&=(A_yB_z-A_zB_y)\boldsymbol{i}+(A_zB_x-A_xB_z)\boldsymbol{j}+(A_xB_y-A_yB_x)\boldsymbol{k}\end{aligned}\tag{A-15}$$

上式还可以写成行列式：

$$\boldsymbol{A}\times\boldsymbol{B}=\begin{vmatrix}\boldsymbol{i}&\boldsymbol{j}&\boldsymbol{k}\\A_x&A_y&A_z\\B_x&B_y&B_z\end{vmatrix}$$

四、矢量的导数与积分

物理中经常遇到的矢量多是以时间 t 为变量的函数。若矢量 $\boldsymbol{A}(t)$与变量 t 之间存在一定的关系，当变量 t 取定某个值后，矢量就有唯一确定的值(大小和方向)与之对应，则称 $\boldsymbol{A}(t)$为 t 的矢量函数，在三维坐标系中，有

$$\boldsymbol{A}(t)=A_x(t)\boldsymbol{i}+A_y(t)\boldsymbol{j}+A_z(t)\boldsymbol{k}\tag{A-16}$$

式中 $A_x(t),A_y(t),A_z(t)$分别为 $\boldsymbol{A}(t)$在三个方向上的分量。

1. 矢量的导数

当变量 t 改变 Δt 时，矢量式为 $\boldsymbol{A}(t+\Delta t)$，则矢量的增量为

$$\Delta\boldsymbol{A}(t)=\boldsymbol{A}(t+\Delta t)-\boldsymbol{A}(t)=\Delta A_x\boldsymbol{i}+\Delta A_y\boldsymbol{j}+\Delta A_z\boldsymbol{k}$$

其中 $\Delta A_x=A_x(t+\Delta t)-A_x(t),\Delta A_y=A_y(t+\Delta t)-A_y(t),\Delta A_z=A_z(t+\Delta t)-A_z(t)$

当 $\Delta t\to 0$ 时，有

$$\lim_{\Delta t\to 0}\frac{\Delta \boldsymbol{A}(t)}{\Delta t}=\frac{\mathrm{d}\boldsymbol{A}(t)}{\mathrm{d}t}=\frac{\mathrm{d}A_x(t)}{\mathrm{d}t}\boldsymbol{i}+\frac{\mathrm{d}A_y(t)}{\mathrm{d}t}\boldsymbol{j}+\frac{\mathrm{d}A_z(t)}{\mathrm{d}t}\boldsymbol{k} \tag{A-17}$$

式中 $\mathrm{d}\boldsymbol{A}(t)/\mathrm{d}t$ 为矢量函数 $\boldsymbol{A}(t)$ 对时间 t 的导数。由式(A-17)可知,矢量函数的导数 $\mathrm{d}\boldsymbol{A}(t)/\mathrm{d}t$ 仍然为一矢量,其大小为 $\left|\frac{\mathrm{d}\boldsymbol{A}(t)}{\mathrm{d}t}\right|$,方向为当 $\Delta t\to 0$ 时 $\Delta\boldsymbol{A}$ 的极限方向。

同理,矢量函数 $\boldsymbol{A}(t)$ 的二阶导数为

$$\frac{\mathrm{d}^2\boldsymbol{A}}{\mathrm{d}t^2}=\frac{\mathrm{d}^2A_x}{\mathrm{d}t^2}\boldsymbol{i}+\frac{\mathrm{d}^2A_y}{\mathrm{d}t^2}\boldsymbol{j}+\frac{\mathrm{d}^2A_z}{\mathrm{d}t^2}\boldsymbol{k} \tag{A-18}$$

可以证明,矢量函数的导数具有下列性质:

(1) $\frac{\mathrm{d}(\boldsymbol{A}\pm\boldsymbol{B})}{\mathrm{d}t}=\frac{\mathrm{d}\boldsymbol{A}}{\mathrm{d}t}\pm\frac{\mathrm{d}\boldsymbol{B}}{\mathrm{d}t}$;

(2) $\frac{\mathrm{d}(m\boldsymbol{A})}{\mathrm{d}t}=m\frac{\mathrm{d}\boldsymbol{A}}{\mathrm{d}t}$($m$ 为常数);

(3) $\frac{\mathrm{d}(\boldsymbol{A}\cdot\boldsymbol{B})}{\mathrm{d}t}=\frac{\mathrm{d}\boldsymbol{A}}{\mathrm{d}t}\cdot\boldsymbol{B}+\boldsymbol{A}\cdot\frac{\mathrm{d}\boldsymbol{B}}{\mathrm{d}t}$;

(4) $\frac{\mathrm{d}(\boldsymbol{A}\times\boldsymbol{B})}{\mathrm{d}t}=\frac{\mathrm{d}\boldsymbol{A}}{\mathrm{d}t}\times\boldsymbol{B}+\boldsymbol{A}\times\frac{\mathrm{d}\boldsymbol{B}}{\mathrm{d}t}$。

2. 矢量函数的积分

若矢量函数的 $\boldsymbol{A}(t)$ 导数已知,即

$$\frac{\mathrm{d}\boldsymbol{A}(t)}{\mathrm{d}t}=B_x\boldsymbol{i}+B_y\boldsymbol{j}+B_z\boldsymbol{k} \tag{A-19a}$$

或

$$\mathrm{d}\boldsymbol{A}(t)=\boldsymbol{B}(t)\mathrm{d}t \tag{A-19b}$$

式中,$B_x(t)$,$B_y(t)$ 和 $B_z(t)$ 为 $\boldsymbol{B}(t)$ 在三个方向上的分量,则

$$\boldsymbol{A}(t)=\int\boldsymbol{B}(t)\mathrm{d}t \tag{A-20}$$

且满足

$$\begin{cases}A(x)=\int B_x(t)\mathrm{d}t\\ A(y)=\int B_y(t)\mathrm{d}t\\ A(z)=\int B_z(t)\mathrm{d}t\end{cases}$$

可以证明矢量函数的积分具有下列性质:

(1) $\int(\boldsymbol{A}\pm\boldsymbol{B})\mathrm{d}t=\int\boldsymbol{A}\mathrm{d}t\pm\int\boldsymbol{B}\mathrm{d}t$;

(2) $\int m\boldsymbol{A}\mathrm{d}t=m\int\boldsymbol{A}\mathrm{d}t$;

(3) $\int(\boldsymbol{A}\cdot\boldsymbol{B})\mathrm{d}t=\int(A_xB_x+A_yB_y+A_zB_z)\mathrm{d}t$;

(4) $\int(\boldsymbol{A}\times\boldsymbol{B})\mathrm{d}t=\int[(A_yB_z-A_zB_y)\boldsymbol{i}+(A_zB_x-A_xB_z)\boldsymbol{j}+(A_xB_y-A_yB_x)\boldsymbol{k}]\mathrm{d}t$。

附录B

常用物理基本常量表

物理常量	符号	最佳实验值	供计算用值
真空中光速	c	299 792 458±1.2m·s^{-1}	3.00×10^{8}m·s^{-1}
引力常量	G	(6.672 0±0.004 1)×10^{-11}m^{3}·s^{-2}	6.67×10^{-11}m^{3}·s^{-2}
阿伏伽德罗常量	N_A	(6.022 045±0.000 031)×10^{23}mol^{-1}	6.02×10^{23}mol^{-1}
摩尔气体常量	R	(8.314 41±0.000 26)J·mol^{-1}·K^{-1}	8.31J·mol^{-1}·K^{-1}
玻耳兹曼常量	k	(1.380 662±0.000 041)×10^{-23}J·K^{-1}	1.38×10^{-23}J·K^{-1}
理想气体摩尔体积	V_{m}	(22.413 83±0.000 70)×10^{-3}	22.4×10^{-3}m^{3}·mol^{-1}
元电荷	e	(1.602 189 2±0.000 004 6)×10^{-19}C	1.602×10^{-19}C
原子质量单位	u	(1.660 565 5±0.000 008 6)×10^{-27}kg	1.66×10^{-27}kg
电子静止质量	m_{e}	(9.109 534±0.000 047)×10^{-31}kg	9.11×10^{-31}kg
质子静止质量	m_{p}	(1.672 648 5±0.000 008 6)×10^{-27}kg	1.673×10^{-27}kg
中子静止质量	m_{n}	(1.674 954 3±0.000 008 6)×10^{-27}kg	1.675×10^{-27}kg
法拉第常量	F	(9.648 456±0.000 027)C·mol^{-1}	96 500C·mol^{-1}
真空电容率	ε_0	8.854 187 818…×10^{-12}F·m^{-2}	8.85×10^{-12}F·m^{-2}
真空磁导率	μ_0	12.566 370 614 4±10^{-7}H·m^{-1}	4π×10^{-7}H·m^{-1}
电子磁矩	μ_{e}	(9.284 832±0.000 036)×10^{-24}J·T^{-1}	9.28×10^{-24}J·T^{-1}
质子磁矩	μ_{p}	(1.410 617 1±0.000 005 5)×10^{-23}J·T^{-1}	1.41×10^{-23}J·T^{-1}
玻尔半径	α_0	(5.291 770 6±0.000 004 4)×10^{-11}m	5.29×10^{-11}m
玻尔磁子	μ_{B}	(9.274 078±0.000 036)×10^{-24}J·T^{-1}	9.27×10^{-24}J·T^{-1}
核磁子	μ_{N}	(5.059 824±0.000 020)×10^{-27}J·T^{-1}	5.05×10^{-27}J·T^{-1}
普朗克常量	h	(6.626 070 15±0.000 036)×10^{-34}J·s	6.63×10^{-34}J·s
精细结构常量	a	7.297 350 6(60)×10^{-3}	
里德伯常量	R	1.097 373 177(83)×10^{7}m^{-1}	
电子康普顿波长	λ_{cp}	2.426 308 9(40)×10^{-12}m	
质子康普顿波长	λ_{ce}	1.321 409 9(22)×10^{-15}m	
质子电子质量比	$m_{\mathrm{p}}/m_{\mathrm{e}}$	1 836.151 5	

附录 C

国际单位制(SI)和我国法定计量单位

一、国际单位制的基本单位

物理量		单位		
名称	符号	名称	符号	定义
长度	l	米	m	1 米是光在真空中在 1/299 792 458 秒的时间间隔内的距离
质量	m	千克	kg	1 千克是对应普朗克常量为 $6.626\ 070\ 15\times10^{-34}$ J·s 时的质量单位
时间	t	秒	s	1 秒是铯-133 原子基态两个超精细能级之间跃迁所对应的辐射的 9 192 631 770 周期的持续时间
电流	I	安[培]	A	在真空中相距 1 米的两无限长直导线(截面可忽略),若流过其中的电流使得两条导线之间产生的力在每米长度上等于 2×10 牛,则此时的电流就是 1 安
热力学温度	T	开[尔文]	K	1 开是水三相点热力学温度的 1/273.16
物质的量	ν 或 n	摩[尔]	mol	摩尔是精确包含 $6.022\ 140\ 76\times10^{23}$ 个原子或分子等基本单元的系统的物质数量
发光强度	I	坎[德拉]	cd	坎德拉是一光源在给定方向的发光强度的单位,该光源发出频率为 540×10^{12} Hz 的单色辐射,且在此方向上的辐射强度为 1/683W/sr

二、国际单位制的辅助单位

量的名称	单位名称	单位符号		定义
		中文	国际	
平面角	弧度	弧度	rad	当一个圆内两条半径在圆周上截取的弧长与半径相等时,则其间的夹角为 1 弧度
立体角	球面度	球面度	sr	如果一个立体角的顶点位于球心,其在球面上所截取的面积等于以球半径为边长的正方形面积时,即为一个球面度

三、国际单位制中具有专门名称的导出单位

量的名称	单位名称/符号	单位换算	量的名称	单位名称/符号	单位换算
频率	赫[兹]/Hz	1Hz=1s^{-1}	电感	亨[利]/H	1H=1Wb/A
力	牛[顿]/N	1N=1kg·m/s^{2}	磁通[量]	韦[伯]/Wb	1Wb=1V·s
压强	帕[斯卡]/Pa	1Pa=1N/m^{2}	磁感应强度 磁通[量]密度	特[斯拉]/T	1T=1Wb/m^{2}
摄氏温度	摄氏温度/℃	1℃=273.15K			
功、能[量],热量	焦[耳]/J	1J=1N·m	光通量	流[明]/lm	1lm=1cd·sr
功率,辐[射能]通量	瓦[特]/W	1W=1J/s	光照度	勒[克斯]/lx	1lx=1lm/m^{2}
电荷[量]	库[仑]/C	1C=1A·s	[放射性]活度	贝可[勒尔]/Bq	1Bq=1s^{-1}
电位(电势)/电压/电动势	伏[特]/V	1V=1W/A	吸收剂量	戈[瑞]/Gy	1Gy=1J/kg
电容	法[拉]/F	1F=1C/V	比授[予]能		
电阻	欧[姆]/Ω	1Ω=1V/A	比释动能		
电导	西[门子]/S	1S=1Ω^{-1}	剂量当量	希[沃特]/Sv	1Sv=1J/kg

四、国家选定的非国际单位制单位

量的名称	单位名称	单位符号	与SI换算关系和说明
时间	分 [小]时 日(天)	min h d	1min=60s 1h=60min=3600s 1d=24h=86 400s
[平面]角	[角]秒 [角]分 度	(″) (′) (°)	1″=(π/648 000)rad(π为圆周率) 1′=60″=(π/10 800)rad 1°=60′=(π/180)rad
旋转速度	转每分	r·min^{-1}	1r·min^{-1}=(1/60)s^{-1}
长度	海里	n mile	1n mile=1852m(只用于航行)
速度	节	kn	1kn=1n mile·h^{-1} =(1852/3600)m·s^{-1}(只用于航行)
质量	吨 原子质量单位	t u	1t=10^{3}kg 1u≈1.660 540 2×10^{-27}kg
体积	升	l或L	1L=1dm^{3}=10^{-3}m^{3}
能	电子伏	eV	1eV≈1.602 177 33×10^{-19}J
级差	分贝	dB	1B=10dB
线密度	特[克斯]	tex	1tex=10^{-6}kg·m^{-1}
面积	公顷	hm^{2}	1hm^{2}=10^{4}m^{2}

五、用于构成十进倍数和分数单位的词头

因数	词头名称		符号	因数	词头名称		符号
	中文	英文			中文	英文	
10^{24}	尧[它]	yotta	Y	10^{-1}	分	deci	d
10^{21}	泽[它]	zetta	Z	10^{-2}	厘	centi	c
10^{18}	艾[可萨]	exa	E	10^{-3}	毫	milli	m
10^{15}	拍[它]	peta	P	10^{-6}	微	micro	μ
10^{12}	太[拉]	tera	T	10^{-9}	纳[诺]	nano	n
10^{9}	吉[咖]	giga	G	10^{-12}	皮[可]	pico	p
10^{6}	兆	mega	M	10^{-15}	飞[母托]	femto	f
10^{3}	千	kilo	k	10^{-18}	阿[托]	atto	a
10^{2}	百	hecto	h	10^{-21}	仄[普托]	zepto	z
10^{1}	十	deca	da	10^{-24}	幺[科托]	yocto	y

六、其他(部分希腊字母表)

序号	大写	小写	英文注音	中文读音	物理中的应用举例
1	A	α	alpha	阿尔法	角度、系数
2	B	β	beta	贝塔	角度、系数
3	Γ	γ	gamma	伽马	热容比
4	Δ	δ	delta	德尔塔	变化量
5	E	ε	epsilon	艾普西隆	电容率、电势能
6	Z	ζ	zeta	泽塔	系数、方位角、阻抗、原子序数
7	H	η	eta	伊塔	磁滞系数、效率
8	Θ	θ	theta	西塔	温度、相位角
9	K	κ	kappa	卡帕	介质常量
10	Λ	λ	lambda	拉姆达	波长、体积
11	M	μ	mu	缪	磁导率、放大率、动摩擦因数
12	N	ν	nu	纽	频率、中微子
13	Π	π	pi	派	圆周率(值为 3.141 592 653 589 793)
14	P	ρ	rho	柔	密度
15	Σ	σ	sigma	西格马	总和、面密度
16	T	τ	tau	陶	时间常量、周期
17	Φ	φ	phi	斐	通量、电势
18	X	χ	chi	希	电抗
19	Ψ	ψ	psi	普西	通量、角度
20	Ω	ω	omega	欧米伽	欧姆、角速度、角度

附录D

参考答案

参考答案

参考文献

[1] 马文蔚,周雨清,解希顺.物理学教程[M].3版.北京：高等教育出版社,2016.
[2] 吴百诗.大学物理基础[M].北京：科学出版社,2007.
[3] 程守洙,江之永.普通物理学[M].6版.北京：高等教育出版社,2006.
[4] 姚启钧.光学教程[M].北京：高等教育出版社,2002.
[5] 张三慧,安宇,阮东,等.大学物理学[M].4版.北京：清华大学出版社,2018.
[6] 王永昌.近代物理学[M].北京：清华大学出版社,2006.
[7] 毛骏健,顾牡.大学物理学[M].2版.北京：高等教育出版社,2013.
[8] 邓铁如,孟大敏,徐元英,等.西尔斯当代大学物理:英文改编版[M].北京：机械工业出版社,2009.
[9] 倪光炯,王炎森.物理与文化:物理思想与人文精神的融合[M].2版.北京:高等教育出版社,2009.
[10] 赵凯华,陈熙谋.新概念物理教程:电磁学[M].2版.北京:高等教育出版社,2006.